入試問題を解くための**発想力**を伸ばす

解法のエウレカ

EUREKA

INNOVATIVE APPROACH TO MATH PROBLEMS FOR ENTRANCE EXAMS

［**数学Ⅰ・A**］

名城大学
竹内 英人

河合塾、N予備校
小倉 悠司

Gakken

はじめに

　みなさんは，数学が好きですか？

　数学と聞くと，楽しい「数楽」というイメージより，辛く苦しい「数が苦」というイメージを持っている人も多いかもしれません。でも，そんな人にも心のどこかに「数学が得意になりたい」「数学が好きになりたい」という想いがあるはずです。本書は，そんな「熱い想い」を持つ大学受験生のための1冊です。

　そのような生徒から「どうしたら数学ができるようになりますか？」といった質問を受けることがよくあります。しかしその場合，生徒の能力や個性，これまでの算数・数学との向き合い方が一人ひとり異なるので，「こうすれば必ず数学の成績が上がるよ」といった「魔法のような勉強法」を伝えることはできません。

　ただ，「こんな勉強をしていると，時間をかけている割には数学ができるようにならないよ」といった，間違った学習法なら，いくつかお伝えすることはできます。

✕　「公式」のような基本的な知識を軽視すること
✕　自分の頭で考えずに，ヒントや答えをすぐに見ること
✕　「考え方」を理解しないで，「公式」や「解き方」だけを丸暗記すること

「数学が得意になる」ためには，この逆の姿勢で学べばよいはずです。つまり，

○　土台となる基礎（本書では PIECE と呼びます）を大切にすること
○　基本的な考え方・定石（本書では HOW と呼びます）を身につけること
○　その考え方を用いた理由（本書では WHY と呼びます）を知ること

　以上を大切にした学習方法を身につければ，誰でも必ず「数が苦」が「数楽」になります。

　共通テストなどをはじめとする入試で，従来の「HOW 型の学習」だけでは対応できないような問題が増えつつありますが，本書で HOW・WHY・PIECE を身につけることで，入試において高得点が狙えると確信しています。本書でくり返し学習し，「数学不安」から「数学ファン」になってくれることを願っています。

竹内 英人

　本書を手に取ってくれてありがとうございます。この本を手にされたということは
「数学をもっとできるようになりたい！」
「数学を好きになりたい！」
と考えているからでしょう。そんなあなたをサポートするためにこの本をつくりました。この
本で，公式などの基本を **PIECE** で確認し，**HOW** と **WHY** を実践問題で学ぶうちに，数学がわかっ
てきて楽しくなっていくはずです。

　なぜ，**PIECE** や **HOW** だけでなく，**WHY** も学ばなければならないのでしょうか？

　それは，**WHY** を知らないと初見の応用問題を解く力がつかず，とれる点数に限界がきてし
まうからです。初見の応用問題を解くためには，今まで得た知識や考え方を活用することが必
要です。どの知識，どの考え方を使えばよいかの判断基準となるのが，「理由（**WHY**）」です。

　例えば，「2次不等式 $(x+2)(x-1)>0$ を解け」という問題ならば，次のように考えます。

HOW　　グラフを用いて解く
WHY　　グラフの x 軸を基準にすれば正・負の判断がしやすいから
PIECE　2次関数のグラフ

　この **WHY**，すなわち「グラフを用いる理由は，正・負の判断がしやすいから」ということ
を理解していれば，別の問題で正・負の判断をする場面（例：絶対値を外すときなど）でも，
グラフを用いる発想が生まれるでしょう。**WHY** の大切さを理解することで初見の問題に強く
なれるのです。
「楽しく成績を上げるなんて無理」と思っていませんか？
　HOW・**WHY**・**PIECE** の観点を手に入れれば，あなたも数学の楽しさが体感でき，楽しく成績
を上げることができるようになります！　Good Luck！

小倉　悠司

本書を用いた学習の流れ

① 基本的な知識の確認

PIECE 303 平行移動

[レベル ★★★]

例題

2次関数 $C_1 : y = \dfrac{1}{3}x^2 - 6x + 35$ のグラフは，放物線 $C_2 : y = \dfrac{1}{3}x^2$ を x 軸方向に p，y 軸方向に q だけ平行移動した放物線である。このとき，定数 p，q を求めよ。

CHECK

どのように平行移動したかは

$$(移動後の頂点) - (移動前の頂点)$$

で求めることができる。

（平行移動では，x^2 の係数は変わらない）

[解答]

$$y = \frac{1}{3}x^2 - 6x + 35 = \frac{1}{3}(x-9)^2 + 8$$

より，C_1 の頂点は $(9,\ 8)$

$y = \dfrac{1}{3}x^2$ より，C_2 の頂点は $(0,\ 0)$

よって，C_1 は，C_2 を x 軸方向に 9，y 軸方向に 8 だけ平行

移動した放物線である。

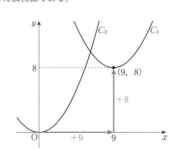

よって，$p = 9$，$q = 8$ **答**

放物線の平行移動は頂点に着目する
（x^2 の係数は同じ）

POINT

　各章の冒頭では，**PIECE** として各単元の基本的な問題とその解き方を紹介しています。ここで公式や解法を復習しましょう。

　この **PIECE** は，各章の後半にある実践問題だけでなく，実際の入試問題を解くために必要なものばかりですので，穴をつくらないよう意識して取り組んでください。

入試問題や模試の問題を解く機会が増えてくると，数多くある解法の選択肢の中から最適な解法を見つけることの難しさを体感して悩む人も多いはずです。そのようなみなさんには，次の3つの観点を身につけることをおすすめします。

HOW…問題の解き方　／　WHY…解法を選んだ理由　／　PIECE…公式などの知識

本書はこの3つを同時に学ぶことができる参考書です。これらを三位一体で学習し続ければ，得られる知識を体系化することができ，問題ごとに公式や解法を的確に使い分けられる力が身につきます。

次のような順番で取り組んでみてください。

② ひらめくための実践

　PIECE で基本の復習ができた人は，各章の後半にある実践問題を解いてみましょう。入試で頻出の問題というだけでなく，教科書レベルから入試レベルにステップアップするために必要な問題でもあります。

▶ GOAL		🔧 HOW		❓ WHY
C_2 をどのように平行移動すると C_3 に重なるかがわかる	$=$	C_2 と C_3 の頂点の座標を求める	$\times$	2次関数は頂点の座標がわかれば，どのように平行移動したかわかるから

　入試レベルの問題に対しては，問題の GOAL に対して，HOW（解き方）と WHY（理由）をセットで考えることで，ひらめくことが可能になります。

　この，GOAL・HOW・WHY のセットは実践問題の小問のそれぞれに示してあるので，どう考えて解けばいいかがわかりやすい解説になっています。また，解くために用いる PIECE も記されています。

　この解き方の流れを習慣にできれば，数学の力を伸ばすことができますし，実際の試験会場で初めて見る問題に対しても，正答をひらめく力がつくでしょう。

③ 志望校の過去問にチャレンジ！

　本書をやりきった人は，各自の志望校の過去問に挑戦してみましょう。今までよりも問題が簡単に見えるはずです。

　正解までの筋道が見えたときに味わえる「**エウレカ！**」（わかった）の喜びを，そして，問題を自力で解けたときの快感をぜひとも体感してください。

CONTENTS

4章　図形と計量

5章　データの分析

PIECE 101 展開

例題

次の式を展開せよ。

(1) $(x+y-2z)^2$

(2) $(x^2+5x+2)(x^2+5x+8)$

(3) $(a-b+c+d)(a+b+c-d)$

(4) $(x^2+4)(x+2)(x-2)$

CHECK

展開するときは，次のことを考えるとよい。

① **公式の利用**

$$(a+b+c)^2=a^2+b^2+c^2$$
$$+2ab+2bc+2ca \quad など$$

② **おきかえ**

③ **式の組合せ**

④ **掛ける順番を工夫**

[解答]

(1) $(x+y-2z)^2$

$=\{x+y+(-2z)\}^2$ ←$\quad\begin{array}{l}(a+b+c)^2\\=a^2+b^2+c^2+2ab+2bc+2ca\end{array}$

$=x^2+y^2+(-2z)^2+2xy+2y(-2z)+2(-2z)\cdot x$

$=\boldsymbol{x^2+y^2+4z^2+2xy-4yz-4zx}$ 答

(2) $x^2+5x=A$ とおくと

$\qquad$(与式)$=(A+2)(A+8)$

$\qquad\qquad =A^2+10A+16$

$\qquad\qquad =(x^2+5x)^2+10(x^2+5x)+16$

$\qquad\qquad =x^4+10x^3+25x^2+10x^2+50x+16$

$\qquad\qquad =\boldsymbol{x^4+10x^3+35x^2+50x+16}$ 答

(3) $\underset{\bigcirc}{(a}\underset{\times}{-b}\underset{\bigcirc}{+c}\underset{\times}{+d)}\underset{\bigcirc}{(a}\underset{\times}{+b}\underset{\bigcirc}{+c}\underset{\times}{-d)}$ ← 同じ文字に注目し
〇…符号同じ
×…符号異なる
でまとめると
おきかえが
見つけやすい

$=\{(a+c)-(b-d)\}\{(a+c)+(b-d)\}$

$=(a+c)^2-(b-d)^2$

$=(a^2+2ac+c^2)-(b^2-2bd+d^2)$

$=\boldsymbol{a^2-b^2+c^2-d^2+2ac+2bd}$ 答

(4) $(x^2+4)(x+2)(x-2)$

$=(x^2+4)(x^2-4)$

$=(x^2)^2-4^2$

$=\boldsymbol{x^4-16}$ 答

(注) (1)の項 $2xy-4yz-4zx$ は $\begin{array}{c}x\\y\quad z\end{array}$ の輪環の順にしている。

展開
① 公式の利用
② おきかえ
③ 式の組合せ
④ 掛ける順番を工夫

POINT

PIECE **102** 因数分解

[レベル ★★★]

例 題

次の式を因数分解せよ。

(1) $2ax^2y+4bxy^2$　　(2) $12x^2+5x-3$　　(3) $(x+2y)^2-5(x+2y)+6$

(4) $ax-bx-ay+by$　　(5) $a^2b-3ab+a+2b-2$　　(6) x^4+x^2+1

CHECK

因数分解するときは，次のことを考えるとよい。

① 共通因数でくくる

② たすきがけ

③ おきかえ

④ 式の組合せ

⑤ 次数の低い文字で整理する

（次数が低い文字がない場合は，何か1文字について整理）

⑥ 複2次式

　㋐ $x^2=t$ とおく

　　例 $x^4+3x^2+2,\ \ x^4+2x^2+1$

　㋑ $\square^2-\triangle^2$ の形を作る（(6)のパターン）

(4) $ax-bx-ay+by=a(x-y)-b(x-y)$

$\qquad\qquad\qquad\quad = (x-y)(a-b)$ 答

(5) $a^2b-3ab+a+2b-2=(a^2-3a+2)b+a-2$

$\qquad\qquad\qquad\qquad\quad =(a-1)(a-2)b+(a-2)$

$\qquad\qquad\qquad\qquad\quad =(a-2)\{(a-1)b+1\}$

$\qquad\qquad\qquad\qquad\quad =(a-2)(ab-b+1)$ 答

(6) $x^4+x^2+1=(x^2+1)^2-x^2$

$\qquad\qquad\quad =(x^2+1+x)(x^2+1-x)$

$\qquad\qquad\quad =(x^2+x+1)(x^2-x+1)$ 答

[別 解]

(4) $ax-bx-ay+by=x(a-b)-y(a-b)$

$\qquad\qquad\qquad\quad =(a-b)(x-y)$ 答

[解 答]

(1) $2ax^2y+4bxy^2=2xy(ax+2by)$ 答

(2) たすきがけを利用する。

$\qquad 12x^2+5x-3=(4x+3)(3x-1)$ 答

(3) おきかえを利用する。

$\qquad x+2y=A$ とおくと

$\qquad\qquad (与式)=A^2-5A+6$

$\qquad\qquad\qquad =(A-2)(A-3)$

$\qquad\qquad\qquad =(x+2y-2)(x+2y-3)$ 答

因数分解
① 共通因数でくくる
② たすきがけ
③ おきかえ
④ 式の組合せ
⑤ 次数の低い文字で整理する
⑥ 複2次式

POINT

PIECE 103 対称式

例題

$x=\sqrt{5}-\sqrt{3}$, $y=\sqrt{5}+\sqrt{3}$ のとき，次の値を求めよ。

(1) x^2+y^2　　　(2) x^3+y^3　　　(3) $\dfrac{y^3}{x}+\dfrac{x^3}{y}$

CHECK

x^2+y^2 や $2xy$ のように，x と y を入れかえても変わらない式を x, y についての「対称式」といい，特に $x+y$, xy を x, y についての「基本対称式」という。

x, y についての対称式は，基本対称式で必ず表すことができる。

特に，次数に注目して変形する。

例えば x^2+y^2 は x, y の 2 次の対称式より $x+y$ と xy を組み合わせて

$$x^2+y^2=(x+y)^2-2xy$$

のように変形できる。

[解 答]

$$\begin{cases} x+y=(\sqrt{5}-\sqrt{3})+(\sqrt{5}-\sqrt{3})=2\sqrt{5} \\ xy=(\sqrt{5}-\sqrt{3})(\sqrt{5}-\sqrt{3})=5-3=2 \end{cases}$$

(1) $x^2+y^2=(x+y)^2-2xy$

$\qquad =(2\sqrt{5})^2-2\cdot2$

$\qquad =20-4$

$\qquad =16$ 答

(2) $x^3+y^3=(x+y)^3-3xy(x+y)$

$\qquad =(2\sqrt{5})^3-3\cdot2\cdot2\sqrt{5}$

$\qquad =40\sqrt{5}-12\sqrt{5}$

$\qquad =28\sqrt{5}$ 答

(3) $\dfrac{y^3}{x}+\dfrac{x^3}{y}=\dfrac{y^4+x^4}{xy}$

$\qquad\qquad =\dfrac{(x^2+y^2)^2-2(xy)^2}{xy}$

$\qquad\qquad =\dfrac{16^2-2\cdot2^2}{2}$

$\qquad\qquad =\dfrac{256-8}{2}$

$\qquad\qquad =124$ 答

[別 解]

(2) $x^3+y^3=(x+y)(x^2-xy+y^2)$

$\qquad =(x+y)\{(x^2+y^2)-xy\}$

$\qquad =2\sqrt{5}(16-2)$

$\qquad =2\cdot\sqrt{5}\cdot14$

$\qquad =28\sqrt{5}$ 答

x, y についての対称式は
基本対称式 $x+y$, xy で表せる

POINT

PIECE 104 有理数・無理数

[レベル ★★★]

例 題

(1) $\dfrac{1}{7}$ の小数第 50 位を求めよ。

(2) $1.\dot{8}\dot{7}$ を分数で表せ。

CHECK

実数……整数および有限小数，無限小数で
表される数

有理数…2 つの整数 m, n $(m \neq 0)$ を用いて
$\dfrac{n}{m}$ の形で表される数

無理数…有理数でない数

なお，実数は以下のように分類される。

$$
実数
\begin{cases}
有理数
\begin{cases}
整数（自然数, 0, 負の整数） \\
整数でない有理数
\begin{cases}
有限小数 \\
循環小数
\end{cases}
\end{cases}
無限小数 \\
無理数…循環しない無限小数
\end{cases}
$$

既約分数…それ以上約分できない分数

[解 答]

(1) 1 を 7 で割ると割り切れず，余りは 1～6 のいずれかに
なる。よって，小数第 7 位までに同じ余りが出てくる。
つまり，その直前までが 1 つの周期となる。

$$
\frac{1}{7} = 0.142857142857\cdots\cdots = 0.\dot{1}4285\dot{7}
$$

← 同じ数
ここまでが 1 つの周期

より $\dfrac{1}{7}$ は 6 個の数字 142857 がくり返される。（周期 6）

よって，$50 = 6 \cdot 8 + 2$ より，小数第 50 位は 142857 の前か
ら 2 番目の数の **4** である。答

(2) $1.\dot{8}\dot{7} = 1.878787\cdots\cdots$

と小数以下，くり返される数が 87（循環節は 2）より，
$x = 1.\dot{8}\dot{7}$ とおくと

$$
100x = 187.878787\cdots\cdots \quad \leftarrow x \times 10^{(循環する個数)}
$$

となり，$100x - x$ を考えると

$$
\begin{array}{r}
100x = 187.878787\cdots\cdots \\
-)\quad x = \ \ \ 1.878787\cdots\cdots \\
\hline
99x = 186
\end{array}
$$
消える

したがって，

$$
x = \frac{186}{99} = \frac{62}{33}
$$

よって，

$$
1.\dot{8}\dot{7} = \frac{62}{33} \quad 答
$$

$$
実数
\begin{cases}
有理数
\begin{cases}
整数 \\
分数
\begin{cases}
有限小数 \\
循環する無限小数
\end{cases}
\end{cases} \\
無理数…循環しない無限小数
\end{cases}
$$

POINT

PIECE 105 平方根

[レベル ★★★]

例題

(1) 次の式を計算せよ。

$$(\sqrt{6}-3\sqrt{2})(\sqrt{6}+\sqrt{2})$$

(2) 次の式の分母を有理化せよ。

(i) $\dfrac{4}{\sqrt{5}+\sqrt{3}}$　　(ii) $\dfrac{\sqrt{6}}{\sqrt{2}+\sqrt{3}+\sqrt{5}}$

CHECK

平方根…実数 a に対して，2 乗すると a になる数を a の平方根という。

- $a>0$ のとき

  a の平方根は 2 つあり，正のほうを $\sqrt{a}$，負のほうを $-\sqrt{a}$ と表す。

- $a=0$ のとき

  a の平方根は 0 のみである。

- $a<0$ のとき

  a の平方根は存在しない。

〈平方根の性質〉

① $a>0$，$b>0$ のとき

$$\sqrt{a}\sqrt{b}=\sqrt{ab}, \quad \frac{\sqrt{b}}{\sqrt{a}}=\sqrt{\frac{b}{a}}$$

② $a>0$ のとき

$$(\sqrt{a})^2=a, \quad \sqrt{a^2}=a$$

③ 分母の有理化

$$\frac{c}{\sqrt{a}}=\frac{c\times\sqrt{a}}{\sqrt{a}\times\sqrt{a}}=\frac{c\sqrt{a}}{a}$$

$$\frac{c}{\sqrt{a}+\sqrt{b}}=\frac{c(\sqrt{a}-\sqrt{b})}{(\sqrt{a}+\sqrt{b})(\sqrt{a}-\sqrt{b})}$$

$$=\frac{c(\sqrt{a}-\sqrt{b})}{a-b}$$

[解 答]

(1) $(\sqrt{6}-3\sqrt{2})(\sqrt{6}+\sqrt{2})=(\sqrt{6})^2+\sqrt{12}-3\sqrt{12}-3(\sqrt{2})^2$

$$=6-2\sqrt{12}-3\cdot2$$

$$=6-2\cdot2\sqrt{3}-6=\boldsymbol{-4\sqrt{3}} \ 答$$

(2)(i) $\dfrac{4}{\sqrt{5}+\sqrt{3}}=\dfrac{4(\sqrt{5}-\sqrt{3})}{(\sqrt{5}+\sqrt{3})(\sqrt{5}-\sqrt{3})}$

$$=\frac{4(\sqrt{5}-\sqrt{3})}{5-3}=\boldsymbol{2(\sqrt{5}-\sqrt{3})} \ 答$$

(ii) $\dfrac{\sqrt{6}}{\sqrt{2}+\sqrt{3}+\sqrt{5}}=\dfrac{\sqrt{6}}{(\sqrt{2}+\sqrt{3})+\sqrt{5}}$

ここで，$\sqrt{2}+\sqrt{3}=A$ とおくと

$$\frac{\sqrt{6}}{A+\sqrt{5}}=\frac{\sqrt{6}(A-\sqrt{5})}{(A+\sqrt{5})(A-\sqrt{5})}$$

$$=\frac{\sqrt{6}(A-\sqrt{5})}{A^2-5}=\frac{\sqrt{6}(\sqrt{2}+\sqrt{3}-\sqrt{5})}{(\sqrt{2}+\sqrt{3})^2-5}$$

$$=\frac{\sqrt{6}(\sqrt{2}+\sqrt{3}-\sqrt{5})}{(5+2\sqrt{6})-5}$$

$$=\frac{\sqrt{6}(\sqrt{2}+\sqrt{3}-\sqrt{5})}{2\sqrt{6}}$$

$$=\boldsymbol{\frac{\sqrt{2}+\sqrt{3}-\sqrt{5}}{2}} \ 答$$

参考

分母を $\dfrac{\sqrt{6}}{(\sqrt{5}+\sqrt{3})+\sqrt{2}}$ と $\sqrt{5}$ と $\sqrt{3}$ を組み合わせると

$$\frac{\sqrt{6}\{(\sqrt{5}+\sqrt{3})-\sqrt{2}\}}{\{(\sqrt{5}+\sqrt{3})+\sqrt{2}\}\{(\sqrt{5}+\sqrt{3})-\sqrt{2}\}}$$

$$=\frac{\sqrt{6}(\sqrt{5}+\sqrt{3}-\sqrt{2})}{6+2\sqrt{15}}$$

となり，もう 1 回有理化が必要となるので計算量が増す。

> a の平方根とは，a が実数のとき，2 乗して a になる数であり，正のほうを $\sqrt{a}$，負のほうを $-\sqrt{a}$ と表す
>
> **POINT**

PIECE 106 整数部分・小数部分

[レベル ★★★]

例題

$\dfrac{4}{3-\sqrt{5}}$ の整数部分を a，小数部分を b $(0 \leqq b < 1)$ とするとき，$a - \dfrac{3}{b}$ の値を求めよ。

CHECK

例えば 3.26 の場合，整数部分は 3，小数部分は 0.26 であり，

$$3.26 - 3 = 0.26$$

で求められる。つまり

（小数部分）＝（元の数）－（整数部分）

が成り立つ。

また

$$\sqrt{2} = 1.4142\cdots \text{（無限小数）}$$

の場合，

整数部分は 1，

小数部分は 0.4142… の部分

より，

$$\sqrt{2} - 1 \text{（元の数－整数部分）}$$

となる。

[解答]

$$\frac{4}{3-\sqrt{5}} = \frac{4(3+\sqrt{5})}{(3-\sqrt{5})(3+\sqrt{5})}$$

$$= \frac{4(3+\sqrt{5})}{9-5}$$

$$= \frac{4(3+\sqrt{5})}{4}$$

$$= 3+\sqrt{5}$$

ここで $\sqrt{4} < \sqrt{5} < \sqrt{9}$ より

$$2 < \sqrt{5} < 3$$

よって，辺々に 3 を足すと

$$5 < 3+\sqrt{5} < 6$$

よって，$3+\sqrt{5}$ の整数部分は

$$a = 5$$

小数部分は

$$b = (3+\sqrt{5}) - 5 \quad \longleftarrow \text{（元の数）－（整数部分）}$$

$$= \sqrt{5} - 2$$

よって，

$$a - \frac{3}{b} = 5 - \frac{3}{\sqrt{5}-2}$$

$$= 5 - \frac{3(\sqrt{5}+2)}{(\sqrt{5}-2)(\sqrt{5}+2)}$$

$$= 5 - \frac{3(\sqrt{5}+2)}{5-4}$$

$$= 5 - 3(\sqrt{5}+2)$$

$$= -1 - 3\sqrt{5} \quad \boxed{答}$$

（小数部分）＝（元の数）－（整数部分）

POINT

1次不等式・連立不等式

[レベル ★★★]

例 題

(1) 次の不等式を解け。

$$(a+1)x \leqq a^2-1$$

(2) 連立不等式

$$\begin{cases} 3x > x+2 & \cdots\cdots① \\ x-a < 0 & \cdots\cdots② \end{cases}$$

を満たす整数 x がちょうど3個存在するような定数 a の範囲を求めよ。

CHECK

〈1次不等式の解法〉

$ax > b$ において

① $a > 0$ のとき

$$x > \dfrac{b}{a}$$

② $a < 0$ のとき

$$x < \dfrac{b}{a}$$

（不等号の向きは逆になる）

③ $a = 0$ のとき

$$\underset{\underset{\displaystyle =0}{\big\uparrow}}{0 \cdot x > b}$$

$$\begin{cases} b < 0 \text{ のとき } x \text{ はすべての実数} \\ b \geqq 0 \text{ のとき } 解なし \end{cases}$$

〈連立不等式〉

それぞれの不等式を解き，数直線を利用して共通範囲を考える

[解 答]

(1) $(a+1)x \leqq a^2-1$ より $(a+1)x \leqq (a+1)(a-1)$

(ア) $a+1 > 0$ すなわち $a > -1$ のとき

両辺を $a+1$ で割ると，$x \leqq a-1$

(イ) $a+1 = 0$ すなわち $a = -1$ のとき

$0 \cdot x \leqq 0$ より，x はすべての実数

(ウ) $a+1 < 0$ すなわち $a < -1$ のとき

両辺を $a+1$ で割ると，$x \geqq a-1$

(ア)〜(ウ)より

$$\begin{cases} a > -1 \text{ のとき } x \leqq a-1 \\ a = -1 \text{ のとき } x \text{ はすべての実数 } \boxed{答} \\ a < -1 \text{ のとき } x \geqq a-1 \end{cases}$$

(2) ①より $2x > 2$

よって $x > 1$ $\cdots\cdots③$

②より $x < a$ $\cdots\cdots④$

③，④を同時に満たす x が存在するとき，$a > 1$ で x の範囲は

$$1 < x < a \quad \cdots\cdots⑤$$

⑤を満たす整数がちょうど3個になるのは下の数直線より，その整数は 2, 3, 4 である。

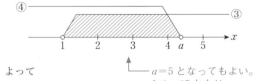

よって

$$4 < a \leqq 5 \boxed{答}$$

$a = 5$ となってもよい。
$1 < x < 5$ となり
これを満たす整数は
2, 3, 4 の3個となる

参考

$a = 5$ のときを考える。

$a = 5$ のときも③かつ④を満たす整数は3個である。$4 < a < 5$ とする間違いが多いので要注意。

不等式は割る数の正・負・0に注目
連立不等式の解は共通範囲

POINT

PIECE 108 絶対値

[レベル ★★★]

例 題

次の式について絶対値をはずせ。

(1) $|-3x|$

(2) $|x-4|$

(3) $|2x+1|$

(4) $|x+3|+|x-2|$

CHECK

〈絶対値〉

数直線上の点 P の座標が a のとき $\mathrm{P}(a)$ と表す。原点 $\mathrm{O}(0)$ と $\mathrm{P}(a)$ の距離を a の絶対値といい $|a|$ と表す。

例

$|2|=2, \quad |-5|=5, \quad |0|=0$

$$|a|=\begin{cases} a & (a \geqq 0) \\ -a & (a<0) \end{cases}$$

[解 答]

(1) $|-3x|=\begin{cases} -3x & (-3x \geqq 0 \text{ のとき}) \\ -(-3x) & (-3x<0 \text{ のとき}) \end{cases}$

$=\begin{cases} -3x & (x \leqq 0 \text{ のとき}) \\ 3x & (x>0 \text{ のとき}) \end{cases}$ 答

(2) $|x-4|=\begin{cases} x-4 & (x-4 \geqq 0 \text{ のとき}) \\ -(x-4) & (x-4<0 \text{ のとき}) \end{cases}$

$=\begin{cases} x-4 & (x \geqq 4 \text{ のとき}) \\ -x+4 & (x<4 \text{ のとき}) \end{cases}$ 答

(3) $|2x+1|=\begin{cases} 2x+1 & (2x+1 \geqq 0 \text{ のとき}) \\ -(2x+1) & (2x+1<0 \text{ のとき}) \end{cases}$

$=\begin{cases} 2x+1 & \left(x \geqq -\dfrac{1}{2} \text{ のとき}\right) \\ -2x-1 & \left(x < -\dfrac{1}{2} \text{ のとき}\right) \end{cases}$ 答

(4)

x	……	-3	……	2	……
$x+3$	$-$	0	$+$	$+$	$+$
$x-2$	$-$	$-$	$-$	0	$+$

上の表より

$|x+3|+|x-2|$

$=\begin{cases} -(x+3)-(x-2) & (x<-3 \text{ のとき}) \\ (x+3)-(x-2) & (-3 \leqq x<2 \text{ のとき}) \\ (x+3)+(x-2) & (x \geqq 2 \text{ のとき}) \end{cases}$

$=\begin{cases} -2x-1 & (x<-3 \text{ のとき}) \\ 5 & (-3 \leqq x<2 \text{ のとき}) \\ 2x+1 & (x \geqq 2 \text{ のとき}) \end{cases}$ 答

$$|a|=\begin{cases} a & (a \geqq 0 \text{ のとき}) \\ -a & (a<0 \text{ のとき}) \end{cases}$$

POINT

PIECE 109 絶対値を含む方程式

例 題

次の方程式を解け。

(1) $|x+3|=3$　　(2) $|1-2x|=5$　　(3) $|x-2|=3x$

CHECK

〈絶対値を含む方程式〉

① 絶対値が1つで絶対値の中にだけ x（文字）を含む場合

意味を考えて解く

例 $|x|=3$

原点と x との距離が3より，

$$x=\pm 3$$

② 絶対値の外に x（文字）がある場合

絶対値をはずして解く（(3)参照）

[解 答]

(1) $|x+3|=3$ より

$$x+3=\pm 3$$

$$x=-3\pm 3$$

$$=-3+3,\ -3-3$$

よって，

$$x=0,\ -6 \text{答}$$

(2) $|1-2x|=5$ より

$$1-2x=\pm 5$$

$$-2x=-1\pm 5$$

$$-2x=4,\ -6$$

$$x=-2,\ 3 \text{答}$$

(3)(ア) $x-2\geqq 0$ すなわち $x\geqq 2$ のとき

$$|x-2|=3x$$

$$x-2=3x$$

$$x=-1$$

$x\geqq 2$ より不適

(イ) $x-2<0$ すなわち $x<2$ のとき

$$|x-2|=3x$$

$$-(x-2)=3x$$

$$x=\frac{1}{2}\ (x<2 を満たす)$$

よって，(ア)，(イ)より

$$x=\frac{1}{2} \text{答}$$

[別 解]

(2) $|1-2x|=\begin{cases} 1-2x & (1-2x\geqq 0) \\ -(1-2x) & (1-2x<0) \end{cases}$

$=\begin{cases} 1-2x & \left(x\leqq \dfrac{1}{2}\right) \\ -1+2x & \left(x>\dfrac{1}{2}\right) \end{cases}$

以上より

(ア) $x\leqq \dfrac{1}{2}$ のとき

$1-2x=5$ から $x=-2$ より $x\leqq \dfrac{1}{2}$ に適する。

(イ) $x>\dfrac{1}{2}$ のとき

$-1+2x=5$ から $x=3$ より $x>\dfrac{1}{2}$ に適する。

よって，(ア)，(イ)より，

$$x=-2,\ 3 \text{答}$$

絶対値を含む方程式

① 絶対値の中にだけ文字を含む場合

→ 意味を考えて解く

② 絶対値の外に文字がある場合

→ 絶対値をはずして解く

POINT

PIECE 110 絶対値を含む不等式

[レベル ★★★]

例題

次の不等式を解け。

(1) $|x+2|<5$　　　(2) $|3-2x|\geqq4$　　　(3) $|2x+1|<x+5$

CHECK

〈絶対値を含む不等式〉

① 絶対値が1つで絶対値の中にだけ x(文字)を含む場合

意味を考えて解く

例 $|x|\leqq3$

原点と x との距離が3以下より

$-3\leqq x\leqq3$

② 絶対値の外に x(文字)がある場合

絶対値をはずして解く （(3)参照）

[解答]

(1) $|x+2|<5$ より

$$-5<x+2<5$$

よって

$$\boldsymbol{-7<x<3}\ \text{答}$$

(2) $|3-2x|\geqq4$ より

$$3-2x\geqq4$$
$$3-2x\leqq-4$$

$$\boldsymbol{x\leqq-\frac{1}{2},\ x\geqq\frac{7}{2}}\ \text{答}$$

---

(3)(ア) $2x+1\geqq0$　すなわち　$x\geqq-\dfrac{1}{2}$ のとき

$$|2x+1|<x+5$$
$$2x+1<x+5$$
$$x<4$$

$x\geqq\dfrac{1}{2}$ と合わせて,

$$-\frac{1}{2}\leqq x<4\ \ \cdots\cdots\text{①}$$

(イ) $2x+1<0$　すなわち　$x<-\dfrac{1}{2}$ のとき

$$|2x+1|<x+5$$
$$-(2x+1)<x+5$$
$$x>-2$$

$x<-\dfrac{1}{2}$ と合わせて,

$$-2<x<-\frac{1}{2}\ \ \cdots\cdots\text{②}$$

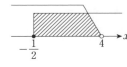

①, ②より,

$$\boldsymbol{-2<x<4}\ \text{答}$$

(注)

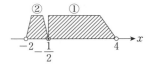

が合わさった図である。

絶対値を含む不等式

① 絶対値の中にだけ文字を含む場合

　→　意味を考えて解く

② 絶対値の外に文字がある場合

　→　絶対値をはずして解く

POINT

実践問題 001 | 因数分解①

(1) $2x^2-xy-y^2+7x-y+6$ を因数分解せよ。

(2) $(x+1)(x+2)(x+8)(x+9)-144$ を因数分解せよ。

((1) 京都府立大, (2) 専修大)

[▶GOAL = ⚙HOW × ❓WHY] ひらめき

PIECE 102 を用います。

(1) 2種類以上の文字が含まれる式の因数分解は, 次数が低い文字について整理します。

このとき,「次数の低い文字」について整理することがポイントです。その理由は, 共通因数をくくりやすくするためです。次の例で考えてみましょう。

元の式	x の2次式と見る	y の1次式と見る
$x^2+xy+x+3y-6$	$x^2+(y+1)x+3y-6$ 共通因数でくくれない	$(x+3)y+x^2+x-6$ $=(x+3)y+(x-2)(x+3)$ 共通因数でくくれる

ただし, (1)については x, y ともに「2次」なので, どちらの文字で整理しても同じです。x, y のいずれかの考えやすい解法を選びましょう。

(2) このままでは因数分解できないので, まずは展開することを考えます。やみくもに展開すると4次式となり計算が大変になります。

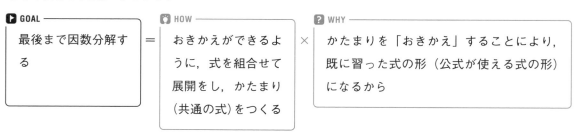

ここで注目すべきは, 1と9, 2と8の和が10となることです。まず, $(x+1)(x+9)$ と $(x+2)(x+8)$ を計算して共通の項をつくり, それを文字でおきかえれば, 2次式になり, 因数分解がしやすくなりますね。

[解 答]

(1) $\quad 2x^2 - xy - y^2 + 7x - y + 6 = 2x^2 - (y-7)x - y^2 - y + 6$

$\qquad\qquad\qquad\qquad\qquad\quad = 2x^2 - (y-7)x - (y-2)(y+3)$ ←
$\begin{matrix} 1 & & -(y-2) \\ 2 & & y+3 \end{matrix}$

$\qquad\qquad\qquad\qquad\qquad\quad = \{x-(y-2)\}\{2x+(y+3)\}$

$\qquad\qquad\qquad\qquad\qquad\quad = \boldsymbol{(x-y+2)(2x+y+3)}$ 答

1章
数と式

(2) $\quad (x+1)(x+2)(x+8)(x+9) - 144 = (x+1)(x+9)(x+2)(x+8) - 144$

$\qquad\qquad\qquad\qquad\qquad\qquad\qquad\quad = (x^2+10x+9)(x^2+10x+16) - 144$

ここで，$x^2 + 10x = A$ とおくと

$\quad (x^2+10x+9)(x^2+10x+16) - 144 = (A+9)(A+16) - 144$

$\qquad\qquad\qquad\qquad\qquad\qquad\quad = A^2 + 25A$

$\qquad\qquad\qquad\qquad\qquad\qquad\quad = A(A+25)$

$\qquad\qquad\qquad\qquad\qquad\qquad\quad = (x^2+10x)(x^2+10x+25)$ ← 元に戻す

$\qquad\qquad\qquad\qquad\qquad\qquad\quad = \boldsymbol{x(x+10)(x+5)^2}$ 答 ← 最後まで因数分解する

[別 解]

(1) （その1）

$\begin{cases} 2x^2 + 7x + 6 = (2x+3)(x+2) \\ -y^2 - y + 6 = -(y^2+y-6) \end{cases}$

$\qquad\qquad\qquad +3, +2$ を組合せる（合体させる）と
$\qquad\qquad\qquad \overline{(2x+y+3)(x-y+2)}$

$\qquad\qquad\quad = -(y-2)(y+3) = (-y+2)(y+3)$ ←

よって，

$\quad 2x^2 - xy - y^2 + 7x - y + 6 = \boldsymbol{(x-y+2)(2x+y+3)}$ 答

（その2）

$\quad 2x^2 - xy - y^2 = (x-y)(2x+y)$ ←
$\begin{matrix} 1 & & -1 \\ 2 & & 1 \end{matrix}$

よって

$\qquad 与式 = (x-y+p)(2x+y+q)$

とおける。すると

$\begin{cases} x \text{ の係数} = 2p+q = 7 \\ y \text{ の係数} = p-q = -1 \end{cases}$

より

$\qquad p=2, \quad q=3$

よって，$\boldsymbol{(x-y+2)(2x+y+3)}$ 答

実践問題 002 | 因数分解②

次の式を因数分解せよ。

(1) $ab(a+b)-2bc(b-c)+ca(2c-a)-3abc$

(2) $a^3b-ab^3-a^2+b^2+2ab-1$

(愛知工業大)

[▶GOAL = 👆HOW × ❓WHY] ひらめき

(1) 複数の種類の文字があるときは次数が低い文字に注目し，その文字について整理します。**PIECE** 102 を使います。

▶ GOAL		👆 HOW		❓ WHY
複数の文字からなる多項式を因数分解する	=	次数の低い文字について整理。すべて同じ次数の場合は登場回数の少ない文字で整理	×	・共通因数が見つけやすくなるため ・方程式を考えるとき，次数の低いほうが扱いやすいため

本問は a, b, c それぞれ次数が 2 より，どの文字で整理してもかかる手間はほぼ同じです。そのため，a について整理しましょう。

(2) 次数の低い文字について整理してもうまくいきません。式の特徴をよく見て式変形しましょう。

▶ GOAL		👆 HOW		❓ WHY
2文字を含む多項式を因数分解する	=	各項の特徴を見て，因数の一部の項を見抜く	×	定数項の -1 は $(-1)\times1$ のみであり，$-a^2$, b^2 があるから

[解 答]

(1) a, b, c について，いずれも 2 次式より，a について整理すると

$$ab(a+b)-2bc(b-c)+ca(2c-a)-3abc$$

$$=(b-c)a^2+(b^2-3bc+2c^2)a-2bc(b-c)$$

$$=\underline{(b-c)}a^2+\underline{(b-c)}(b-2c)a-2bc\underline{(b-c)}$$

$$=\underline{(b-c)}\{a^2+(b-2c)a-2bc\} \qquad \longleftarrow \quad \begin{matrix} 1 \\ 1 \end{matrix} \diagtimes \begin{matrix} b \\ -2c \end{matrix}$$

$$=\boldsymbol{(b-c)(a+b)(a-2c)} \;\text{答}$$

(注)
$a^2+(b-2c)a-2bc$ を次数の低い b について整理すると
$=b(a-2c)+a^2-2ac$
$=b(a-2c)+a(a-2c)$
$=(a-2c)(a+b)$
と因数分解しやすい。

(2) 定数項が -1 であることと，$-a^2$, b^2 という項があり，さらには a, b の 1 次の項がないから

(ア) $(\bigcirc+a^2+1)(\square+b^2-1)$

または

(イ) $(\triangle-a^2-1)(\diamondsuit-b^2+1)$

と因数分解できる。

次に a^3b, $-ab^3$ の項について考えると

(ア)の場合

$$(-ab+a^2+1)(ab+b^2-1)$$

(イ)の場合

$$(ab-a^2-1)(-ab-b^2+1)$$

となり，いずれの場合も，展開すると

$$a^3b-ab^3-a^2+b^2+2ab-1$$

となるので，(ア)(イ)いずれでもよい。

以上より

$$a^2b-ab^2-a^2+b^2+2ab-1=\boldsymbol{(a^2-ab+1)(b^2+ab-1)}\;\text{答}$$

もしくは，$\boldsymbol{(ab-a^2-1)(-ab-b^2+1)}\;\text{答}$

[別 解]

(1) b について整理して解く。

$$ab(a+b)-2bc(b-c)+ca(2c-a)-3abc=(a-2c)b^2+(a^2-3ac+2c^2)b+ca(2c-a)$$

$$=(a-2c)b^2+(a-c)(a-2c)b-ca(a-2c)$$

$$=(a-2c)\{b^2+(a-c)b-ca\} \qquad \longleftarrow \quad \begin{matrix} 1 \\ 1 \end{matrix} \diagtimes \begin{matrix} a \\ -c \end{matrix}$$

$$=(a-2c)(b+a)(b-c)$$

$$=\boldsymbol{(b-c)(a+b)(a-2c)}\;\text{答}$$

実践問題 003 | 対称式

(1) $x=\dfrac{5-\sqrt{21}}{2}$, $y=\dfrac{5+\sqrt{21}}{2}$ のとき，次の式の値を求めよ。

  (i) x^2+y^2 (ii) $\sqrt{x}-\sqrt{y}$

(2) $x+\dfrac{1}{x}=3$ のとき，$x^3+x^2+x+1+\dfrac{1}{x}+\dfrac{1}{x^2}+\dfrac{1}{x^3}=\boxed{}$ である。空欄を埋めよ。

(東北学院大)

[▶GOAL = ⚙HOW × ❓WHY] ひらめき

対称式	x, y を入れかえても，元の式と変わらない式
x, y の基本対称式	$x+y$, xy

x, y の対称式は，基本対称式 $x+y$, xy を用いて表すことができます。**PIECE 103** を用いて解いていきます。

例 $x^2+y^2=(x+y)^2-2xy$, $x^3+y^3=(x+y)^3-3xy(x+y)$

(1)(i)は x, y の対称式。$x+y$, xy をそれぞれ求めてから計算しましょう。

  (ii)は 2 乗すると対称式になります。

$$(\sqrt{x}-\sqrt{y})^2=x-2\sqrt{xy}+y$$

あとは $\sqrt{x}-\sqrt{y}$ の符号に注意して，$\sqrt{x}-\sqrt{y}$ の値を求めましょう。

▶ GOAL		⚙ HOW		❓ WHY

(i)対称式の値を出す
(ii)$\sqrt{x}-\sqrt{y}$ の値を
    求める
	=	基本対称式 $x+y$,
		xy の値をそれぞれ
		求める
			×	(i)x, y についての対称式だから
				(ii)与式を 2 乗すると，x, y の対称式になる
				    から

(2) 与式を x と $\dfrac{1}{x}$ の対称式と見るのがポイントです。

▶ GOAL		⚙ HOW		❓ WHY
与式の値を求める	=	$\dfrac{1}{x}=y$ とおき， 与式を $x+y$, xy で表す	×	条件式より $x+y=x+\dfrac{1}{x}=3$ がわかってい て，かつ，$xy=x\cdot\dfrac{1}{x}=1$ となり，$x+y$, xy の値がわかるから

「問題文で x と $\dfrac{1}{x}$ の和は与えられているが，積がわからない」となりそうですが，

$$x\times\dfrac{1}{x}=1$$

と，積の値も求められますね。

［ 解 答 ］

(1) $\begin{cases} x+y=\dfrac{5-\sqrt{21}}{2}+\dfrac{5+\sqrt{21}}{2}=5 \\ xy=\left(\dfrac{5-\sqrt{21}}{2}\right)\left(\dfrac{5+\sqrt{21}}{2}\right)=\dfrac{25-21}{4}=1 \end{cases}$

(i) $x^2+y^2=(x+y)^2-2xy$ ←── 基本対称式で表す

$\qquad\qquad =5^2-2\cdot1=\boldsymbol{23}$ 答

(ii) $(\sqrt{x}-\sqrt{y})^2=x-2\sqrt{xy}+y$ ←── 対称式になる

$\qquad\qquad\quad =x+y-2\sqrt{xy}$

$\qquad\qquad\quad =5-2\cdot1=3$

$\sqrt{x}<\sqrt{y}$ より

$\qquad \sqrt{x}-\sqrt{y}<0$

よって

$\qquad \sqrt{x}-\sqrt{y}=-\sqrt{\boldsymbol{3}}$ 答

(2) $\dfrac{1}{x}=y$ とおくと

$\qquad x+y=x+\dfrac{1}{x}=3$

$\qquad xy=x\cdot\dfrac{1}{x}=1$

よって

$x^3+x^2+x+1+\dfrac{1}{x}+\dfrac{1}{x^2}+\dfrac{1}{x^3}=x^3+x^2+x+1+y+y^2+y^3$ ←── x, y の基本対称式より $x+y$, xy で表せる

$\qquad\qquad =(x^3+y^3)+(x^2+y^2)+(x+y)+1$

$\qquad\qquad =(x+y)^3-3xy(x+y)+(x+y)^2-2xy+(x+y)+1$

$\qquad\qquad =3^3-3\cdot1\cdot3+3^2-2\cdot1+3+1$ ←── $x+y=3$, $xy=1$

$\qquad\qquad =27-9+9-2+4=\boldsymbol{29}$ 答

(注) (2)についてはおきかえずに

$\begin{cases} x^2+\dfrac{1}{x^2}=\left(x+\dfrac{1}{x}\right)^2-2=3^2-2=7 \\ x^3+\dfrac{1}{x^3}=\left(x+\dfrac{1}{x}\right)^3-3x\cdot\dfrac{1}{x}\left(x+\dfrac{1}{x}\right) \\ \qquad\qquad =3^3-3\cdot3=18 \end{cases}$

としてもよい。

［ 別 解 ］

(1)(ii) $\sqrt{x}-\sqrt{y}=\dfrac{x-y}{\sqrt{x}+\sqrt{y}}$

$\qquad x-y=\dfrac{5-\sqrt{21}}{2}-\dfrac{5+\sqrt{21}}{2}=-\sqrt{21}$

$\qquad (\sqrt{x}+\sqrt{y})^2=x+y+2\sqrt{xy}$

$\qquad\qquad\qquad =5+2\sqrt{1}=7$

$\sqrt{x}+\sqrt{y}>0$ より $\sqrt{x}+\sqrt{y}=\sqrt{7}$

よって ①$=\dfrac{-\sqrt{21}}{\sqrt{7}}=-\sqrt{\boldsymbol{3}}$ 答

PIECE

103 対称式

x, y についての対称式は

2つの基本対称式 $\begin{cases} x+y \\ xy \end{cases}$ で表せる

実践問題 004 │ 整数部分・小数部分

(1) $\sqrt{14}+\sqrt{11}$ の整数部分を求めよ。

(2) $\dfrac{\sqrt{3}+\sqrt{2}}{\sqrt{3}-\sqrt{2}}$ の小数部分を a とするとき，a は 2 次方程式 $x^2+px+q=0$ の解である。このときの p，q を求めよ。

((2) 早稲田大)

[▶GOAL = 💬HOW × ❓WHY] ひらめき

(1) $\sqrt{14}$ と $\sqrt{11}$ の整数部分を求めて足せば答えは出そうですが，調べてみると

$$3<\sqrt{14}<4,\ 3<\sqrt{11}<4\quad より\quad 6<\sqrt{14}+\sqrt{11}<8 \quad \longleftarrow \text{整数部分の候補が}$$
6，7 となるため，絞りきれない

$n<\sqrt{A}<n+1$ のような評価を 1 回だけで済ますことができれば，整数部分を求められそうです。

そこで，$\sqrt{14}+\sqrt{11}$ を 2 乗すると

$$(\sqrt{14}+\sqrt{11})^2=14+2\sqrt{154}+11$$
$$=25+\sqrt{616}$$

となるため，$\sqrt{616}$ の整数部分がわかれば $(\sqrt{14}+\sqrt{11})^2$ の整数部分がわかり，$\sqrt{14}+\sqrt{11}$ の整数部分も求められそうですね。

▶ GOAL	💬 HOW	❓ WHY
$\sqrt{14}+\sqrt{11}=\Box.\triangle\bigcirc\cdots$ の $\Box$ 部分を求める	2 乗して 2 か所にある $\sqrt{\ }$ を 1 か所にする	$n<\sqrt{A}<n+1$ のような評価を使うのは，1 回だけにしたいから

(2) **PIECE 106** を使い，まずは $\dfrac{\sqrt{3}+\sqrt{2}}{\sqrt{3}-\sqrt{2}}$ を有理化しましょう。整数部分・小数部分が求めやすくなります。

しかし，直接，小数部分を $x^2+px+q=0$ の x に a の値を代入して計算するのは大変です。代入せずに解答する方法がないか考えてみることが大切です。

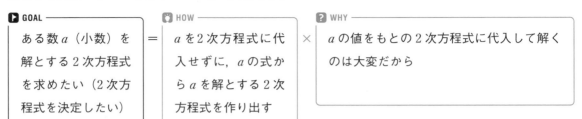

▶ GOAL	💬 HOW	❓ WHY
ある数 a（小数）を解とする 2 次方程式を求めたい（2 次方程式を決定したい）	a を 2 次方程式に代入せずに，a の式から a を解とする 2 次方程式を作り出す	a の値をもとの 2 次方程式に代入して解くのは大変だから

なお，次のような流れは重要ですので，必ず覚えておきましょう。

$$x=p+q\sqrt{r}\implies x-p=q\sqrt{r}\implies (x-p)^2=(q\sqrt{r})^2\implies x^2+\bigcirc x+\triangle=0$$

[解 答]

(1)　　　$(\sqrt{14}+\sqrt{11})^2=25+2\sqrt{154}$

$=25+\sqrt{616}$

ここで，$24^2<616<25^2$　より

└ $=576$　└ $=625$

$24<\sqrt{616}<25$

$49<25+\sqrt{616}<50\ (<64)$

$7^2<(\sqrt{14}+\sqrt{11})^2<8^2$

よって

$7<\sqrt{14}+\sqrt{11}<8$

したがって，$\sqrt{14}+\sqrt{11}$ の整数部分は 7 答

(2)　　$\dfrac{\sqrt{3}+\sqrt{2}}{\sqrt{3}-\sqrt{2}}=\dfrac{(\sqrt{3}+\sqrt{2})^2}{(\sqrt{3}-\sqrt{2})(\sqrt{3}+\sqrt{2})}$

$=5+2\sqrt{6}$

$=5+\sqrt{24}$

$16<24<25$ より

$4<\sqrt{24}<5$

$9<5+\sqrt{24}<10$

以上から，$\dfrac{\sqrt{3}+\sqrt{2}}{\sqrt{3}-\sqrt{2}}$ の整数部分は 9 である。

よって，

$a=(5+\sqrt{24})-9$　◀── 小数部分＝元の数−整数部分

$a=\sqrt{24}-4$

$a+4=\sqrt{24}$

両辺を 2 乗すると

$(a+4)^2=(\sqrt{24})^2$

$a^2+8a+16=24$

$a^2+8a-8=0$

よって，a は 2 次方程式 $x^2+8x-8=0$ の解である。

以上より

$p=8,\ \ q=-8$ 答

(注)　$a=\sqrt{24}-4$ を 2 次方程式 $x^2+px+q=0$ に代入すると

$(\sqrt{24}-4)^2+p(\sqrt{24}-4)+q=0$

展開して整理すると

$(40-4p+q)+(p-8)\sqrt{24}=0$　……①

もしここで p，q が有理数という条件があれば

①より $\begin{cases} 40-4p+q=0 \\ p-8=0 \end{cases}$

よって $\begin{cases} p=8 \\ q=-8 \end{cases}$

となるが本問には，p，q が有理数という条件はないので，この解答は不十分である。

PIECE

106 整数部分・小数部分

・a, b は整数 $(b≧0)$
　$n≦\sqrt{b}<n+1$ のとき $a+\sqrt{b}$ の
　整数部分＝$a+n$
・小数部分
　＝元の数−整数部分

1章 数と式

実践問題 005 | 1次不等式①

A氏，B氏，C氏は起業したいと思っているが，1人では不可能で，最低2人が組む必要があるとする。3人が組めば72億円の利益が見込め，A氏とB氏が組めば50億円，A氏とC氏が組めば32億円，B氏とC氏が組めば20億円の利益が見込めるとする。

いま，3人が組んで起業した結果72億円の利益が得られたとき，その分配について考える。以下では，A氏，B氏，C氏のそれぞれの分配額を x，y，z で表す。

3人で組んだ場合に，2人で組んだ場合以上の利益の分配を，それぞれが要求すると

$$x,\ y,\ z \geqq 0 \qquad \cdots\cdots ①$$
$$x+y+z=72 \qquad \cdots\cdots ②$$
$$x+y \geqq 50 \qquad \cdots\cdots ③$$
$$x+z \geqq 32 \qquad \cdots\cdots ④$$
$$y+z \geqq 20 \qquad \cdots\cdots ⑤$$

（単位：億円）

となる。

ここで，②は3人分の分配額の合計が得られた利益の72億円になることを表し，③はA氏とB氏の分配額の合計は2人が組んだ場合に見込める利益の50億円以上になることを両氏が要求することを表し，④はA氏とC氏の分配額の合計は2人が組んだ場合に見込める利益の32億円以上になることを両氏が要求することを表し，⑤はB氏とC氏の分配額の合計は2人が組んだ場合に見込める利益の20億円以上になることを両氏が要求することを表している。

これらの条件を満たす各人の分配額の中で，A氏の分配額が最小となる分配額 x, y, z をそれぞれ求めよ。

（慶應義塾大）

[▶GOAL ＝ ❶HOW × ❷WHY] ひらめき

本問のような長文問題は，文章をしっかり読み，状況を正確に把握することが重要です。3人で組む条件は，「3人で組んだときの利益≧2人で組んだときの利益」が成り立つ場合です。

また，A氏の分配額が最小になるときは，どんなときかを考えることが大切ですね。

▶ GOAL		❶ HOW		❷ WHY
A氏の分配額が最小となる	＝	等式より文字を消去して，y, z のそれぞれの範囲を求める	×	x, y, z が満たす1次の等式があるので，y, z の範囲がわかれば x の範囲（最小値）がわかるから

不等式を用いて最大値・最小値を求めるときは，等号条件が成り立つかどうかに注目しましょう。

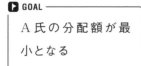

例　$x \leqq A$　この等号が成り立つとき，x の最大値は A

　　$x \geqq B$　この等号が成り立つとき，x の最小値は B

（A，B は定数）

いま，②の $x+y+z=72$（一定）より，

x（Aの利益）を最小にしたい $\implies$ y（Bの利益），z（Cの利益）をそれぞれ最大にしたい

ということです。よって，y，z を不等式

$y \leqq$（定数），$z \leqq$（定数）

で評価します。

▼

［解答］

3人で組む条件は，「3人で組んだときの利益 $\geqq$ 2人で組んだときの利益」となれ
ばよいので，x，y，z について以下の式が成り立つ。

PIECE

107 1次不等式・連立不等式

$x \geqq 0$，$y \geqq 0$，$z \geqq 0$ ……①

$x+y+z=72$ ……②

$x+y \geqq 50$ ……③

$x+z \geqq 32$ ……④

$y+z \geqq 20$ ……⑤

②より，$x+y=72-z$，これを③に代入すると

$72-z \geqq 50$

$z \leqq 22$ ……⑥

②より，$x+z=72-y$，これを④に代入すると

$72-y \geqq 32$

$y \leqq 40$ ……⑦

②より，y，z がそれぞれ最大のとき x は最小となる。

⑦より，y の最大値$=40$ ◀

⑥より，z の最大値$=22$ ◀　　等号が成立するとき

これは⑤を満たす。

よって，このとき x は最小となり，（x の最小値）$=72-40-22=$**10**，このとき，$y=$**40**，$z=$**22** 答

［別解］

$x=k$ と固定すると，条件より

$y+k \geqq 50$ より $y \geqq 50-k$

$k+z \geqq 32$ より $z \geqq 32-k$

$k+y+z=72$ より

$y+z=72-k$

$z=-y+(72-k)$ ……(*)

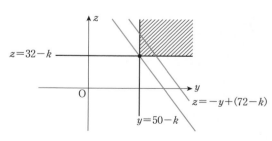

よって，(*)の z 切片は，$(y, z)=(50-k, 32-k)$ を通るとき，最小である。

$72-k \geqq (50-k)+(32-k)$

$72-k \geqq 82-2k$

$k \geqq 10$

よって，k の最小値は 10 であるため，x の最小値は **10**，このとき，$y=$**40**，$z=$**22** 答

実践問題 006 | 1 次不等式②

(1) a を定数として，不等式 $ax+3>2x$ を解け。

(2) x の不等式 $ax+a+3>0$ の解が $x<2$ のとき，定数 a の値を求めよ。

[▶GOAL = ⚙HOW × ❓WHY] ひらめき

(1) 問題文に「a は定数」と書いてあるので，与式は x の不等式です。**PIECE** 107 で解きます。

▶ GOAL		⚙ HOW		❓ WHY
文字定数を含む 1 次不等式を解く	=	x の係数が 0，正，負で場合分け	×	係数の符号によって不等号の向きが変わるし，0 で割ることはできないから

(2)

▶ GOAL		⚙ HOW		❓ WHY
解がわかっているときの元の不等式の決定	=	x の係数で場合分けをして，不等式を解く	×	解がわかっているので実際に解いて，解の集合を比べるため

[解 答]

(1)　　　　$ax+3>2x$

　　　　　$(a-2)x>-3$

(ア) $a-2>0$ すなわち $a>2$ のとき，$x>-\dfrac{3}{a-2}$

(イ) $a-2<0$ すなわち $a<2$ のとき，$x<-\dfrac{3}{a-2}$

(ウ) $a-2=0$ すなわち $a=2$ のとき，$0\cdot x>-3$

　x はすべての実数。

以上，(ア)，(イ)，(ウ)より

$$\begin{cases} a>2 \text{ のとき，} x>-\dfrac{3}{a-2} \\ a<2 \text{ のとき，} x<-\dfrac{3}{a-2} \quad \text{答} \\ a=2 \text{ のとき，すべての実数} \end{cases}$$

(2)　　　　$ax+a+3>0$

　　　　　$ax>-a-3$

(ア) $a>0$ のとき，

　　　$x>\dfrac{-a-3}{a}$

　よって，$x<2$ となることはないので不適。

PIECE

107 1 次不等式・連立不等式

$ax>b$

$\begin{cases} \text{(ア) } a>0 \text{ のとき } x>\dfrac{b}{a} \\ \text{(イ) } a<0 \text{ のとき } x<\dfrac{b}{a} \\ \text{(ウ) } a=0 \text{ のとき} \\ \quad \cdot b<0 \text{ のとき すべての実数} \\ \quad \cdot b\geqq0 \text{ のとき 解なし} \end{cases}$

(イ) $a<0$ のとき,

$$x<\frac{-a-3}{a}$$

解が $x<2$ のとき

$$\frac{-a-3}{a}=2$$

$$2a=-a-3$$

$$a=-1 \ (a<0 \text{ を満たす})$$

(ウ) $a=0$ のとき, $0 \cdot x > -0-3$

解はすべての実数となるので不適。

以上,(ア),(イ),(ウ)より $\boldsymbol{a=-1}$ 答

[別 解]

(1) $ax+3>2x \Longleftrightarrow (a-2)x+3$ より,$y=(a-2)x+3$ について $y>0$ となる x の範囲を求める。

(ア) $a-2=0$ つまり $a=2$ のとき

$y=3$ より

グラフより,すべての x で $y>0$

よって,x はすべての実数

(イ) $a-2>0$ つまり $a>2$ のとき

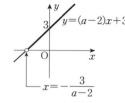

グラフより,$y>0$ となるのは

$$x>-\frac{3}{a-2}$$

(ウ) $a-2<0$ つまり $a<2$ のとき

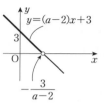

グラフより,$y>0$ となるのは

$$x<-\frac{3}{a-2}$$

(2) $y=a(x+1)+3$ のグラフをかいて解く。

(ア) $a>0$ のとき

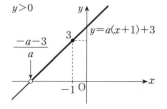

よって,$y>0$ となる x の範囲は

$x<2$ とならないので不適。

(イ) $a<0$ のとき

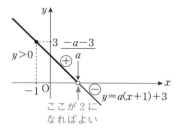

よって,$y>0$ となるのは

$$x<\frac{-a-3}{a}$$

解が $x<2$ より

$$\frac{-a-3}{a}=2$$

$a=-1 \ (a<0)$ を満たす。

(ウ) $a=0$ のとき

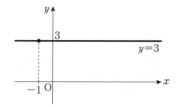

よって,$y>0$ となるのは

すべての実数 x であり,

$x<2$ に不適。

以上,(ア),(イ),(ウ)より $\boldsymbol{a=-1}$ 答

実践問題 **007** │ 絶対値を含む方程式・不等式

(1) 方程式 $|x-2|=2x$ を満たす x の値を求めよ。

(2) $|x-2|+|x+3|<6$ を満たす実数 x の値の範囲を求めよ。

((1) 神奈川大，(2) 山梨大)

[▶GOAL = 🔧HOW × ❓WHY] ひらめき

絶対値で大切なのは中身の符号です。特に，絶対値の中身が複雑な場合は注意して場合分けをしましょう。

誤った場合分けの例	正しい場合分けの例
$|2x-1|=\begin{cases} 2x-1 & (x \geqq 0 \text{ のとき}) \\ -(2x-1) & (x<0 \text{ のとき}) \end{cases}$	$\underset{\text{中身}}{|2x-1|}=\begin{cases} 2x-1 & \left(2x-1 \geqq 0 \text{ すなわち } x \geqq \dfrac{1}{2} \text{ のとき}\right) \\ -(2x-1) & \left(2x-1<0 \text{ すなわち } x < \dfrac{1}{2} \text{ のとき}\right) \end{cases}$

また，1つの式の中に絶対値が複数ある場合は，場合分けが増えることに注意しましょう。

(1) **PIECE** 109 を用います。

▶GOAL	🔧HOW	❓WHY
絶対値を含む方程式を解く	絶対値の中身の符号で場合分けする	絶対値を含まない方程式にしたいから

(2) **PIECE** 110 を用います。

▶GOAL	🔧HOW	❓WHY
2つの絶対値を含む不等式を解く	2つの絶対値をそれぞれはずす	絶対値を含まない不等式にしたいから

[解 答]

(1) $\qquad |x-2|=2x$

(ア) $x-2 \geqq 0$ すなわち $x \geqq 2$ のとき

$\qquad x-2=2x$

$\qquad x=-2$

これは $x \geqq 2$ に不適。

(イ) $x-2<0$ すなわち $x<2$ のとき

$\qquad -(x-2)=2x$

$\qquad x=\dfrac{2}{3}$

これは $x<2$ に適する。

よって，(ア)，(イ)より $\boldsymbol{x=\dfrac{2}{3}}$ 答

PIECE

109 絶対値を含む方程式

・絶対値の性質
→ $|\triangle|=\square \Leftrightarrow \triangle=\pm\square$
・絶対値をはずす → 場合分け

110 絶対値を含む不等式

・絶対値の性質の利用
$|\triangle| \leqq \square \leftrightarrow -\square \leqq \triangle \leqq \square$
$|\triangle| \geqq \square \leftrightarrow \triangle \leqq -\square,\ \square \leqq \triangle$
・絶対値をはずす → 場合分け

(2) $|x-2|+|x+3|<6$ ……①

(ア) $x<-3$ のとき

$|x-2|+|x+3|<6$

$-(x-2)-(x+3)<6$

$-2x<7$

$x>-\dfrac{7}{2}$

$x<-3$ と合わせて,

$-\dfrac{7}{2}<x<-3$ ……②

(イ) $-3\leqq x<2$ のとき

$|x-2|+|x+3|<6$

$-(x-2)+(x+3)<6$

$5<6$

これはすべての実数 x で成り立つので

$-3\leqq x<2$ ……③

(ウ) $x\geqq 2$ のとき

$|x-2|+|x+3|<6$

$(x-2)+(x+3)<6$

$2x<5$

$x<\dfrac{5}{2}$

$x\geqq 2$ と合わせて,

$2\leqq x<\dfrac{5}{2}$ ……④

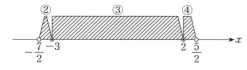

②, ③, ④ より

$-\dfrac{7}{2}<x<\dfrac{5}{2}$ 答

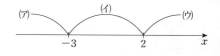

x	$\cdots$	-3	$\cdots$	2	$\cdots$
$x-2$	$-$	$-$	$-$	0	$+$
$x+3$	$-$	0	$+$	$+$	$+$

⊕のときは，そのまま絶対値をはずす

⊖のときは，－ をつけて絶対値をはずす

[別 解]

(1) $|x-2|=2x$

$|x-2|^2=(2x)^2$ $(x\geqq 0)$

$(x-2)^2=(2x)^2$ $(x\geqq 0)$

よって，$x^2-4x+4=4x^2$ の $x\geqq 0$ の解を求めればよい。

$3x^2+4x-4=0$

$(x+2)(3x-2)=0$

$x=-2,\ \dfrac{2}{3}$

$x\geqq 0$ より，$x=\dfrac{2}{3}$ 答

PIECE 201 集合の表し方

[レベル ★ ★ ★]

例題

(1) 次の集合を，要素を書き並べる方法で表せ。

　① 13 以下の素数全体　　② $\{3x \mid x$ は整数，$x \geqq 5\}$

(2) 次の集合を，要素の条件を述べる方法で表せ。

　① $\{3,\ 6,\ 9,\ 12,\ 15,\ 18\}$　　② $\{1,\ 3,\ 5,\ \cdots,\ 999\}$

CHECK

集合…入るか入らないかが明確に決まるものの集まり。

要素…集合を構成している 1 つ 1 つのもの。

（3 が集合 A の構成要素のとき，3 は集合 A に属するという）

12 の正の約数全体の集合を A とする。

(ア) 要素を書き並べる方法

　$A = \{1,\ 2,\ 3,\ 4,\ 6,\ 12\}$ ← 要素を具体的に書く

(イ) 要素の条件を述べる方法

　$A = \{x \mid x$ は 12 の正の約数$\}$

　└ A の要素の代表として文字を 1 文字書く
　└ 文字と条件の間に「$\mid$」を入れる
　└ その文字が満たす条件を書く

[解 答]

(1)① $\{2,\ 3,\ 5,\ 7,\ 11,\ 13\}$ 答

　② $\{15,\ 18,\ 21,\ \cdots\}$ 答

(2)① $\{x \mid x$ は 3 の倍数，$3 \leqq x \leqq 18\}$ 答

　② $\{x \mid x$ は奇数，$1 \leqq x \leqq 999\}$ 答

[別 解]

(2)① $\{3x \mid x$ は整数，$1 \leqq x \leqq 6\}$

　② $\{2x-1 \mid x$ は整数，$1 \leqq x \leqq 500\}$

集合の表し方は，2 通りある

(ア) 要素を書き並べる方法

(イ) 要素の条件を述べる方法

POINT

PIECE 202 部分集合

[レベル ★ ★ ★]

例題

集合 $S = \{1,\ 2,\ 3\}$ の部分集合をすべて求めよ。

CHECK

集合 A のすべての要素が集合 B に属しているとき，「A は B の部分集合である」といい，$A \subset B$ と表す。

・「$x \in A$ ならば $x \in B$」のとき，$A \subset B$

・$A \subset B$ のとき，「$x \in A$ ならば $x \in B$」が成り立つ。また，空集合（ϕ）はすべての集合の部分集合である。← 要素を 1 つももたない場合

[解 答]

集合 S の部分集合は，ϕ，$\{1\}$，$\{2\}$，$\{3\}$，$\{1,\ 2\}$，$\{1,\ 3\}$，

　　　　$\{2,\ 3\}$，$\{1,\ 2,\ 3\}$ 答

【補足】

$\underset{\text{要素}}{a} \in \underset{\text{集合}}{A}$ ：a が集合 A の要素

$\underset{\text{集合}}{A} \subset \underset{\text{集合}}{B}$ ：A が B に含まれる

集合 A のすべての要素が集合 B に属しているとき「A は B の部分集合である」といい $A \subset B$ と表す

POINT

PIECE 203 共通部分・和集合・補集合

[レベル ★★★]

例題

全体集合 $U=\{1,\ 2,\ 3,\ 4,\ 5,\ 6,\ 7,\ 8\}$ の部分集合 $A=\{2,\ 4,\ 6,\ 8\}$，$B=\{4,\ 5,\ 6\}$ について，次の集合を求めよ。

(1) $A \cap B$

(2) $A \cup B$

(3) $\overline{A}$

(4) $\overline{U}$

(5) $A \cap \overline{B}$

CHECK

① **$A \cap B$（A と B の共通部分）**

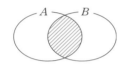

集合 A，B の両方に属する要素全体の集合

② **$A \cup B$（A と B の和集合）**

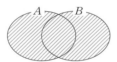

集合 A，B の少なくとも一方に属する要素全体の集合

③ **$\overline{A}$（A の補集合）**

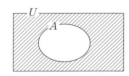

U を全体集合としたとき，U の要素のうち A に属さない要素全体の集合

[解答]

集合 U，A，B の関係を，次のようにベン図に表す。

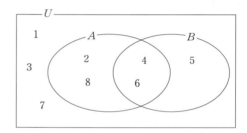

(1) $A \cap B=\{4,\ 6\}$ 答

(2) $A \cup B=\{2,\ 4,\ 5,\ 6,\ 8\}$ 答

(3) $\overline{A}=\{1,\ 3,\ 5,\ 7\}$ 答

(4) $\overline{U}=\phi$ 答

(5) $A \cap \overline{B}$ は，A の要素であり B の要素でない要素の集合より

$$A \cap \overline{B}=\{2,\ 8\}$$ 答

共通部分は両方に属する要素全体
和集合は少なくとも一方に属する要素全体
補集合は属さないものの全体

POINT

PIECE 204 ド・モルガンの法則

[レベル ★★★]

例題

$U = \{x \mid x$ は 12 以下の負でない整数$\}$ を全体集合とする。

$A = \{x \mid x$ は 12 の正の約数$\}$，$B = \{3n \mid n = 0,\ 1,\ 2,\ 3,\ 4\}$ とするとき，次の集合を求めよ。

(1) $\overline{A} \cap \overline{B}$　　　　(2) $\overline{A} \cup \overline{B}$

CHECK

① $\overline{A} \cap \overline{B} = \overline{A \cup B}$

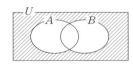

② $\overline{A} \cup \overline{B} = \overline{A \cap B}$

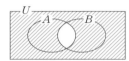

【補足】
① $\overline{A \cup B} \to \overline{A} \cap \overline{B}$ は「――― を1つ1つにばらして真ん中をひっくり返す」と覚えると覚えやすい。（②も同様）
$\overline{A} \cap \overline{B}$ は

 と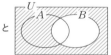

の共通部分より

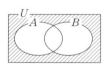

$\overline{A \cup B}$ は

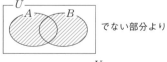 でない部分より

[解答]

$U = \{0,\ 1,\ 2,\ 3,\ 4,\ 5,\ 6,\ 7,\ 8,\ 9,\ 10,\ 11,\ 12\}$

$A = \{1,\ 2,\ 3,\ 4,\ 6,\ 12\}$

$B = \{0,\ 3,\ 6,\ 9,\ 12\}$

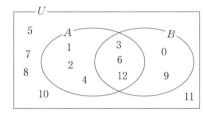

(1) $\overline{A} \cap \overline{B} = \overline{A \cup B}$

　　　$= \{5,\ 7,\ 8,\ 10,\ 11\}$ 答

(2) $\overline{A} \cup \overline{B} = \overline{A \cap B}$

　　　$= \{0,\ 1,\ 2,\ 4,\ 5,\ 7,\ 8,\ 9,\ 10,\ 11\}$ 答

$\overline{A} \cap \overline{B} = \overline{A \cup B},$

$\overline{A} \cup \overline{B} = \overline{A \cap B}$

POINT

PIECE 205 命題の真偽・反例

[レベル ★★★]

例題

次の命題の真・偽を答えよ。また，偽であるときは反例をあげよ。

(1) $x^2 = 2x \implies x = 2$

(2) 整数 a, b の積は正である $\implies$ 整数 a, b は同符号である

CHECK

命題…正しいか正しくないかが定まる文や式

命題が正しいとき，その命題は**真**である，といい，正しくないとき，**偽**である，という。

「p ならば q」という形の命題は，

$$\underset{仮定}{p} \implies \underset{結論}{q}$$

と表す。この形において真とは

「仮定を満たすとき，結論を必ず満たす」

ことを表し，偽とは，

「仮定は満たすが，結論を満たさないときがある」ことを表す。

反例…仮定は満たすが，結論を満たさない例

条件…変数を含む文や式で，その変数に値を代入したときに真偽が決まるもの

例 「$x > 0$」

$x = 3$ のときは真だが，$x = -5$ のときは偽

[解 答]

(1) $x^2 = 2x$ は $x(x-2) = 0$ より

$$x = 0 \ \text{または} \ x = 2$$

よって

$$x^2 = 2x \implies x = 2 \ \text{は偽}。$$

反例は $\boldsymbol{x = 0}$ 答

(2) 整数 a, b の積が正であるとき，

$$\begin{cases} a > 0 \\ b > 0 \end{cases} \ \text{または} \ \begin{cases} a < 0 \\ b < 0 \end{cases}$$

よって，整数 a, b は同符号であるから，

整数 a, b の積は正である $\implies$ 整数 a, b は同符号であるは**真**。答

命題が正しいとき，その命題は真である，といい，正しくないとき，偽である，という

POINT

PIECE 206 命題と集合

[レベル ★★★]

例題

次の命題の真・偽を答えよ。また，偽であるときは反例をあげよ。

(1)　$x>3 \Longrightarrow x>1$　　　　(2)　自然数 n は 3 の倍数　$\Longrightarrow$　自然数 n は 2 の倍数

CHECK

条件 p, q を満たすものの集合をそれぞれ P, Q で表す。

命題「$p \Longrightarrow q$」が真であるとは，

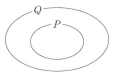

「p ならば必ず q」ということだから，

命題「$p \Longrightarrow q$」が真であることは

$$P \subset Q$$

が成り立つことと同じである。

[解 答]

条件 p, q を満たすものの集合をそれぞれ P, Q で表す。

(1)　$p : x>3$, $q : x>1$

　　とすると，$P \subset Q$ が成り立つ。

　　よって，$p \Longrightarrow q$ は**真**である。答

(2)　$p :$ 自然数 n は 3 の倍数，

　　　$q :$ 自然数 n は 2 の倍数

　　とすると，$P \subset Q$ は成り立たないから，

$p \Longrightarrow q$ は**偽**である。

反例

（反例：$n=3$）答

> 命題「$p \Longrightarrow q$」が真であることは $P \subset Q$ が成り立つことと同じである
>
> **POINT**

PIECE 207 かつ・またはの否定

[レベル ★★★]

例題

x, y はすべて実数とする。次の条件の否定を述べよ。

(1)　$x \neq 2$ かつ $y=-3$　　　　(2)　$x \leqq -4$ または $5<x$

CHECK

ド・モルガンの法則より，

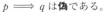

$$\overline{p \text{ かつ } q} \Longleftrightarrow \overline{p} \text{ または } \overline{q},$$
$$\overline{p \text{ または } q} \Longleftrightarrow \overline{p} \text{ かつ } \overline{q}$$

【補足】

(1)　$p : x \neq 2$, $q : y=-3$ とすると，求める条件の否定は $\overline{p \text{ かつ } q}$ であり，$\overline{p \text{ かつ } q}$ は $\overline{p}$ または $\overline{q}$

(2)　$p : x \leqq -4$, $q : 5<x$ とすると，求める条件の否定は $\overline{p \text{ または } q}$ であり，$\overline{p \text{ または } q}$ は $\overline{p}$ かつ $\overline{q}$

[解 答]

(1)　「$x \neq 2$ かつ $y=-3$」の否定は，

$$x=2 \text{ または } y \neq -3 \text{ 答}$$

(2)　「$x \leqq -4$ または $5<x$」の否定は，

$$-4<x \text{ かつ } x \leqq 5$$

　　すなわち，$-4<x \leqq 5$　答

> 「p かつ q」の否定は，
> 　p ではない または q ではない
> 「p または q」の否定は，
> 　p ではない かつ q ではない
>
> **POINT**

PIECE 208 必要条件・十分条件

[レベル ★★★]

例題

次の(1)から(4)の文中の空欄にあてはまるものを①～④の中から選べ。ただし，x，y は実数である。

① 必要十分条件である

② 十分条件であるが必要条件ではない

③ 必要条件であるが十分条件ではない

④ 必要条件でも十分条件でもない

(1) $x=\sqrt{5}$ であることは，$x^2=5$ であるための □ 。

(2) $xy=0$ であることは，$x=0$ かつ $y=0$ であるための □ 。

(3) $x^2+y^2=0$ であることは，$x=0$ かつ $y=0$ であるための □ 。

(4) $x+y$ が無理数であることは，x が無理数 かつ y が無理数であるための □ 。

CHECK

2つの条件 p，q について

「$p \Longrightarrow q$」が真であるとき，p は q であるための**十分条件**，

「$p \Longleftarrow q$」が真であるとき，p は q であるための**必要条件**という。

「$p \Longrightarrow q$」と「$p \Longleftarrow q$」が両方とも真であるとき，「$p \Longleftrightarrow q$」と表し，p は q であるための**必要十分条件**という。

まとめると次のようになる。

(ア) $p \overset{\bigcirc}{\underset{\times}{=}} q$：$p$ は q であるための**十分条件** であるが**必要条件**でない。

(イ) $p \overset{\times}{\underset{\bigcirc}{=}} q$：$p$ は q であるための**必要条件** であるが**十分条件**でない。

(ウ) $p \overset{\bigcirc}{\underset{\bigcirc}{=}} q$：$p$ は q であるための**必要十分 条件**である。

(エ) $p \overset{\times}{\underset{\times}{=}} q$：$p$ は q であるための必要条件 でも十分条件でもない。

[解答]

(1) $p：x=\sqrt{5} \overset{\bigcirc}{\underset{\times}{=}} q：x^2=5$
($反例：x=-\sqrt{5}$)

より，② 答

(2) $p：xy=0 \overset{\times}{\underset{\bigcirc}{=}} q：x=0$ かつ $y=0$
($反例：x=0，y=1$)

より，③ 答

(3) $p：x^2+y^2=0 \overset{\bigcirc}{\underset{\bigcirc}{=}} q：x=0$ かつ $y=0$

より，① 答

(4) $p：x+y$ が無理数 $\overset{\times}{\underset{\times}{=}} q：x$ が無理数 かつ y が無理数
($反例：x=2，y=\sqrt{3}$)
($反例：x=\sqrt{2}，y=3-\sqrt{2}$)

より，④ 答

2つの条件 p，q についての命題

- 「$p \Longrightarrow q$」が真であるとき，p は q であるための十分条件

- 「$p \Longleftarrow q$」が真であるとき，p は q であるための必要条件という

POINT

PIECE 209 逆・裏・対偶

[レベル ★★★]

例題

次の命題の逆，裏，対偶を述べよ。また，その真偽を調べよ。

「$x=2 \implies x^2=4$」

CHECK

命題「p ならば q」に対して

逆：「q ならば p」

裏：「$\overline{p}$ ならば $\overline{q}$」

対偶：「$\overline{q}$ ならば $\overline{p}$」

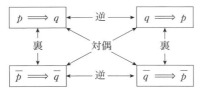

ある命題とその対偶は真偽が一致する。

[解 答]

逆：$x^2=4 \implies x=2$

偽（反例 $x=-2$）**答**

裏：$x \neq 2 \implies x^2 \neq 4$

偽（反例 $x=-2$）**答**

対偶：$x^2 \neq 4 \implies x \neq 2$ **真 答**

> 命題「p ならば q」に対して
> 　逆：「q ならば p」
> 　裏：「$\overline{p}$ ならば $\overline{q}$」
> 　対偶：「$\overline{q}$ ならば $\overline{p}$」
> ある命題とその対偶は真偽が一致する
> **POINT**

PIECE 210 対偶を利用する証明

[レベル ★★★]

例題

整数 n について，n^2 が偶数ならば，n は偶数であることを証明せよ。

CHECK

もとの命題と対偶は真偽が一致するので，

「p ならば q である」

ということを証明するのに，その対偶

「$\overline{q}$ ならば $\overline{p}$ である」

を証明する方法を「対偶法」という。

① 使うタイミング

「p ならば q」を直接示すことが難しい場合で使う。

② 注意点

命題が「p ならば q」という形になっていないと使うことができない。

[解 答]

「n^2 が偶数 $\implies$ n は偶数」の対偶

「n が奇数 $\implies$ n^2 は奇数」

を証明する。

n が奇数のとき，整数 k を用いて，$n=2k+1$ と表すことができる。

このとき，

$$n^2=(2k+1)^2=4k^2+4k+1$$
$$=2(2k^2+2k)+1$$

ここで，$2k^2+2k$ は整数であるから，n^2 は奇数である。

以上より，対偶が真より，元の命題も真となり，n^2 が偶数ならば，n は偶数である。**（証明終わり）答**

> 「$p \implies q$」を直接示すことが難しい場合，
> 対偶「$\overline{q} \implies \overline{p}$」を示す
> **POINT**

PIECE 211 背理法

[レベル ★★★]

例題

$\sqrt{2}$ が無理数であることを証明せよ。ただし、「整数 n について、n^2 が 2 の倍数ならば n も 2 の倍数である」ことは、証明なしに用いてもよい。

CHECK

背理法とは、ある命題に対して、その命題が成り立たないと仮定して、矛盾を導くことによって証明する方法。

① **使うタイミング**

否定的事柄の証明や、真偽が明らかだと思われるような命題の証明**のときに使うことが多い。**

② **注意**

「$\sqrt{5}$ は無理数である」など、「p ならば q」の形になっていないものでも使える。

【補足】

● 有理数 … $\dfrac{(整数)}{(整数)}$ で表すことができる数

　無理数 … $\dfrac{(整数)}{(整数)}$ で表すことができない数

今回は

「$\sqrt{2}$ が無理数である」

すなわち、

「$\sqrt{2}$ が $\dfrac{(整数)}{(整数)}$ で表すことができない」

のように否定的事柄を証明する問題であるため背理法を使う。

● 互いに素 … 互いに 1 以外に正の公約数をもたない

「m と n が互いに素である」

というのは、

「$\dfrac{n}{m}$ がそれ以上約分できない形の分数（既約分数という）である」

ということ。

[解答]

$\sqrt{2}$ が無理数ではない、すなわち、有理数であると仮定すると、互いに素な自然数 m, n を用いて

$$\sqrt{2}=\frac{n}{m}$$

と表すことができる。このとき

$$\sqrt{2}\,m=n$$

両辺を 2 乗すると

$$2m^2=n^2 \quad \cdots\cdots①$$

よって、n^2 は 2 の倍数であるから、n も 2 の倍数である。（**PIECE 210** 参照）

これより、$n=2k$（k は自然数）と表される。①に代入して

$$2m^2=(2k)^2$$
$$2m^2=4k^2$$
$$m^2=2k^2$$

よって、m^2 は 2 の倍数であるから、m も 2 の倍数である。したがって、m, n はともに 2 の倍数であり、m, n が互いに素であることに矛盾する。

以上より、$\sqrt{2}$ は有理数ではなく、無理数である。

（証明終わり）答

否定的事柄の証明は背理法が利用できないか考える
背理法とは、ある命題に対して、その命題が成り立たないと仮定して、矛盾を導くことによって証明する方法

POINT

実践問題 **008** │ 集合

(1) 全体集合 $U=\{1, 2, 3, 4, 5, 6, 7, 8, 9\}$ の部分集合 A, B について，$\overline{A} \cap \overline{B}=\{1, 3\}$，$A \cup \overline{B}=\{1, 2, 3, 6, 7, 8\}$ であるとき，集合 A を求めよ。
ただし，$\overline{A}$ は A の補集合，$\overline{B}$ は B の補集合とする。

(2) 15 以下の自然数の集合を全体集合とし，その中で 28 の約数の集合を A，16 の約数の集合を B，24 の約数の集合を C とする。$\overline{(A \cup B)} \cap C$ の要素を書き並べて表せ。ただし，$\overline{A \cup B}$ は，$A \cup B$ の補集合とする。

（立教大）

[▶GOAL = 👆HOW × ❓WHY] ひらめき

(1) まずは次を利用します。**PIECE** 203 204 を用います。

▶ GOAL	👆 HOW	❓ WHY
A を $\overline{A} \cap \overline{B}$ と $A \cup \overline{B}$ を用いて表す	=	$\overline{A} \cap \overline{B}$，$A \cup \overline{B}$ がどの部分を表すかを把握する	×	どの部分を表すかがわかれば，A を $\overline{A} \cap \overline{B}$ と $A \cup \overline{B}$ を用いて表しやすくなるから

$\overline{A} \cap \overline{B} = \overline{A \cup B}$ $A \cup \overline{B}$

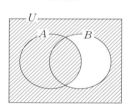

より，

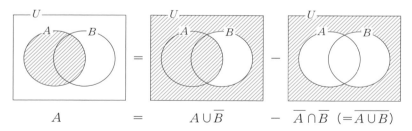

$$A \quad = \quad A \cup \overline{B} \quad - \quad \overline{A} \cap \overline{B} \ (=\overline{A \cup B})$$

よって，

A は $A \cup \overline{B}=\{1, 2, 3, 6, 7, 8\}$ から $\overline{A} \cap \overline{B}=\{1, 3\}$ を除いたもの

ということがわかります。

(2) 集合 A は 28 を割り切る正の整数より，$A=\{1, 2, 4, 7, 14\}$

集合 B は 16 を割り切る正の整数より，$B=\{1, 2, 4, 8\}$

集合 C は 24 を割り切る正の整数より，$C=\{1, 2, 3, 4, 6, 8, 12\}$ となります。

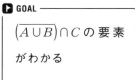

▶ **GOAL**

$\overline{(A \cup B)} \cap C$ の要素 がわかる

$=$

👆 **HOW**

ド・モルガンの法則 を使って, $\overline{(A \cup B)} \cap C$ を1つ 1つの集合の条件に 変える

$\times$

❓ **WHY**

$\overline{(A \cup B)} \cap C$ がベン図のどの部分を表すか がわかりやすいから

ド・モルガンの法則を利用すると,

$$\overline{(A \cup B)} \cap C = (\overline{A} \cap \overline{B}) \cap C = \overline{A} \cap \overline{B} \cap C$$

と変形でき,

　　C の要素のうち,

　　A の要素でもなく,

　　B の要素でもないもの

を書き並べたものが, 答えとなります。よって,

「C の部分から, A, B に含まれるものを除く」と考えて, 答えを求めます。

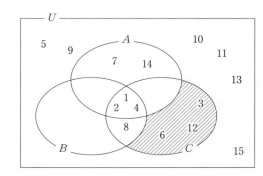

[**解 答**]

(1)　$U = \{1,\ 2,\ 3,\ 4,\ 5,\ 6,\ 7,\ 8,\ 9\}$

　　ド・モルガンの法則より,

　　　　$\overline{A} \cap \overline{B} = \overline{A \cup B}$

　　　　　　　　$= \{1,\ 3\}$

　　よって, A は,

　　　　$A \cup \overline{B} = \{1,\ 2,\ 3,\ 6,\ 7,\ 8\}$ から

　　　　$\overline{A} \cap \overline{B} = \{1,\ 3\}$ を除いたもの

　　であるから,

　　　　$A = \{2,\ 6,\ 7,\ 8\}$ 答

PIECE

203 共通部分・和集合・補集合

204 ド・モルガンの法則

　　$\overline{A} \cap \overline{B} = \overline{A \cup B}$

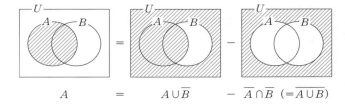

　　　　A　　　$=$　　　$A \cup \overline{B}$　　$-$　　$\overline{A} \cap \overline{B}\ (= \overline{A \cup B})$

(2)　15 以下の自然数の集合が全体集合, その中で

　　28 の約数の集合が A だから

　　　　$A = \{1,\ 2,\ 4,\ 7,\ 14\}$

　　16 の約数の集合が B だから

　　　　$B = \{1,\ 2,\ 4,\ 8\}$

　　24 の約数の集合が C だから

　　　　$C = \{1,\ 2,\ 3,\ 4,\ 6,\ 8,\ 12\}$

　　$\overline{A \cup B} \cap C = \overline{A} \cap \overline{B} \cap C$ であり, これは

　　C の要素のうち, A の要素でもなく, B の要素でもないもの

　　であるから,

　　　　$\overline{A \cup B} \cap C = \{3,\ 6,\ 12\}$ 答

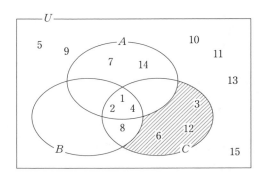

実践問題 009 | 包含関係

k を実数として，不等式 $x^2-2x-3>0$，$x^2-(k+1)x+k>0$ を満たす実数 x の集合をそれぞれ A，B とする。このとき，$A \subset B$ であるための必要十分条件を k を用いて表せ。

（愛媛大）

[▶GOAL ＝ 🔧HOW × ❓WHY] ひらめき

▶ GOAL

$A \subset B$ であるための必要十分条件を k を用いて表す

＝

🔧 HOW

2次不等式 $x^2-2x-3>0$，$x^2-(k+1)x+k>0$ の解を数直線を用いて，視覚的に表す

×

❓ WHY

集合 A と B を満たすそれぞれの x の範囲がわかれば，$A \subset B$ となる k の条件が求めやすいから

まずは集合 A，B がどのようなものかを求めるために，2次不等式を解いていきましょう。用いるのは **PIECE 318** です。

$$x^2-2x-3>0$$

を変形すると

$$(x+1)(x-3)>0$$

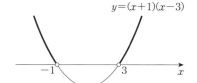

となるので，$y=(x+1)(x-3)$ のグラフが $y=0$（x 軸）の上側となる x の値の範囲を求めると

$$x<-1,\ 3<x$$

となります。これを満たす x 全体が集合 A です。

同様にして，

$$x^2-(k+1)x+k>0 \quad \text{すなわち} \quad (x-k)(x-1)>0$$

を解けばよいのですが，k と 1 の大小がわかりません。そこで場合分けです。

$y=(x-k)(x-1)$ が $y=0$（x 軸）の上側となる x の値の範囲を求めると，

（ⅰ）$k<1$ のとき　　　　（ⅱ）$k=1$ のとき　　　　（ⅲ）$1<k$ のとき

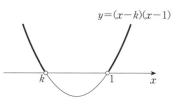

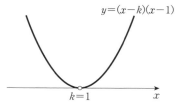

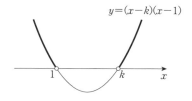

$x<k,\ 1<x$ 　　　　x は 1 以外のすべての実数 　　　　$x<1,\ k<x$

となります。これを満たす x 全体が集合 B です。今回は，$A \subset B$ であるための必要十分条件を k を用いて表したいので，A が B に含まれるような k の条件を **PIECE 202** を用いて考えていきます。

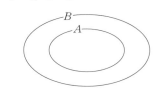

$A \subset B$ となるのは次の通りです。

(i) $k<1$ のとき

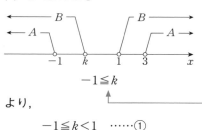

$$-1 \leqq k$$

より,

$$-1 \leqq k<1 \quad \cdots\cdots ①$$

(iii) $1<k$ のとき ◄── (i) $k<1$ のときと同様に考える

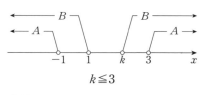

$$k \leqq 3$$

より,

$$1<k \leqq 3 \quad \cdots\cdots ③$$

(ii) $k=1$ $\cdots\cdots②$ のとき

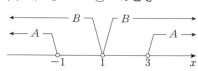

$A \subset B$ を満たす。

└──────── 右側は $A \subset B$ は満たしているから,左側に着目する。
k が -1 より大きければ,$A \subset B$
$k=-1$ のとき,
$\quad A = \{x \mid x<-1,\ 3<x\}$
$\quad B = \{x \mid x<-1,\ 1<x\}$
より,$A \subset B$
よって,$-1 \leqq k$ のとき,$A \subset B$

以上より,①または②または③が,求める k の値の範囲となります。

[解 答]

$x^2 - 2x - 3 > 0$ を変形すると,

$$(x+1)(x-3)>0$$

よって,集合 A に属する実数 x の全体は,

$$x<-1,\ 3<x$$

また,$x^2 - (k+1)x + k > 0$ を変形すると,

$$(x-k)(x-1)>0$$

よって,集合 B に属する実数 x の全体は,

$$\begin{cases} k<1 \text{ のとき,} x<k,\ 1<x \\ k=1 \text{ のとき,} x \text{ は } 1 \text{ 以外のすべての実数} \\ 1<k \text{ のとき,} x<1,\ k<x \end{cases}$$

以上より,$A \subset B$ となるのは,

$$k<1 \text{ のとき,} -1 \leqq k<1 \quad \cdots\cdots ①$$

$$k=1 \quad \cdots\cdots②\text{のとき,} A \subset B \text{ は成立する。} \quad ◄── \begin{array}{l}\text{詳しくはひらめき}\\\text{部分を参照}\end{array}$$

$$1<k \text{ のとき,} 1<k \leqq 3 \quad \cdots\cdots ③$$

①,②,③より,求める条件は,

$$\boldsymbol{-1 \leqq k \leqq 3} \text{ 答}$$

PIECE

202 部分集合

集合 A のすべての要素が集合 B に属しているとき,「A は B の部分集合である」といい,$A \subset B$ と表す

318 2 次不等式

2 次不等式の解き方

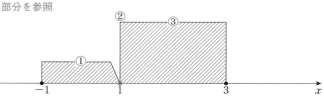

実践問題 010 │ 必要条件・十分条件

次の(1)から(4)の文中の空欄にあてはまるものを①〜④の中から選べ。

① 十分条件であるが必要条件ではない

② 必要条件であるが十分条件ではない

③ 必要十分条件である

④ 必要条件でも十分条件でもない

(1) $x>1$ であることは, $x^2+x-2>0$ であるための $\boxed{}$。

(2) n を自然数とする。n^2 が 8 の倍数であることは, n が 4 の倍数であるための $\boxed{}$。

(3) さいころを 2 回投げるとき, 1 回目に 6 が出ることは, 出た目の和が 11 であるための $\boxed{}$。

(4) $a,\ b$ を実数とする。$a^2-4b\geqq0$ は, 2 次方程式 $x^2+ax+b=0$ が異なる 2 つの実数解をもつための $\boxed{}$。

((1)〜(3)日本大　(4)青山学院大)

[▶GOAL = ❶HOW × ❷WHY] ひらめき

▶ GOAL		❶ HOW		❷ WHY
必要十分条件, 十分条件, 必要条件かがわかる	=	2つの条件 $p,\ q$ に対して, $p\Longrightarrow q$ と $p\Longleftarrow q$ の真偽を調べる	×	$p\Longrightarrow q$ と $p\Longleftarrow q$ の真偽がわかれば, 何条件かがわかるから

(1) $x^2+x-2>0$ をわかりやすい条件に直すと,「$x<-2$　または　$x>1$」になります。

▶ GOAL		❶ HOW		❷ WHY
必要十分条件, 十分条件, 必要条件かがわかる	=	「$x>1$」と「$x<-2,\ x>1$」の包含関係を考える	×	包含関係がわかれば, 真偽の判断がしやすいから

(2)

▶ GOAL		❶ HOW		❷ WHY
必要十分条件, 十分条件, 必要条件かがわかる	=	n^2 が 8 の倍数のとき $n^2=8k$ (k は自然数) として考える	×	式で表したほうが n が 4 の倍数になるかどうか考えやすいから

(4)

> ▶ GOAL
>
> 必要十分条件，十分条件，必要条件かがわかる

=

> 📷 HOW
>
> 「2 次方程式 $x^2+ax+b=0$ が異なる 2 つの実数解をもつ」を a, b の条件に直す

×

> ❓ WHY
>
> 両方とも a, b の条件になり，真偽が判断しやすいから

[解 答]

(1) $p: x>1 \underset{\times}{\overset{\bigcirc}{\rightleftharpoons}} \quad q: x^2+x-2>0$

反例：$x=-3$ $\iff x<-2$ または $x>1$

$p \Longrightarrow q$ が真で，$q \Longrightarrow p$ が偽であるので，① 答

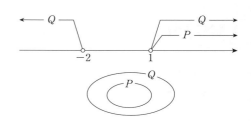

(2) n：自然数

$\quad p: n^2$ が 8 の倍数 $\overset{\bigcirc}{\underset{\bigcirc}{\rightleftharpoons}}$ $q: n$ が 4 の倍数

【$p \Longrightarrow q$】について

n^2 が 8 の倍数のとき，$n^2=8k$（k は自然数）とおける。n は自然数であるから，

$\quad n=\sqrt{8k}$

$\quad\quad =2\sqrt{2k}$ ←——— n は自然数だから，$\sqrt{}$ は残らない。だから k は 2 を因数にもっていて，$\sqrt{2k}$ の $2k$ は $2k=(2k')^2$（k' は自然数）のように変形でき，$2\sqrt{2k}=2\sqrt{(2k')^2}=2\times 2k'=4k'$

$\quad\quad =4k'$（k' は自然数）

となり，n は 4 の倍数となるので，$p \Longrightarrow q$ は真。

【$p \Longleftarrow q$】について

n が 4 の倍数のとき，$n=4\ell$（ℓ は自然数）とおくことができる。

$\quad n^2=(4\ell)^2=16\ell^2=8\times 2\ell^2$

となり，n^2 は 8 の倍数となるので，$q \Longrightarrow p$ は真。

よって，必要十分条件であるので，③ 答

(3)

$\quad\quad\quad$ ┌─── 反例：1 回目 6　2 回目 3

p：1 回目に 6 の目が出る $\underset{\times}{\overset{\times}{\rightleftharpoons}}$ q：出た目の和が 11

$\quad\quad\quad$ └─── 反例：1 回目 5　2 回目 6

$p \Longrightarrow q$ も $q \Longrightarrow p$ も偽であるから，④ 答

(4)

$\quad\quad\quad$ ┌─ 反例：$a=2$, $b=1$

$p: a^2-4b \geqq 0$ $\underset{\bigcirc}{\overset{\times}{\rightleftharpoons}}$ q：2 次方程式 $x^2+ax+b=0$ が異なる 2 つの実数をもつ

$\quad\quad\quad\quad\quad \iff a^2-4b>0$

$p \Longrightarrow q$ は偽であり，$q \Longrightarrow p$ は真であるから，② 答

PIECE

206 命題と集合

条件 p, q を満たすものの集合をそれぞれ P, Q で表すと，命題「$p \Longrightarrow q$」が真であることは $P \subset Q$ が成り立つことと同じである。

208 必要条件・十分条件

p は q であるための $\boxed{}$。

(i) $p \underset{\times}{\overset{\bigcirc}{\rightleftharpoons}} q：p$ は q であるための十分条件であるが必要条件でない

(ii) $p \underset{\bigcirc}{\overset{\times}{\rightleftharpoons}} q：p$ は q であるための必要条件であるが十分条件でない

(iii) $p \underset{\bigcirc}{\overset{\bigcirc}{\rightleftharpoons}} q：p$ は q であるための必要十分条件である

(iv) $p \underset{\times}{\overset{\times}{\rightleftharpoons}} q：p$ は q であるための必要条件でも十分条件でもない

316 2 次方程式の判別式

2 次方程式が異なる 2 つの実数解をもつ条件は，「（判別式）>0」

実践問題 011 | 対偶法の利用

(1) m, n を正の整数として次の命題を考える。

「m^2+2n^2 が 3 の倍数でない $\implies$ (m は 3 の倍数でない または n は 3 の倍数である)」

この命題が偽であることを示せ。

(2) 実数 a, b に対し,次の命題を考える。

命題:$a+b \geqq 0$ かつ $ab \geqq 0$ ならば $b \geqq 0$ である。

この命題が真であれば証明せよ。偽であれば反例を 1 つあげ,それが反例であることを示せ。

(広島市立大)

[▶GOAL = ⚙HOW × ❓WHY] ひらめき

いずれも **PIECE 210** で解いていきます。

(1) 偽であること示すには,反例を 1 つでもあげればよいですね！

└── 仮定は満たすが結論を満たさないもの

いくつか試していきながら,仮定は満たすが,結論は満たさない (m, n) の組を見つけたいわけですが,

「m^2+2n^2 が 3 の倍数でない」 ◀── 仮定

という条件を満たしていて,

「m は 3 の倍数でないまたは n は 3 の倍数である」 ◀── 結論

という条件を満たさないものを見つけるのは難しいです。「m^2+2n^2 が 3 の倍数でない」のような m^2+2n^2 という多項式の条件よりも,m, n に関する条件のほうがシンプルな条件ですから,こちら側を仮定として考えたいですね！

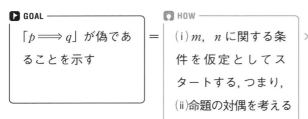

▶ GOAL	⚙ HOW	❓ WHY
「$p \implies q$」が偽であることを示す	(i) m, n に関する条件を仮定としてスタートする,つまり,(ii)命題の対偶を考える	(i)真偽が判断しやすいから (ii)もとの命題と対偶は真偽が一致するから

ここで

$k:m$ は 3 の倍数でない,$\ell:n$ は 3 の倍数である

とすると,「$k:m$ は 3 の倍数でない または $\ell:n$ は 3 の倍数である」の否定は $\overline{k}$ または $\overline{\ell}$ だから,

$\overline{k \text{ または } \ell} \iff \overline{k}$ かつ $\overline{\ell}$ を利用して求めることができます。

(2) 結論である $b \geqq 0$ のほうがシンプルな条件だから,こちら側を仮定として考えたいですね！

▶ **GOAL**

$a+b \geqq 0$ かつ $ab \geqq 0$
ならば $b \geqq 0$ である
の真・偽がわかる

HOW

(i) $b \geqq 0$ のほうの条
件を仮定としてス
タートする, つまり,
(ii)命題の対偶を考える

WHY

(i)真偽が判断しやすいから
(ii)もとの命題と対偶は真偽が一致するから

$s : a+b \geqq 0, \quad t : ab \geqq 0$

とすると, 「$s : a+b \geqq 0$ かつ $t : ab \geqq 0$」の否定は $\overline{s \text{ かつ } t}$ だから,

$\overline{s \text{ かつ } t} \iff \overline{s} \text{ または } \overline{t}$ を利用して求めることができます。

$\overline{s} : a+b < 0, \quad \overline{t} : ab < 0$

だから,

「$s : a+b \geqq 0$ かつ $t : ab \geqq 0$」の否定は, 「$\overline{s} : a+b < 0$ または $\overline{t} : ab < 0$」

ですね。よって,

$\underset{p}{\underline{a+b \geqq 0 \text{ かつ } ab \geqq 0}}$ ならば $\underset{q}{\underline{b \geqq 0}}$ である。

の対偶は,

$\underset{\overline{q}}{\underline{b < 0}}$ ならば $\underset{\overline{p}}{\underline{a+b < 0 \text{ または } ab < 0}}$ である。

となります。

$b < 0$ のとき, $a+b < 0$ は $a \leqq 0$ の場合は必ず成り立ち,

$b < 0$ のとき, $ab < 0$ は $a > 0$ の場合は必ず成り立つ

ことに着目すれば, 対偶の真偽はわかりますね。

[**解 答**]

(1) 対偶は,

　　　(m が 3 の倍数 かつ n が 3 の倍数でない) $\implies$ $m^2 + 2n^2$ は 3 の倍数である

$m = 3, \quad n = 1$ のとき, 「m が 3 の倍数 かつ n が 3 の倍数でない」は満たすが,

　　　$m^2 + 2n^2 = 3^2 + 2 \times 1^2$

　　　　　　　　$= 11$

より, $m^2 + 2n^2$ は 3 の倍数ではない。

よって, 対偶が偽であるから, もとの命題も偽である。　　**(証明終わり)** 答

(2) 対偶は,

　　　「$b < 0$ ならば $a+b < 0$ または $ab < 0$ である。」

$b < 0$ のとき,

$\begin{cases} a \leqq 0 \text{ のとき, } a+b < 0 & \longleftarrow (0 \text{以下}) + (負) = (負) \\ a > 0 \text{ のとき, } ab < 0 & \longleftarrow (正) \times (負) = (負) \end{cases}$

だから, 対偶は真である。よって, 元の命題も真である。　　**(証明終わり)** 答

> **PIECE**
>
> **210** 対偶を利用する証明
>
> 「$p \implies q$」が成り立たないことを直接示すことが難しい場合は, 対偶「$\overline{q} \implies \overline{p}$」が成り立たないことを示す!

実践問題 012 │ 背理法による証明

(1) $\sqrt{3}$ は無理数であることを証明せよ。

(2) 有理数 a, b, c, d に対して，$a+b\sqrt{3}=c+d\sqrt{3}$ ならば，$a=c$ かつ $b=d$ であることを示せ。

(3) $(a+\sqrt{3})(b+2\sqrt{3})=9+5\sqrt{3}$ を満たす有理数 a, b を求めよ。

（鳥取大）

[▶GOAL = 🔧HOW × ❓WHY] ひらめき

(1) 無理数というのは，$\dfrac{整数}{整数}$ で表すことができない数のことです。つまり，今回は「$\sqrt{3}$ が $\dfrac{整数}{整数}$ で表すことができない数である」ことを証明すればよいのです。

▶ GOAL		🔧 HOW		❓ WHY
$\sqrt{3}$ が無理数であることを証明する	=	背理法を利用する	×	否定的事柄の証明には背理法が有効なことが多いから

$\sqrt{3}$ を無理数ではない，すなわち，有理数と仮定し，矛盾を導きます。**PIECE 211** を用いましょう。

$\sqrt{3}$ を有理数と仮定すると，互いに素な自然数 m, n を用いて，$\sqrt{3}=\dfrac{n}{m}$ とおくことができます。あとは，「m, n が互いに素」から矛盾を導きます。

(2) $a+b\sqrt{3}=c+d\sqrt{3}$ ならば，有理数の部分が等しく，無理数の部分が等しいのは，一見「当たり前」のように思うかもしれません。

▶ GOAL		🔧 HOW		❓ WHY
$a+b\sqrt{3}=c+d\sqrt{3}$ ならば，$a=c$ かつ $b=d$ を示す	=	背理法を利用する	×	一般的に，真偽が明らかだと思われる命題の証明には背理法が有効なことが多いから

$$p : a=c, \quad q : b=d$$

とすると，結論の「$a=c$ かつ $b=d$」の否定は $\overline{p}$ かつ $\overline{q}$ より，$\overline{p\ \text{かつ}\ q} \iff \overline{p}\ \text{または}\ \overline{q}$ を利用することで求めることができます。

$$「p : a=c\ \text{かつ}\ q : b=d」\text{の否定は，}「\overline{p} : a\neq c\ \text{または}\ \overline{q} : b\neq d」$$

となりますね。今回は $b\neq d$ と仮定することで矛盾を導くことができます。

(3) (2)で示した「$a+b\sqrt{3}=c+d\sqrt{3}$ ならば，$a=c$ かつ $b=d$」を利用します。

▶ GOAL		🔧 HOW		❓ WHY
$(a+\sqrt{3})(b+2\sqrt{3})=9+5\sqrt{3}$ を満たす有理数 a, b を求める	=	$(a+\sqrt{3})(b+2\sqrt{3})$ を展開して，(2)を利用する	×	展開すれば，$A+B\sqrt{3}=C+D\sqrt{3}$ の形になるから

[解 答]

(1) $\sqrt{3}$ が有理数であると仮定すると，互いに素な自然数 m，n を用いて，

$$\sqrt{3}=\frac{n}{m}$$

とおけて，これより，

$$3=\frac{n^2}{m^2} \quad \cdots\cdots①$$

①の右辺は自然数で m と n は互いに素であるから，$m=1$ となるしかなく，このとき①は，

$$n^2=3$$

となるが，これを満たす自然数 n は存在しないので，矛盾する。

以上より，$\sqrt{3}$ は有理数ではなく，無理数である。**（証明終わり）** 答

参考

①より，$3m^2=n^2$

左辺と右辺の素因数 3 の個数に着目すると，

　　（左辺）＝（奇数個），（右辺）＝（偶数個） ◀── より，矛盾を導くこともできる。

m が素因数 3 を k 個含んでいるとすると，$m=3^kM$（M は 3 の倍数ではない自然数）であり，
$$m^2=3^{2k}M^2$$
よって，m^2 は素因数 3 を偶数個含む

また，**PIECE** 210 と同様にして，「整数 n について，n^2 が 3 の倍数ならば，n は 3 の倍数である」ことを示した上で，これを用いて **PIECE** 211 と同様にして証明することもできる。

(2) 　　$a+b\sqrt{3}=c+d\sqrt{3}$

　　$(b-d)\sqrt{3}=c-a \quad \cdots\cdots②$

ここで $b\neq d$ とすると，

$$\sqrt{3}=\frac{c-a}{b-d}$$

（有理数）－（有理数）＝（有理数）
$$c=\frac{x}{y}, \quad a=\frac{z}{w} \quad (x, y, z, w \text{ は整数}, y\neq0, w\neq0)$$
とすると，
$$c-a=\frac{x}{y}-\frac{z}{w}=\frac{xw-zy}{yw}$$
◀── （有理数）÷（有理数）＝（有理数）も同じように証明できる

a，b，c，d は有理数だから，右辺は有理数となり $\sqrt{3}$ が無理数であることに矛盾する。

したがって，$b=d$

このとき，②より，$a=c$

以上より，$a=c$ かつ $b=d$ **（証明終わり）** 答

(3) 　　$(a+\sqrt{3})(b+2\sqrt{3})=9+5\sqrt{3}$

　　$ab+6+(2a+b)\sqrt{3}=9+5\sqrt{3}$

a，b は有理数だから $ab+6$，$2a+b$ も有理数となり，(2)から

$$\begin{cases} ab+6=9 \\ 2a+b=5 \end{cases} \text{ すなわち } \begin{cases} ab=3 & \cdots\cdots③ \\ b=5-2a & \cdots\cdots④ \end{cases}$$

③，④から b を消去して整理すると，

$$2a^2-5a+3=0$$

$$(a-1)(2a-3)=0$$

$$a=1, \frac{3}{2}$$

④より，$a=1$ のとき，$b=5-2\times1=3$

$a=\frac{3}{2}$ のとき，$b=5-2\times\frac{3}{2}=2$

よって，$(a, b)=(1, 3), \left(\frac{3}{2}, 2\right)$ 答

PIECE 301 $y=a(x-p)^2+q$ のグラフと頂点

[レベル ★★★]

例題

2次関数 $y=2(x-3)^2+4$ のグラフをかけ。

CHECK

2次関数 $y=a(x-p)^2+q$ のグラフは，

$y=ax^2$ のグラフを

x 軸方向に p，y 軸方向に q

だけ平行移動した放物線であり，

軸は直線 $x=p$，頂点は点 $(p,\ q)$

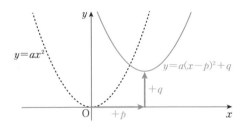

[解答]

$y=2(x-3)^2+4$ は，$y=2x^2$ のグラフを x 軸方向に 3，y 軸

方向に 4 だけ平行移動したグラフより，

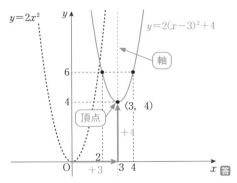

【補足】 2次関数のグラフをかく問題では，通る3点を明らかにしておく。軸に関して対称であることを考慮すれば，頂点ともう1点（y軸との交点など）でもよい。

> $y=a(x-p)^2+q$ のグラフは $y=ax^2$ のグラフを
> x 軸方向に p，y 軸方向に q
> だけ平行移動した放物線

POINT

PIECE 302 平方完成

[レベル ★★★]

例題

2次関数 $y=2x^2+4x-1$ のグラフをかけ。

CHECK

ax^2+bx+c を $a(x-p)^2+q$ の形に変形することを，平方完成という。

[解答]

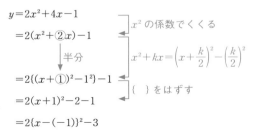

$y=2x^2+4x-1$

$=2(x^2+2x)-1$ ← x^2 の係数でくくる

半分 ← $x^2+kx=\left(x+\dfrac{k}{2}\right)^2-\left(\dfrac{k}{2}\right)^2$

$=2\{(x+1)^2-1^2\}-1$ ← { } をはずす

$=2(x+1)^2-2-1$

$=2\{x-(-1)\}^2-3$

これは，$y=2x^2$ を x 軸方向に -1，y 軸方向に -3 だけ平行移動したものより，グラフは次のようになる。

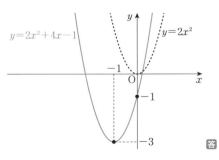

> 平方完成して，頂点を求める

POINT

PIECE 303 平行移動

[レベル ★★★]

例題

2次関数 $C_1 : y = \dfrac{1}{3}x^2 - 6x + 35$ のグラフは，放物線 $C_2 : y = \dfrac{1}{3}x^2$ を x 軸方向に p，y 軸方向に q だけ平行移動した放物線である。このとき，定数 p，q を求めよ。

CHECK

どのように平行移動したかは

（移動後の頂点）－（移動前の頂点）

で求めることができる。

（平行移動では，x^2 の係数は変わらない）

[解答]

$$y = \dfrac{1}{3}x^2 - 6x + 35 = \dfrac{1}{3}(x-9)^2 + 8$$

より，C_1 の頂点は $(9,\ 8)$

$y = \dfrac{1}{3}x^2$ より，C_2 の頂点は $(0,\ 0)$

よって，C_1 は，C_2 を x 軸方向に 9，y 軸方向に 8 だけ平行

移動した放物線である。

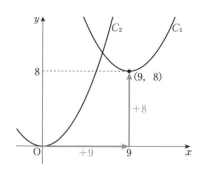

よって，**$p = 9$，$q = 8$** 答

> 放物線の平行移動は頂点に着目する
> （x^2 の係数は同じ）
>
> **POINT**

PIECE 304 対称移動

[レベル ★★★]

例題

点 $(2,\ 3)$ を次のように対称移動させたときの座標を求めよ。

(1) x 軸対称　　(2) y 軸対称　　(3) 原点対称

CHECK

対称点は対称の軸または中心までの距離が等しく，次のようになる。

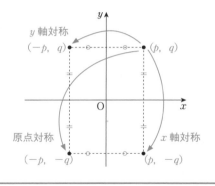

[解答]

(1) $(2,\ -3)$ 答

(2) $(-2,\ 3)$ 答

(3) $(-2,\ -3)$ 答

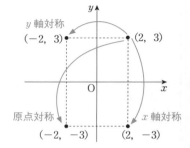

> 対称点は対称の軸または中心までの距離が等しい
>
> **POINT**

PIECE 305 ２次関数の最大・最小

[レベル ★★★]

例題

次の２次関数の最大値・最小値を調べよ。

(1) $y = x^2 - 2x + 3$

(2) $y = -\dfrac{1}{2}x^2 - 3x - \dfrac{5}{2}$

CHECK

定義域に制限がない場合の２次関数の最大・最小について考える。

$a > 0$ のとき

$y = a(x-p)^2 + q$ は $x = p$ で最小値 q をとり，最大値はない。

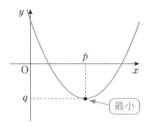

（下に凸のグラフの場合，頂点で最小値をとる）

$a < 0$ のとき

$y = a(x-p)^2 + q$ は $x = p$ で最大値 q をとり，最小値はない。

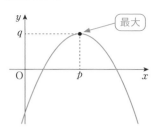

（上に凸のグラフの場合，頂点で最大値をとる）

[解答]

(1)
$$y = x^2 - 2x + 3$$
$$= (x-1)^2 + 2$$

は右図のようなグラフになり

$x = 1$ のとき最小値 2，

最大値はない。答

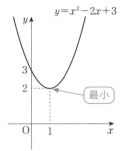

(2)
$$y = -\frac{1}{2}x^2 - 3x - \frac{5}{2}$$
$$= -\frac{1}{2}(x+3)^2 + 2$$

は右図のようなグラフになり

$x = -3$ のとき最大値 2，

最小値はない。答

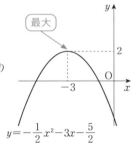

定義域に制限がない場合，２次関数は頂点で最大値や最小値をとる

POINT

PIECE 306 2次関数の最大・最小（定義域あり）

[レベル ★★★]

例題

次の2次関数の指定された範囲における最大値と最小値，およびそのときの x の値を求めよ。

(1) $y=2x^2-4x+5$ $(0 \leqq x \leqq 3)$

(2) $y=x^2-5x+2$ $(-2 \leqq x \leqq 1)$

(3) $y=-x^2+4x-1$ $(-2 \leqq x \leqq 4)$

CHECK

定義域内のグラフをかいて求める。

下に凸のグラフの場合

• **最小値について**

（ⅰ）**軸が定義域内**

 → **軸で最小**

（ⅱ）**軸が定義域外**

 → **定義域の左端と右端のうち，軸に近いほうで最小**

• **最大値について**

定義域の右端と左端のうち，軸から遠いほうで最大

[解答]

(1) $\quad y=2x^2-4x+5$

$\qquad =2(x-1)^2+3$

より，$0 \leqq x \leqq 3$ のグラフは

右図の実線部分になるので，

$x=3$ のとき最大値 11，

$x=1$ のとき最小値 3 答

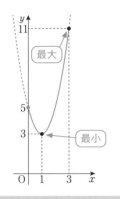

(2) $\quad y=x^2-5x+2$

$\qquad =\left(x-\dfrac{5}{2}\right)^2-\dfrac{17}{4}$

より，$-2 \leqq x \leqq 1$ のグラフは

右図の実線部分になるので，

$x=-2$ のとき最大値 16，

$x=1$ のとき最小値 -2 答

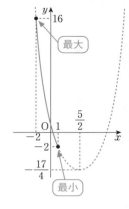

(3) $\quad y=-x^2+4x-1$

$\qquad =-(x-2)^2+3$

より，$-2 \leqq x \leqq 4$ のグラフは

右図の実線部分になるので，

$x=2$ のとき最大値 3，

$x=-2$ のとき最小値 -13 答

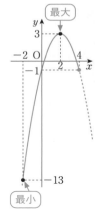

下に凸のグラフの場合，次の部分に着目

• **最小値 → 軸が定義域内か外か**

• **最大値 → 定義域の端のどちらが軸から遠いか**

POINT

PIECE 307 グラフが下に凸の2次関数の最小値

[レベル ★★★]

例題

a を定数とするとき，2次関数

$$f(x)=(x-a)^2+3 \quad (0 \leqq x \leqq 4)$$

の最小値を求めよ。

CHECK

グラフが下に凸の2次関数の最小値は，

軸が定義域の中かそうでないかに着目する。

(i) **軸が定義域より左 → 定義域の左端で最小**

(ii) **軸が定義域の中　→ 軸で最小**

(iii) **軸が定義域より右 → 定義域の右端で最小**

[解 答]

(i) 軸が定義域より左，すなわち $a<0$ のとき，

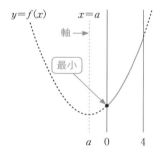

定義域の左端の $x=0$ で最小となる。

よって，最小値は，

$$f(0)=(0-a)^2+3$$
$$=a^2+3$$

(ii) 軸が定義域の中，すなわち $0 \leqq a \leqq 4$ のとき，

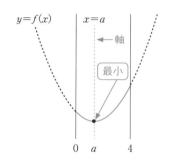

軸，すなわち $x=a$ で最小となる。

よって，最小値は，

$$f(a)=3$$

(iii) 軸が定義域より右，すなわち $4<a$ のとき，

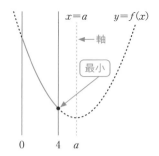

定義域の右端の $x=4$ で最小となる。

よって，最小値は，

$$f(4)=(4-a)^2+3$$
$$=a^2-8a+19$$

(i)〜(iii)より，最小値は，

$$\begin{cases} a^2+3 & (a<0 \text{ のとき}) \\ 3 & (0 \leqq a \leqq 4 \text{ のとき}) \\ a^2-8a+19 & (a>4 \text{ のとき}) \end{cases}$$ 答

参考
グラフが上に凸の2次関数の最大値も同じように考えて解くことができる。

グラフが下に凸の2次関数の最小値は，軸が次のどこにあるかで場合分け

(i) 軸が定義域より左　→ 定義域の左端で最小

(ii) 軸が定義域の中　　→ 軸で最小

(iii) 軸が定義域より右　→ 定義域の右端で最小

POINT

PIECE 308 グラフが下に凸の2次関数の最大値

[レベル ★★★]

例題

a を定数とするとき，2次関数
$$f(x)=(x-2)^2+3 \quad (a \leqq x \leqq a+2)$$
の最大値を求めよ。

CHECK

グラフが下に凸の2次関数の最大値は，定義域の左端と右端のどちらが軸から遠いかに着目する。

(ⅰ) **軸が定義域の中央より右**
  → 定義域の左端で最大
(ⅱ) **軸が定義域の中央より左**
  → 定義域の右端で最大

[解答]

定義域の中央は，
$$\frac{a+(a+2)}{2}=a+1$$

(ⅰ) 軸が定義域の中央より右，すなわち $a+1 \leqq 2$ より，
  $a \leqq 1$ のとき

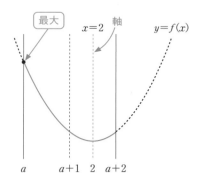

定義域の左端の $x=a$ で最大となる。

よって，最大値は，
$$f(a)=(a-2)^2+3$$
$$=a^2-4a+7$$

(ⅱ) 軸が定義域の中央より左，すなわち $2<a+1$ より，
  $a>1$ のとき

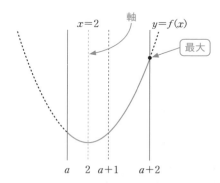

定義域の右端の $x=a+2$ で最大となる。

よって，最大値は，
$$f(a+2)=(a+2-2)^2+3$$
$$=a^2+3$$

(ⅰ)，(ⅱ)より，最大値は
$$\begin{cases} a^2-4a+7 & (a \leqq 1) \\ a^2+3 & (a>1) \end{cases}$$ 答

$$\left(\begin{cases} a^2-4a+7 & (a<1) \\ a^2+3 & (a \geqq 1) \end{cases} \text{でもよい。} \right)$$

参考
グラフが上に凸の2次関数の最小値も同じように考えて解くことができる。

> **グラフが下に凸の2次関数の最大値は，軸が次のどちらにあるかで場合分け**
> (ⅰ) **定義域の中央より右**
>   **→ 定義域の左端で最大**
> (ⅱ) **定義域の中央より左**
>   **→ 定義域の右端で最大**
>
> **POINT**

PIECE 309 （実数）²

例題

実数 x, y が $x^2+2y=3$ を満たすとき，y のとり得る値の範囲を求めよ。

CHECK

（実数）²$\geqq 0$ を利用する。

[解答]

$x^2+2y=3$ より

$$x^2=3-2y$$

$x^2\geqq 0$ であるから，

$$3-2y\geqq 0$$

$$y\leqq \frac{3}{2} \text{答}$$

参考

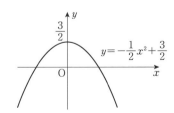

$y=-\dfrac{1}{2}x^2+\dfrac{3}{2}$ のグラフをかくことで求めることもできる。

（実数）²$\geqq 0$

POINT

PIECE 310 おきかえによる最大・最小

例題

$y=x^4+2x^2+4$ の最小値を求めよ。

CHECK

かたまりをおきかえることで，簡単な関数で表すことができる。

[解答]

$t=x^2$ とおくと，

$$t\geqq 0$$

であり，

$$
\begin{aligned}
y&=x^4+2x^2+4\\
&=(x^2)^2+2x^2+4\\
&=t^2+2t+4\\
&=(t+1)^2+3
\end{aligned}
$$

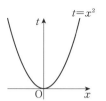

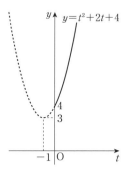

$t\geqq 0$ における $y=t^2+2t+4$ のグラフは上図の実線部分より，y は，$t=0$ のとき，**最小値 4** 答

「（かたまり）＝文字」でおく

POINT

PIECE 311 2変数関数の最大・最小

[レベル ★★★]

[例 題]

実数 x，y が $x+2y=3$ を満たすとき，$z=x^2+y^2$ のとり得る値の範囲を求めよ。

CHECK

z が x，y の2変数で表されていて，x と y の関係式が与えられているとき，z の最大・最小が知りたい場合は，片方の文字を消去して，**z を1変数で表す**ことを考える。

[解 答]

$x+2y=3$ より，

$$x=3-2y$$

であるから，

$$z=x^2+y^2$$
$$=(3-2y)^2+y^2$$

$$=5y^2-12y+9$$
$$=5\left(y-\frac{6}{5}\right)^2+\frac{9}{5}$$

よって，

$$z\geq\frac{9}{5}\ \text{答}$$

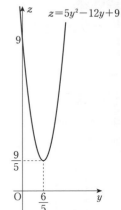

> **2変数関数の最大・最小は1変数にすることを考える**
>
> **POINT**

PIECE 312 2次関数の標準形

[レベル ★★★]

[例 題]

点 $(-3,\ 4)$ を頂点とし，点 $(-6,\ 5)$ を通る放物線をグラフとする2次関数を求めよ。

CHECK

グラフの頂点や軸に関する条件が与えられたとき，標準形：$y=a(x-p)^2+q$ を利用する（頂点：$(p,\ q)$，軸：$x=p$）。

[解 答]

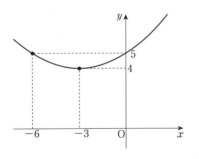

$(-3,\ 4)$ が頂点より，求める2次関数は，

$$y=a\{x-(-3)\}^2+4$$

とおくことができる。$(-6,\ 5)$ を通るので，

$$5=a(-6+3)^2+4$$
$$5=9a+4$$
$$a=\frac{1}{9}$$

よって，求める2次関数は，

$$y=\frac{1}{9}(x+3)^2+4\ \text{答}$$

> **頂点や軸に関する条件が与えられたら，標準形を利用する**
>
> **POINT**

PIECE 313 ２次関数の一般形

[レベル ★★★]

［ 例 題 ］

３点 $(0, 0)$, $(2, 2)$, $(-3, 12)$ を通る放物線をグラフとする２次関数を求めよ。

CHECK

グラフが通る３点が与えられたときは,

一般形：$y = ax^2 + bx + c$ を利用する。

［ 解 答 ］

求める２次関数を, $y = ax^2 + bx + c$ とおくと,

$(0, 0)$, $(2, 2)$, $(-3, 12)$ を通るので,

$$\begin{cases} c = 0 & \cdots\cdots① \\ 4a + 2b + c = 2 & \cdots\cdots② \\ 9a - 3b + c = 12 & \cdots\cdots③ \end{cases}$$

①, ②より,

$$2a + b = 1 \qquad \cdots\cdots④$$

①, ③より,

$$3a - b = 4 \qquad \cdots\cdots⑤$$

④＋⑤より,

$$5a = 5$$
$$a = 1$$

④より,

$$2 \times 1 + b = 1$$
$$b = -1$$

よって, 求める２次関数は,

$$\boldsymbol{y = x^2 - x} \ \text{答}$$

> グラフが通る３点が与えられたときは, 一般形を利用する
>
> **POINT**

PIECE 314 因数分解形

[レベル ★★★]

［ 例 題 ］

３点 $(-3, 0)$, $(2, 0)$, $(-4, 12)$ を通る放物線をグラフとする２次関数を求めよ。

CHECK

グラフと x 軸との交点が２つともわかっているときは,

因数分解形：$y = a(x - \alpha)(x - \beta)$

を利用する。

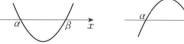

［ 解 答 ］

$(-3, 0)$, $(2, 0)$ を通るので,

求める２次関数は

$$y = a(x + 3)(x - 2)$$

とおける。

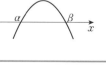

これが $(-4, 12)$ を通るので

$$12 = a(-4 + 3)(-4 - 2)$$
$$a = 2$$

よって, 求める２次関数は

$$y = 2(x + 3)(x - 2)$$

> グラフと x 軸との交点が２つともわかっているときは, 因数分解形を利用する
>
> **POINT**

PIECE 315 2次方程式

[レベル ★★★]

例 題

次の 2 次方程式を解け。

(1) $3x^2-6x=0$ (2) $6x^2-5x-4=0$ (3) $3x^2-11x+2=0$

CHECK

2 次方程式 $ax^2+bx+c=0$ の解き方

① **因数分解**

共通因数, 乗法公式, たすきがけなどを使い,

$$AB=0 \quad ならば \quad A=0 \ または \ B=0$$

を利用する。

② **解の公式**

$$x=\frac{-b\pm\sqrt{b^2-4ac}}{2a}$$

[解 答]

(1) $3x^2-6x=0$

$3x(x-2)=0$

$x=0, \ 2$ 答

(2) $6x^2-5x-4=0$ $\longleftarrow$ $\begin{array}{ccc} 2 & \diagdown & 1 \to & 3 \\ 3 & \diagup & -4 \to & -8 \ (+ \\ & & & \overline{-5} \end{array}$

$(2x+1)(3x-4)=0$

よって,

$$2x+1=0 \quad または \quad 3x-4=0$$

$$x=-\frac{1}{2}, \ \frac{4}{3}$$ 答

(3) $3x^2-11x+2=0$

$$x=\frac{-(-11)\pm\sqrt{(-11)^2-4\times3\times2}}{2\times3}$$

$$=\frac{11\pm\sqrt{97}}{6}$$ 答

2 次方程式は, 因数分解, 解の公式を利用して解く POINT

PIECE 316 2次方程式の判別式

[レベル ★★★]

例 題

2 次方程式 $6x^2+3x+k=0$ の異なる実数解の個数を, k の値で場合分けをして答えよ。

CHECK

2 次方程式 $ax^2+bx+c=0$ において

$$x=\frac{-b\pm\sqrt{b^2-4ac}}{2a}$$

の b^2-4ac を判別式といい, D で表す。

異なる実数解の個数は, 次のようになる。

① $D>0$ のとき, 2 個

② $D=0$ のとき, 1 個

③ $D<0$ のとき, 実数解をもたない

[解 答]

2 次方程式 $6x^2+3x+k=0$ の判別式を D とすると,

$$D=3^2-4\cdot6k=9-24k$$

$D>0$ すなわち, $k<\frac{3}{8}$ のとき, 異なる実数解の個数は 2 個,

$D=0$ すなわち, $k=\frac{3}{8}$ のとき, 異なる実数解の個数は 1 個,

$D<0$ すなわち, $k>\frac{3}{8}$ のとき, 実数解はなし。

よって,

$$\begin{cases} k<\frac{3}{8} \ のとき, \ 異なる実数解は 2 個 \\ k=\frac{3}{8} \ のとき, \ 異なる実数解は 1 個 \ 答 \\ k>\frac{3}{8} \ のとき, \ 実数解はなし \end{cases}$$

異なる実数解の個数は, 判別式（解の公式の $\sqrt{\ }$ の中身）の正, 負, 0 で決まる POINT

PIECE 317 共有点の座標

例 題

次の放物線と直線の共有点の座標を求めよ。

(1) $y=x^2-3x+1$ と x 軸

(2) $y=-x^2+5x+1$, $y=3x-2$

CHECK

$y=f(x)$ のグラフと $y=g(x)$ のグラフの

共有点の x 座標は，連立して y を消去した

$f(x)=g(x)$ の実数解

である。

[解 答]

(1) $y=x^2-3x+1$ と $y=0$ を連立して y を消去すると，

$$x^2-3x+1=0$$

$$x=\frac{3\pm\sqrt{5}}{2}$$

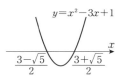

よって，共有点の座標は，

$$\left(\frac{3-\sqrt{5}}{2},\ 0\right),\ \left(\frac{3+\sqrt{5}}{2},\ 0\right) 答$$

(2) $y=-x^2+5x+1$ と $y=3x-2$ を連立して y を消去すると，

$$-x^2+5x+1=3x-2$$

$$x^2-2x-3=0$$

$$(x+1)(x-3)=0$$

$$x=-1,\ 3$$

$x=-1$ のとき，

$$y=3\times(-1)-2=-5$$

$x=3$ のとき，

$$y=3\times3-2=7$$

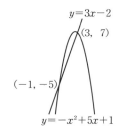

よって，共有点の座標は，

$$(-1,\ -5),\ (3,\ 7) 答$$

共有点の座標は連立方程式の解

POINT

PIECE 318 2次不等式

例題

次の2次不等式を解け。

(1) $x^2-5x+6>0$　　(2) $-2x^2+x+3\geqq0$　　(3) $x^2-4x-2\leqq0$

(4) $x^2+6x+9>0$　　(5) $x^2-6x+13\geqq0$　　(6) $9x^2-6x+1\leqq0$

(7) $-x^2+3x-4>0$

CHECK

2次不等式 $f(x)>0$ となる x の値の範囲は，$y=f(x)$ が $y=0$（x軸）の上側となる x の値の範囲を求める。

このように，2次不等式はグラフを用いて考える。

[解答]

(1) $x^2-5x+6>0$

$(x-2)(x-3)>0$

よって，

$x<2,\ 3<x$ 答

(2) $-2x^2+x+3\geqq0$ $\overset{\times(-1)}{\searrow}$

$2x^2-x-3\leqq0$

$(2x-3)(x+1)\leqq0$

よって，

$-1\leqq x\leqq\dfrac{3}{2}$ 答

(3) $x^2-4x-2\leqq0$

$x^2-4x-2=0$

となるのは，解の公式より，

$$x=\dfrac{-(-4)\pm\sqrt{(-4)^2-4\cdot1\cdot(-2)}}{2}$$

$$=2\pm\sqrt{6}$$

よって，

$2-\sqrt{6}\leqq x\leqq2+\sqrt{6}$ 答

(4) $x^2+6x+9>0$

$(x+3)^2>0$

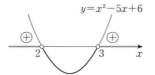

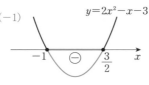

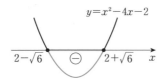

よって，

$y=(x+3)^2$ が $y=0$（x軸）の上側となるのは，

$x=-3$ 以外のすべての実数 答

(5) $x^2-6x+13\geqq0$

$(x-3)^2+4\geqq0$

よって，

$y=(x-3)^2+4$ が $y=0$ の上側または x軸上となるのは，

すべての実数 答

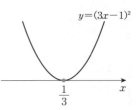

(6) $9x^2-6x+1\leqq0$

$(3x-1)^2\leqq0$

よって，

$y=(3x-1)^2$ が $y=0$ の下側または x軸上となるのは，

$x=\dfrac{1}{3}$ 答

(7) $-x^2+3x-4>0$ $\overset{\times(-1)}{\searrow}$

$x^2-3x+4<0$

$\left(x-\dfrac{3}{2}\right)^2+\dfrac{7}{4}<0$

よって，

$y=\left(x-\dfrac{3}{2}\right)^2+\dfrac{7}{4}$ が $y=0$ の下側になることはないので，

解はない 答

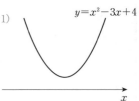

2次不等式はグラフを利用して解く

POINT

PIECE 319 連立不等式

例題

連立不等式 $\begin{cases} x^2+x-2\leqq 0 \\ \dfrac{x-6}{7}>\dfrac{x-4}{5} \end{cases}$ を満たす x の値の範囲を求めよ。

CHECK

連立不等式 $\begin{cases} f(x)\leqq 0 & \cdots\cdots ① \\ g(x)>h(x) & \cdots\cdots ② \end{cases}$

の解は①，②の共通範囲である。

[解 答]

$\begin{cases} x^2+x-2\leqq 0 & \cdots\cdots ① \\ \dfrac{x-6}{7}>\dfrac{x-4}{5} & \cdots\cdots ② \end{cases}$

①より，

$(x+2)(x-1)\leqq 0$

$-2\leqq x\leqq 1 \quad \cdots\cdots ③$

$y=(x+2)(x-1)$

②より，

$5(x-6)>7(x-4)$

$7x-28<5x-30$

$2x<-2$

$x<-1 \quad \cdots\cdots ④$

③かつ④を満たすのは

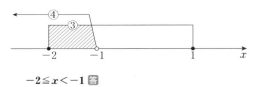

$-2\leqq x<-1$ 答

連立不等式は共通範囲を求める POINT

PIECE 320 絶対不等式

例題

すべての実数 x に対して，2次不等式 $x^2-2(a+3)x-a-1\geqq 0$ が成り立つような定数 a の値の範囲を求めよ。

CHECK

すべての実数 x に対して $f(x)\geqq 0$ が成り立つ条件は，

$\{f(x)$ の最小値$\}\geqq 0$

$f(x)\geqq 0$ が一番成り立ちにくいところ，今回でいえば最小値で成り立てば，他でも成り立つ。「すべて」というキーワードが出てきたら，一番成り立ちにくいところに着目する。

$f(x)=\{x-(a+3)\}^2-(a+3)^2-a-1$

$=\{x-(a+3)\}^2-a^2-7a-10$

すべての実数 x に対して，$f(x)\geqq 0$ が成り立つ条件は，

$-a^2-7a-10\geqq 0$

$a^2+7a+10\leqq 0$

$(a+5)(a+2)\leqq 0$

$-5\leqq a\leqq -2$ 答

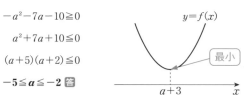

[解 答]

$f(x)=x^2-2(a+3)x-a-1$ とおくと，

「すべて」というキーワードが出てきたら，最小値や最大値に着目する POINT

PIECE 321 放物線と x 軸の共有点

[レベル ★★★]

例題

放物線 $y=x^2-ax-a+8$ が，x 軸の正の部分と異なる 2 点で交わるような定数 a の値の範囲を求めよ。

CHECK

放物線が x 軸と交わる範囲に条件がついたとき，

① 端の y 座標

② 軸

③ 頂点の y 座標

に着目して条件を求める。

[解答]

$$f(x)=x^2-ax-a+8$$

とおくと，

$$f(x)=\left(x-\frac{a}{2}\right)^2-\frac{a^2}{4}-a+8$$

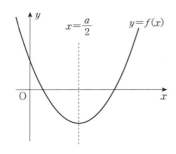

求める条件は，

$$\begin{cases} f(0)=-a+8>0 \\ \dfrac{a}{2}>0 \\ -\dfrac{a^2}{4}-a+8<0 \end{cases}$$

より，

$$\begin{cases} a<8 & \cdots\cdots ① \\ a>0 & \cdots\cdots ② \\ a<-8,\ 4<a & \cdots\cdots ③ \end{cases}$$

①，②，③より，

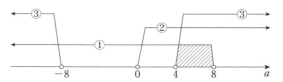

$\boldsymbol{4<a<8}$ 答

端の y 座標，軸，頂点の y 座標を調べる **POINT**

実践問題 013 │ 平行移動

(1) 座標平面上に 2 つの放物線 $C_1 : y = 2x^2 - 4x + 3$ と $C_2 : y = -2x^2 + 5x - 6$ がある。C_1 を原点に関して対称移動した放物線を C_3 とする。C_2 はどのように平行移動すると C_3 に重なるか。

(2) 放物線 $C_1 : y = x^2 + ax + 8$ を x 軸方向に 5 だけ平行移動した放物線 C_2 の方程式を求めよ。また，C_2 を y 軸に関して対称移動した放物線が C_1 に一致するとき，定数 a の値を求めよ。

((1) 北海学園大 (2) 南山大)

[▶GOAL = ⬤HOW × ❓WHY] ひらめき

(1), (2)ともに **PIECE** `301` `302` `303` `304` を用います。

(1) C_1 を原点に関して対称移動すると，x^2 の係数は符号が変わり，-2 になります。よって，C_2 と C_3 の x^2 の係数は同じなので，C_2 を平行移動すると C_3 に重ねることができます。

▶ GOAL		🕐 HOW		❓ WHY
C_2 をどのように平行移動すると C_3 に重なるかがわかる	=	C_2 と C_3 の頂点の座標を求める	×	2 次関数は頂点の座標がわかれば，どのように平行移動したかわかるから

例えば x 軸方向にどれだけ平行移動したかは，

$$(C_3 \text{の頂点の} x \text{座標}) - (C_2 \text{の頂点の} x \text{座標})$$

を利用して求めましょう！

(2)

▶ GOAL		🕐 HOW		❓ WHY
C_2 の方程式がわかる	=	C_2 の x^2 の係数と頂点の座標を求める	×	放物線の式は x^2 の係数と頂点が求まればわかるから

平行移動では x^2 の係数は変わらず，C_2 の頂点の座標は，C_1 の頂点の x 座標を 5 増やしたものですね。

▶ GOAL		🕐 HOW		❓ WHY
C_2 を y 軸に関して対称移動した放物線が C_1 に一致するときの a の値が求まる	=	C_2 の頂点 A を y 軸に関して対称移動した点 B の座標を求める	×	B と C_1 の頂点の座標が一致することから a の値がわかるから

B が C_1 の頂点に一致することから，a の値を求めることができます。

[解 答]

(1) $\qquad C_1 : y = 2x^2 - 4x + 3$

$$= 2(x-1)^2 + 1$$

より，放物線 C_1 の頂点 P の座標は，

$$\mathrm{P}(1,\ 1)$$

$C_2 : y = -2x^2 + 5x - 6$

$$= -2\left(x - \frac{5}{4}\right)^2 - \frac{23}{8}$$

より，放物線 C_2 の頂点 Q の座標は

$$\mathrm{Q}\left(\frac{5}{4},\ -\frac{23}{8}\right)$$

さらに，放物線 C_1 を原点に関して対称移動した放物線が C_3 だから，C_3 の頂点 R の座標は

$$\mathrm{R}(-1,\ -1)$$

よって，

C_2 を x 軸方向には $-1 - \dfrac{5}{4} = -\dfrac{9}{4}$，

y 軸方向には $-1 - \left(-\dfrac{23}{8}\right) = \dfrac{15}{8}$ だけ平行移動させれば

C_3 に重なる。答

PIECE

301 $y = a(x-p)^2 + q$ の グラフと頂点

$y = a(x-p)^2 + q$ の頂点は $(p,\ q)$

302 平方完成

303 平行移動

304 対称移動

・$(p,\ q)$ を原点に関して対称に移動した点は $(-p,\ -q)$

3 章

2 次関数

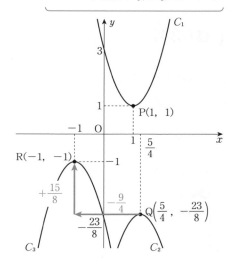

(2) $\qquad C_1 : y = x^2 + ax + 8$

$$= \left(x + \frac{a}{2}\right)^2 - \frac{a^2}{4} + 8$$

より，C_1 の頂点は $\left(-\dfrac{a}{2},\ -\dfrac{a^2}{4} + 8\right)$ である。

C_2 は C_1 を x 軸方向に 5 だけ平行移動したものであるから，

C_2 の頂点は $\left(-\dfrac{a}{2} + 5,\ -\dfrac{a^2}{4} + 8\right)$ であり，

かつ平行移動で x^2 の係数は変わらないから，

$$C_2 : y = \left\{x - \left(-\frac{a}{2} + 5\right)\right\}^2 - \frac{a^2}{4} + 8$$

$$y = x^2 + (a - 10)x + 33 - 5a \quad \text{答}$$

C_2 を y 軸に関して対称移動すると，頂点は

$$\left(\frac{a}{2} - 5,\ -\frac{a^2}{4} + 8\right) \longleftarrow C_2 \text{ の頂点}$$

これが C_1 の頂点と一致するとき，

$\mathrm{A}\left(-\dfrac{a}{2} + 5,\ -\dfrac{a^2}{4} + 8\right)$

を y 軸に関して対称移動すると

$$\frac{a}{2} - 5 = -\frac{a}{2}$$

$\mathrm{B}\left(-\left(-\dfrac{a}{2} + 5\right),\ -\dfrac{a^2}{4} + 8\right)$

$$a = 5 \quad \text{答}$$

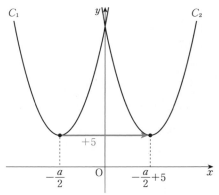

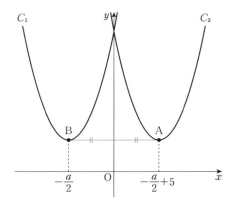

実践問題 014 │ 2次関数の決定

(1) 3点 $(-2, -11)$, $(2, -7)$, $(4, -23)$ を通る放物線 A をグラフとする2次関数を求めよ。

(2) 頂点の座標が $\left(-\dfrac{3}{4}, -\dfrac{5}{4}\right)$ であり，点 $(-1, -1)$ を通る放物線をグラフとする2次関数を求めよ。

(3) 放物線 $y = x^2 - 3x + 4$ を平行移動した結果，新たな放物線は点 $(2, 4)$ を通り，かつ頂点が $y = 2x + 1$ 上にある。新たな放物線を求めよ。

((1) 高崎経済大 (2) 東海大 (3) 駒澤大)

[▶GOAL = ⚙HOW × ❓WHY] ひらめき

(1) 求める2次関数を $y = a(x-p)^2 + q$ とおくと，$(-2, -11)$, $(2, -7)$, $(4, -23)$ を通ることから

$$-11 = a(-2-p)^2 + q$$
$$-7 = a(2-p)^2 + q$$
$$-23 = a(4-p)^2 + q$$

となりますが，これを解くのは少し大変です。**PIECE** `313` を用いましょう。

▶ GOAL		⚙ HOW		❓ WHY
グラフが3点 $(-2, -11)$, $(2, -7)$, $(4, -23)$ を通る2次関数がわかる	=	求める2次関数を $y = ax^2 + bx + c$ とおく	×	一般形のほうが標準形よりも連立方程式が解きやすいから

通る3点を代入し，a, b, c の連立方程式を立て，連立方程式を解くことで a, b, c の値を求めます。

(2) **PIECE** `312` を用います。

▶ GOAL		⚙ HOW		❓ WHY
グラフの頂点の座標が $\left(-\dfrac{3}{4}, -\dfrac{5}{4}\right)$ であり，点 $(-1, -1)$ を通る2次関数がわかる	=	求める2次関数を $y = a(x-p)^2 + q$ とおく	×	頂点に関する情報が活かせる形だから（p は頂点の x 座標，q は頂点の y 座標）

頂点の座標が $\left(-\dfrac{3}{4}, -\dfrac{5}{4}\right)$ より，$p = -\dfrac{3}{4}$，$q = -\dfrac{5}{4}$ とわかり，$(-1, -1)$ を通ることから，a の値を求めます。

(3) **PIECE** 303 312 を用います。

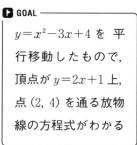

▶ GOAL ─────
$y=x^2-3x+4$ を 平行移動したもので，頂点が $y=2x+1$ 上，点 $(2, 4)$ を通る放物線の方程式がわかる

=

🏠 HOW ─────
求める放物線の方程式を
$y=(x-t)^2+2t+1$
と表す

×

❓ WHY ─────
$y=x^2-3x+4$ を平行移動より x^2 の係数は 1 であり，頂点が $y=2x+1$ 上より頂点は $(t, 2t+1)$ とおけるから

あとは，$(2, 4)$ を通ることから，t の値を求めます。

[解 答]

(1) 求める 2 次関数を $y=ax^2+bx+c$ とおくと，放物線 A が

3 点 $(-2, -11)$，$(2, -7)$，$(4, -23)$ を通るので，

$$\begin{cases} 4a-2b+c=-11 & \cdots\cdots① \\ 4a+2b+c=-7 & \cdots\cdots② \\ 16a+4b+c=-23 & \cdots\cdots③ \end{cases}$$

①＋②より，$8a+2c=-18$

$\qquad\qquad 4a+c=-9 \quad \cdots\cdots④$

①×2＋③より，$24a+3c=-45$

$\qquad\qquad\qquad 8a+c=-15 \quad \cdots\cdots⑤$

⑤－④より，$4a=-6$

$\qquad\qquad a=-\dfrac{3}{2}$

④，②に代入して，$c=-3$，$b=1$

したがって，求める 2 次関数は，$\boldsymbol{y=-\dfrac{3}{2}x^2+x-3}$ 答

(2) 頂点が $\left(-\dfrac{3}{4}, -\dfrac{5}{4}\right)$ の放物線の方程式は

$$y=a\left(x+\dfrac{3}{4}\right)^2-\dfrac{5}{4} \quad \cdots\cdots⑥$$

と表される。点 $(-1, -1)$ を通ることから，

$$-1=a\left(-1+\dfrac{3}{4}\right)^2-\dfrac{5}{4} \quad \text{より} \quad a=4$$

よって，求める 2 次関数は，⑥より $\boldsymbol{y=4\left(x+\dfrac{3}{4}\right)^2-\dfrac{5}{4}}$ 答

(3) 条件より，求める放物線の方程式は，

$$y=(x-t)^2+2t+1 \quad \cdots\cdots⑦$$

と表すことができる。点 $(2, 4)$ を通るので，

$$4=(2-t)^2+2t+1 \quad \text{より} \quad t=1$$

よって，求める放物線は⑦より，$\boldsymbol{y=(x-1)^2+3}$ 答

PIECE

303 **平行移動**

平行移動では，x^2 の係数は変わらない。

312 **2 次関数の標準形**

グラフの頂点が (p, q) の 2 次関数は $y=a(x-p)^2+q$ と表すことができる。

313 **2 次関数の一般形**

$$y=ax^2+bx+c$$

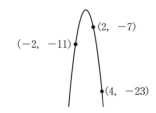

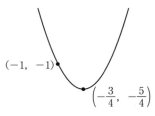

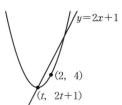

実践問題 015 │ 身近な題材での最大・最小

A社はチョコレートを販売している。販売個数 y 個（y は1以上の整数）は，販売価格 p 円（1個当たりの値段）に対して以下で定められる。

$$y = 10 - p$$

このとき，次の各問に答えよ。

(1) A社の売上が最大となる販売価格 p の値，および，そのときの販売個数 y の値を求めよ。ただし，売上とは販売価格と販売個数の積とする。

(2) y 個のチョコレートの販売にかかる総費用 $c(y)$ は，$c(y) = y^2$ で表される。このとき，A社の利益（売上から総費用を引いた差）が最大となる販売価格 p の値，および，そのときの販売個数 y の値を求めよ。

(3) (2)において，総費用 $c(y)$ が変化し，$c(y) = y^2 + 20y - 20$ となったとき，A社の利益が最大となる販売価格 p の値，および，そのときの販売個数 y の値を求めよ。

(早稲田大)

[▶GOAL = ✊HOW × ❓WHY] ひらめき

PIECE 306 311 を用いて考えましょう。

(1) 売上が最大となるときを求めたいから，

　　　（売上）＝（販売価格）×（販売個数）

であることより，売上を y のみで表すことを考えます。

　　┗━▶ 最大・最小が知りたいときは，1変数で表すことが基本

また，販売個数は1個以上であることと，販売価格は0円以上であることから

　　　y の範囲　◀── 売り上げを y のみで表した場合，
　　　　　　　　　　　y のとりうる値の範囲をきちんと求めておこう

を求めます。

▶ GOAL		✊ HOW		❓ WHY
売上が最大となる p の値と y の値がわかる	=	売上 S を y のみで表し，グラフをかく	×	グラフをかけば売上が最大となる y の値がわかり，p の値もわかるから

(2) 利益が最大となるときを求めたいから，

　　　（利益）＝（販売価格）×（販売個数）−（総費用）

であることより，利益を y のみで表すことを考えます。

▶ GOAL		✊ HOW		❓ WHY
利益が最大となる p, y の値がわかる	=	利益 T を y のみで表し，グラフをかく	×	グラフをかけば利益が最大となる y の値がわかり，p の値もわかるから

y の値は整数であることから，頂点に一番近い定義域内の整数値のところで利益は最大の値をとります。

(3) (2)と比べて総費用 $c(y)$ が $c(y)=y^2$ から $c(y)=y^2+20y-20$ に変わるだけですね。よって，(2)と同じように利益を y のみで表し，定義域内のグラフをかくことで，利益が最大となるときを求めることができます。

[解答]

$$y=10-p \quad (y；販売個数，p：販売価格) \quad \cdots\cdots ①$$

販売個数は 1 以上であり，販売価格は 0 以上であるから，

$$y \geqq 1 \quad かつ \quad p=10-y \geqq 0$$

より，

$$1 \leqq y \leqq 10 \quad \cdots\cdots ②$$

(1) 売上を S とすると，①から

$$S=py \quad \longleftarrow （売上）＝（販売価格）×（販売個数）$$
$$=(10-y)y$$
$$=-(y-5)^2+25$$

②を満たす実数 y の範囲でグラフをかくと，右図のようになる。よって，S が最大となるのは，$y=5$（整数）のときであり，$p=10-y$ であるから，

$$(\boldsymbol{p}, \boldsymbol{y})=(\boldsymbol{5}, \boldsymbol{5}) \text{答}$$

(2) 利益を T とすると，

$$T=S-c(y) \quad \longleftarrow （利益）＝（売上）－（総費用）$$
$$=(10-y)y-y^2$$
$$=-2\left(y-\frac{5}{2}\right)^2+\frac{25}{2}$$

②を満たす実数 y の範囲でグラフをかくと，右図のようになる。y は整数であるから，T が最大となるのは，

$$y=2 \text{ または } 3$$

のときである。$p=10-y$ であるから，T が最大となるとき，

$$(\boldsymbol{p}, \boldsymbol{y})=(\boldsymbol{8}, \boldsymbol{2}), (\boldsymbol{7}, \boldsymbol{3}) \text{答}$$

(3) 利益を T とすると，

$$T=S-c(y)$$
$$=(10-y)y-(y^2+20y-20)$$
$$=-2\left(y+\frac{5}{2}\right)^2+\frac{65}{2}$$

②を満たす実数 y の範囲でグラフをかくと，右図のようになる。y は 1 以上の整数であるから，T が最大となるのは，$y=1$ のときである。$p=10-y$ であるから，T が最大となるとき，

$$(\boldsymbol{p}, \boldsymbol{y})=(\boldsymbol{9}, \boldsymbol{1}) \text{答}$$

PIECE

306 2次関数の最大・最小（定義域あり）

定義域内のグラフをかく。

311 2変数関数の最大・最小

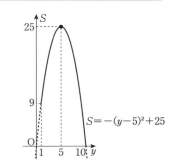

$$S=-(y-5)^2+25$$

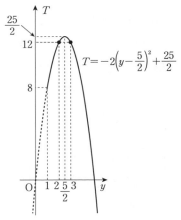

$$T=-2\left(y-\frac{5}{2}\right)^2+\frac{25}{2}$$

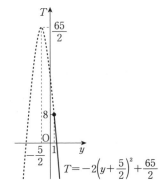

$$T=-2\left(y+\frac{5}{2}\right)^2+\frac{65}{2}$$

実践問題 016 | 図形量の最大・最小

1辺の長さが1の正方形 ABCD の辺 BC 上に点 P を,辺 CD 上に点 Q を,BP と QD の長さが等しくなるようにとる。

(1) △APQ が正三角形になるとき,PQ の長さと △APQ の面積を求めよ。

(2) △APQ の面積が最大になるときの PQ の長さと,その面積を求めよ。

(青山学院大)

[▶GOAL = 🔧HOW × ❓WHY] ひらめき

(1) まずはどこを変数とするのか,すなわち,どこを x とおくかを考えます。PQ の長さを問われているわけですから,PQ の長さを x とおいてもよいですが,その場合,AP の長さが複雑な形の数式になってしまいます。△APQ が正三角形になるとき,「AP＝AQ＝PQ」だから,AP,AQ,PQ を文字で表したいので,3つの辺の長さが表しやすい BP＝QD を x でおきます。

その後,△ABP と △AQD で三平方の定理を利用して,AP^2 と AQ^2 を x を用いて表します。また,CP＝CQ＝$1-x$ であることから,△PCQ で三平方の定理より,PQ^2 を x を用いて表します。**PIECE 315** で解いていきましょう。

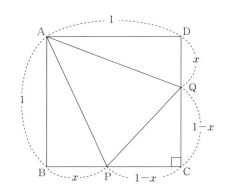

▶ GOAL	🔧 HOW	❓ WHY
△APQ が正三角形,すなわち,AP＝AQ＝PQ となる PQ の長さと △APQ の面積を求める	＝ $AP^2=AQ^2=PQ^2$ となる $0 \leqq x \leqq 1$ の x の値を求める	× $AP^2=AQ^2=PQ^2$ すなわち AP＝AQ＝PQ を満たせば,△APQ は正三角形になるから

(2)

△APQ で,余弦定理から $\cos \angle PAQ$ を求める	→	$\sin^2 \angle PAQ + \cos^2 \angle PAQ = 1$ から $\sin \angle PAQ$ を求める	→	面積公式により △APQ の面積を求める

のように求めても構いません。しかし,計算が煩雑になり,少々大変です。

そこで,△APQ の面積 S は,

$$S = (四角形 ABCD の面積) - △ABP - △ADQ - △PCQ$$

と考えて,S を x のみで表します。**PIECE 306** のように解くとよいです。

S が最大になるとき
の PQ の長さとその
面積がわかる

$=$

S を x のみで表し，
グラフをかく

$\times$

グラフをかけば最大値と最大となる x の
値がわかり，PQ の長さもわかるから

x の定義域 $0 \leqq x \leqq 1$ でグラフをかくことで，最大値および最大となる x の値を求めます。

［解 答］

辺の長さ 1 の正方形 ABCD の辺 BC 上の点 P と辺 CD 上の点 Q が
BP＝QD を満たすから，

$$\text{BP}=\text{QD}=x \quad (0 \leqq x \leqq 1)$$

とすると，

$$\text{CP}=\text{CQ}=1-x$$

(1)　　　$\text{AP}^2 = \text{AQ}^2 = 1+x^2,$

$$\text{PQ}^2 = (1-x)^2 + (1-x)^2 = 2(1-x)^2$$

△APQ が正三角形となるとき，

$$\text{AP}^2 = \text{PQ}^2$$

より，

$$1 + x^2 = 2(1-x)^2$$

$$x^2 - 4x + 1 = 0$$

$0 \leqq x \leqq 1$ より，

$$x = 2 - \sqrt{3}$$

よって，

$$\text{PQ} = \sqrt{2}(1-x) = \sqrt{2}(\sqrt{3}-1) = \boldsymbol{\sqrt{6}-\sqrt{2}} \,\text{答}$$

このとき，△APQ の面積 S は

$$S = \frac{1}{2}\text{PQ}^2 \sin 60° = \frac{1}{2} \cdot (\sqrt{6}-\sqrt{2})^2 \cdot \frac{\sqrt{3}}{2} = \boldsymbol{2\sqrt{3}-3} \,\text{答}$$

(2)　△APQ の面積を S とすると，

$$S = (\text{四角形 ABCD の面積}) - \triangle\text{ABP} - \triangle\text{ADQ} - \triangle\text{PCQ}$$

$$= 1^2 - \left(\frac{1}{2} \cdot 1 \cdot x\right) - \left(\frac{1}{2} \cdot 1 \cdot x\right) - \frac{1}{2}(1-x)^2$$

$$= 1 - x - \frac{1}{2}(1 - 2x + x^2)$$

$$= -\frac{1}{2}x^2 + \frac{1}{2}$$

$0 \leqq x \leqq 1$ より，$x=0$ のとき，すなわち

$$\text{PQ} = \boldsymbol{\sqrt{2}} \,\text{答}$$

のとき，△APQ の面積 S の最大値は　$\boldsymbol{\dfrac{1}{2}}$ 答

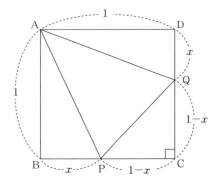

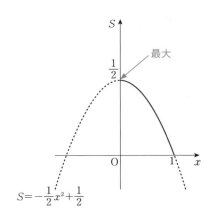

$$S = -\frac{1}{2}x^2 + \frac{1}{2}$$

実践問題 017 │ 2次関数の最大・最小

$a-2 \leqq x \leqq a+2$ のとき，2次関数 $f(x)=-x^2+4ax$ の最大値を M とし，最小値を m とする。

(1) M を求めよ。

(2) m を求めよ。

（摂南大）

[▶GOAL = ⬛HOW × ❓WHY] ひらめき

$$f(x)=-x^2+4ax$$
$$=-(x-2a)^2+4a^2 \quad (a-2 \leqq x \leqq a+2)$$

(1) $y=f(x)$ は上に凸の2次関数で，最大値は下に凸の2次関数の最小値と同じ考え方です（**PIECE 307** を参照）。

▶ GOAL		⬛ HOW	❓ WHY
上に凸の2次関数の最大値を求める	=	(ⅰ) $2a < a-2$ (ⅱ) $a-2 \leqq 2a \leqq a+2$ (ⅲ) $a+2 < 2a$ で場合分け	軸が定義域の中か左か右かで最大値が変わるから

(ⅰ) $2a < a-2$ 　　(ⅱ) $a-2 \leqq 2a \leqq a+2$ 　　(ⅲ) $a+2 < 2a$

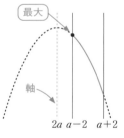

軸が定義域より左　　　　　軸が定義域の中　　　　　軸が定義域より右

(2) $y=f(x)$ は上に凸の2次関数で，最小値は下に凸の2次関数の最大値と同じ考え方です（**PIECE 308** を参照）。

▶ GOAL		⬛ HOW	❓ WHY
上に凸の2次関数の最小値を求める	=	(ⅰ) $a \leqq 2a$ 　(ⅱ) $2a < a$ で場合分け	軸が定義域の中央より右か左かで最小値が変わるから

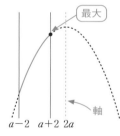

（i） $a \leqq 2a$

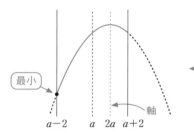

軸が定義域の中央より右

a（定義域の中央）と $2a$（軸）が一致する，すなわち，左端と右端の値が一致するときが場合分けの境目

（ii） $2a < a$

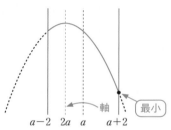

軸が定義域の中央より左

▼

[解 答]

$$f(x) = -x^2 + 4ax$$
$$= -(x-2a)^2 + 4a^2 \quad (a-2 \leqq x \leqq a+2)$$

(1)(i)　$2a < a-2$　すなわち　$a < -2$ のとき

$$M = f(a-2)$$
$$= -(a-2)^2 + 4a(a-2)$$
$$= 3a^2 - 4a - 4$$

(ii)　$a-2 \leqq 2a \leqq a+2$　すなわち　$-2 \leqq a \leqq 2$ のとき

$$M = f(2a) = 4a^2$$

(iii)　$a+2 < 2a$　すなわち　$a > 2$ のとき

$$M = f(a+2)$$
$$= -(a+2)^2 + 4a(a+2)$$
$$= 3a^2 + 4a - 4$$

以上より，

$$M = \begin{cases} 3a^2+4a-4 & (a>2) \\ 4a^2 & (-2 \leqq a \leqq 2) \\ 3a^2-4a-4 & (a<-2) \end{cases} \text{答}$$

(2)　定義域の中央は，$\dfrac{(a-2)+(a+2)}{2} = a$

(i)　$a \leqq 2a$　すなわち　$a \geqq 0$ のとき

$$m = f(a-2) = 3a^2 - 4a - 4$$

(ii)　$2a < a$　すなわち　$a < 0$ のとき

$$m = f(a+2) = 3a^2 + 4a - 4$$

以上より，

$$m = \begin{cases} 3a^2-4a-4 & (a \geqq 0) \\ 3a^2+4a-4 & (a<0) \end{cases} \text{答}$$

参考　(2)は $a>0$ と $a \leqq 0$ で場合分けしても OK です。

PIECE

307　グラフが下に凸の

2次関数の最小値

軸が定義域より左
→定義域の左端で最小
軸が定義域の中　→頂点で最小
軸が定義域より右
→定義域の右端で最小

308　グラフが下に凸の

2次関数の最大値

軸が定義域の中央より右
→定義域の左端で最大
軸が定義域の中央より左
→定義域の右端で最大

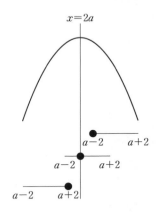

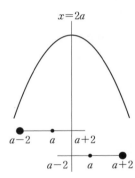

実践問題 018 2変数関数の最大・最小

(1) 実数 x, y が $2x^2+y^2-2y-3=0$ を満たすとき, y のとり得る値の範囲, $z=x^2+y$ のとり得る値の範囲を求めよ.

(2) $x^2-4xy+5y^2+6x-14y+15$ (x, y は実数) の最小値を求めよ.

((1) 南山大 (2) 自治医科大)

[▶GOAL = 🔧HOW × ❓WHY] ひらめき

(1)〈y のとり得る値の範囲について〉

$2x^2+y^2-2y-3=0$ は

$$2x^2=-y^2+2y+3$$

と変形できます. ここで **PIECE 309** の発想です.

▶ GOAL		🔧 HOW		❓ WHY
y のとり得る値の範囲を求める	=	$2x^2≧0$ に着目する	×	$2x^2=-y^2+2y+3$ より, $2x^2≧0$ に着目することで y の範囲が求まるから

$-y^2+2y+3≧0$ を解いて, y のとり得る値の範囲を求めます.

〈z のとり得る値の範囲について〉

▶ GOAL		🔧 HOW		❓ WHY
z のとり得る値の範囲を求める	=	z を y のみで表し, グラフをかく	×	グラフをかくことで, z のとり得る値の範囲が求まりやすくなるから

$2x^2+y^2-2y-3=0$ を $x^2=\dfrac{-y^2+2y+3}{2}$ と変形し, $z=x^2+y$ に代入します. z を y のみで表した後は, y のとり得る値の範囲に注意してグラフをかき, z のとり得る値の範囲を求めます. **PIECE 311** のように考えましょう.

(2) $z=x^2-4xy+5y^2+6x-14y+15$

の最小値を求めたいのですが, 今回は z を1文字で表すことはできません.

▶ GOAL		🔧 HOW		❓ WHY
z が2変数 x, y で表されているときの z の最小値がわかる	=	$z=◆^2+△^2+($定数$)$ の形に変形する	×	(実数)$^2≧0$ の性質を使えば, 等号が成り立つところで最小値となることがわかるから

実際，次の step で求めることができます。**PIECE** `309` を用いましょう。

`step 1` x について降べきの順に整理する。

`step 2` x について平方完成する $[a(x-p)^2+(y\,の\,2\,次式)\,の形へ変形する]$。

`step 3` y の 2 次式の部分をさらに平方完成する。

`step 4` $(実数)^2 \geqq 0$ を利用して，z の最小値を求める。

[解 答]

(1)　$\quad 2x^2+y^2-2y-3=0$　…①

①より，

$\quad\quad 2x^2=-y^2+2y+3$

$2x^2\geqq0$ であるから，

$\quad\quad -y^2+2y+3\geqq0$

両辺を -1 倍して，

$\quad\quad y^2-2y-3\leqq0$

$\quad\quad (y+1)(y-3)\leqq0$

よって，**$-1\leqq y\leqq3$** 答

①より，

$\quad\quad x^2=\dfrac{-y^2+2y+3}{2}$

であるから，

$\quad\quad z=x^2+y$

$\quad\quad\quad =\dfrac{-y^2+2y+3}{2}+y$

$\quad\quad\quad =-\dfrac{1}{2}(y-2)^2+\dfrac{7}{2}$

$-1\leqq y\leqq3$ より，グラフは右の図のようになり，

$\quad\quad \boldsymbol{-1\leqq z\leqq\dfrac{7}{2}}$ 答

(2)　$z=x^2-4xy+5y^2+6x-14y+15$ とおくと，

$\quad\quad z=x^2-2(2y-3)x+5y^2-14y+15$

$\quad\quad\quad =(x-2y+3)^2-(2y-3)^2+5y^2-14y+15$

$\quad\quad\quad =(x-2y+3)^2+y^2-2y+6$

$\quad\quad\quad =(x-2y+3)^2+(y-1)^2+5$

$(x-2y+3)^2\geqq0,\ (y-1)^2\geqq0$ より，

$\quad\quad x-2y+3=0$　かつ　$y-1=0$

すなわち，

$\quad\quad x=2y-3$　かつ　$y=1$

のときに最小値5をとる。

したがって，**$x=-1$，$y=1$ のとき，最小値5** 答

$\quad\quad\quad \llcorner\!\!\rightarrow y=1$ を $x=2y-3$ に代入して，$x=2\cdot1-3=-1$

PIECE

`309` $(実数)^2$

　$(実数)^2\geqq0$

`311` **2 変数関数の最大・最小**

　z を 1 変数で表すことを考える

`318` **2 次不等式**

　2 次不等式はグラフを利用して解く

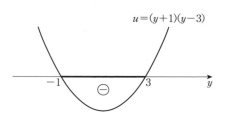

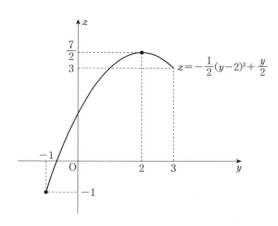

実践問題 **019** │ おきかえによる 2 次関数の最大・最小

(1) 関数 $f(x)=(x^2+4x)^2+6(x^2+4x)+5$ があり，$t=x^2+4x$ とおく。

　t の値の範囲を求めよ。また，$f(x)$ の最小値を求めよ。

(2) $0\leqq x\leqq 4$ のとき，$(x^2-5x+8)(2x^2-10x-5)+3x^2-15x$ の最大値・最小値を求めよ。

((1) 北海学園大 (2) 大同大)

[▶GOAL = 🔧HOW × ❓WHY] ひらめき

(1)〈t の値の範囲について〉

PIECE 305 を用いて考えましょう。

▶ GOAL		🔧 HOW		❓ WHY
$t=x^2+4x$ のとり得る値の範囲がわかる	=	$t=x^2+4x$ を平方完成して，グラフをかく	×	グラフをかけば，とり得る値の範囲がわかるから

〈$f(x)$ の最小値について〉

$f(x)=(x^2+4x)^2+6(x^2+4x)+5$ のグラフを数学Ⅰ・Aの範囲でかくのは難しいので，おきかえをします。

▶ GOAL		🔧 HOW		❓ WHY
$f(x)$ の最小値が求まる	=	$t=x^2+4x$ とおき，$f(x)$ を t の 2 次関数で表す	×	次数が低い，扱いやすい関数（t の 2 次関数）になるから

t の範囲に注意してグラフをかくことで，$f(x)$ の最小値を求めることができます（**PIECE 310** 参照）。

(2) 　　$z=(x^2-5x+8)(2x^2-10x-5)+3x^2-15x$

は展開すると 4 次関数になり，グラフをかくのは難しくなります。次のように式変形してみましょう。

　　$2x^2-10x-5=2(x^2-5x)-5,\ 3x^2-15x=3(x^2-5x)$

より，x^2-5x のかたまりがあることがわかりますね。

▶ GOAL		🔧 HOW		❓ WHY
z の最大値・最小値が求まる	=	$t=x^2-5x$ とおき，z を t の 2 次関数で表す	×	次数が低い，扱いやすい関数になるから

また，おきかえた場合，おきかえた文字の範囲を調べる必要がありますね。

$t=x^2-5x$ のグラフから，t の値の範囲を求め，その範囲で

　　$z=(x^2-5x+8)\{2(x^2-5x)-5\}+3(x^2-5x)$

　　　$=(t+8)(2t-5)+3t=2t^2+14t-40$

のグラフをかくことで，z の最大値と最小値を求めることができます。

[解 答]

(1)
$$t = x^2 + 4x$$

とおくと，

$$t = (x+2)^2 - 4$$

よって，グラフは次の図のようになる。

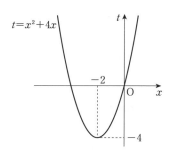

$x = -2$ のとき，t の最小値は -4 であるから，

$$t \geqq -4 \quad \text{答}$$

また，

$$f(x) = (x^2+4x)^2 + 6(x^2+4x) + 5$$
$$= t^2 + 6t + 5$$
$$= (t+3)^2 - 4 \quad (= g(t) \text{とおく})$$

$t \geqq -4$ であるから，$g(t)$ は $t = -3$ で最小となり，

$g(t)$ すなわち $f(x)$ の最小値は，

$$-4 \quad \text{答}$$

PIECE

305 **2次関数の最大・最小**

定義域がない場合は，頂点で最大値・最小値をとる

310 **おきかえによる最大・最小**

かたまりをおきかえる

3章 2次関数

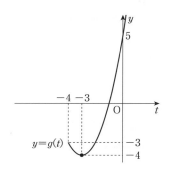

(2)
$$t = x^2 - 5x$$

とおくと，

$$t = \left(x - \frac{5}{2}\right)^2 - \frac{25}{4}$$

$0 \leqq x \leqq 4$ より，グラフは右図のようになり，

$$-\frac{25}{4} \leqq t \leqq 0$$

また，

$$z = (x^2-5x+8)(2x^2-10x-5) + 3x^2 - 15x$$

とおくと，

$$z = (x^2-5x+8)\{2(x^2-5x)-5\} + 3(x^2-5x)$$
$$= (t+8)(2t-5) + 3t$$
$$= 2t^2 + 14t - 40$$
$$= 2\left(t + \frac{7}{2}\right)^2 - \frac{129}{2}$$

$-\dfrac{25}{4} \leqq t \leqq 0$ だから，グラフは右図のようになる。

よって，z は $t = -\dfrac{7}{2}$ で最小，$t = 0$ で最大となり，

最小値 $-\dfrac{129}{2}$，最大値 -40 答

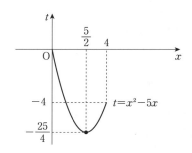

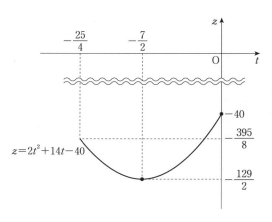

実践問題 020 | 2次不等式

(1) 連立不等式 $\begin{cases} x^2+2x>1 \\ |x-1|\leqq 1 \end{cases}$ を解け。

(2) 2次不等式 $ax^2+bx+8<0$ の解が $x<-2$, $\dfrac{4}{3}<x$ であるとき, 定数 a, b の値を求めよ。ただし, $a \neq 0$ とする。

((1) 龍谷大 (2) 北海学園大)

[▶ GOAL = 💡 HOW × ❓ WHY] ひらめき

(1) $\begin{cases} x^2+2x>1 & \cdots\cdots① \\ |x-1|\leqq 1 & \cdots\cdots② \end{cases}$

▶ GOAL

連立不等式の解を求める

=

💡 HOW

① 2次不等式
② 絶対値以外に変数を含まない不等式をそれぞれ解く

×

❓ WHY

それぞれの不等式の解の共通範囲が求める連立方程式の解だから

2次不等式を解く際, 因数分解をしづらいため, 解の公式を用いて $y=x^2+2x-1$ と $y=0$ の共有点の x 座標を求めるとよいでしょう。**PIECE** `110` `318` を用います。

(2) こちらも **PIECE** `318` を用います。

▶ GOAL

2次不等式 $ax^2+bx+8<0$ の解が $x<-2$, $\dfrac{4}{3}<x$ であるときの定数 a, b の値を求める

=

💡 HOW

解が $x<-2$, $\dfrac{4}{3}<x$ となる2次不等式を求める

×

❓ WHY

2次不等式が求まれば係数を比較することで, a, b の値を求めることができるから

グラフの x 軸との共有点の x 座標が -2 と $\dfrac{4}{3}$ である2次関数のうち, x^2 の係数が1であるものは $y=(x+2)\left(x-\dfrac{4}{3}\right)$ です。よって,

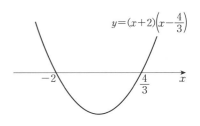

解が $x<-2$, $\dfrac{4}{3}<x$ となる2次不等式の1つは,

$$(x+2)\left(x-\dfrac{4}{3}\right)>0 \quad \cdots\cdots(*)$$

$ax^2+bx+8<0$ より, $(*)$ の定数部分を8にそろえて不等号の向きを一致させ, 係数を比較します。

[解 答]

(1) $\begin{cases} x^2+2x>1 & \cdots\cdots① \\ |x-1|\leqq 1 & \cdots\cdots② \end{cases}$

PIECE

110 **絶対値を含む不等式**

絶対値の意味を考えて解く

318 **2次不等式**

2次不等式はグラフを用いて解く

3
章

2
次
関
数

①より,

$$x^2+2x-1>0 \quad \cdots\cdots①'$$

$x^2+2x-1=0$ となるのは,

$$x=-1\pm\sqrt{2}$$

より, ①' の解は,

$$x<-1-\sqrt{2}, \ -1+\sqrt{2}<x \quad \cdots\cdots③$$

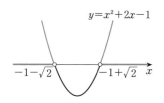

②より,

$$-1\leqq x-1\leqq 1$$

$$0\leqq x\leqq 2 \quad \cdots\cdots④$$

③, ④より,

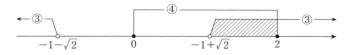

$$\boldsymbol{-1+\sqrt{2}<x\leqq 2} \ \text{答}$$

(2) $ax^2+bx+8<0 \qquad \cdots\cdots⑤$

解が $x<-2, \ \dfrac{4}{3}<x$ となる2次不等式の1つは,

$$(x+2)\left(x-\frac{4}{3}\right)>0$$

両辺を3倍して,

$$3(x+2)\left(x-\frac{4}{3}\right)>0$$

$$3x^2+2x-8>0$$

両辺を -1 倍して,

$$-3x^2-2x+8<0 \qquad \cdots\cdots⑥ \quad \longleftarrow \begin{array}{l}\text{-1 倍して, 定数部分を8にそろえ,}\\ \text{不等号の向きを一致させた}\end{array}$$

⑤と⑥は一致するので,

$$\boldsymbol{a=-3, \ b=-2} \ \text{答}$$

実践問題 021 | 絶対不等式

a を実数とし，$f(x)=x^2+2x+6$, $g(x)=-x^2+2ax-4a$ とする。

(1) すべての実数 x に対して $f(x) \geqq g(x)$ が成り立つような a の値の範囲を求めよ。

(2) すべての実数 x_1, x_2 に対して $f(x_1) \geqq g(x_2)$ が成り立つような a の値の範囲を求めよ。

(愛媛大)

[▶GOAL = ⚙HOW × ❓WHY] ひらめき

PIECE 305 320 で解いていきます。まずは，(1)と(2)の違いを見てみましょう！

(1) 図1

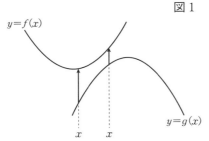

(2) 図2

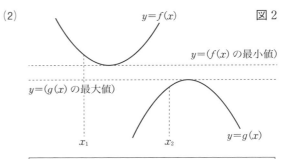

(1)は x 座標が同じ場合を比べて，つねに
$$f(x) \geqq g(x)$$
が成り立つ a の値の範囲が問われている

(2)は x 座標が異なる場合も含めて，つねに
$$f(x) \geqq g(x)$$
が成り立つ a の値の範囲が問われている

(1) x 座標が同じ場所を比べているので，

差の関数 $h(x)=f(x)-g(x)$

が 0 以上となる a の値の範囲が求める a の値の範囲です。

$$h(x)=(x^2+2x+6)-(-x^2+2ax-4a)$$
$$=2x^2-2(a-1)x+4a+6$$

となります。

すべての実数 x に対して，$h(x) \geqq 0$ が成り立つ条件が知りたいので，一番成り立ちにくい「最小値」に着目します。

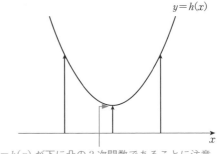

$y=h(x)$ が下に凸の 2 次関数であることに注意すると，$h(x)$ の最小値が 0 以上であれば，x がどんな値であっても，$h(x) \geqq 0$ が成り立つ

▶ **GOAL**
$h(x) \geqq 0$ がすべての実数 x に対して成り立つ a の範囲がわかる

⚙ **HOW**
$h(x)$ の最小値が 0 以上となる a の範囲を求める

❓ **WHY**
最小値が 0 以上であればすべての x で $h(x) \geqq 0$ が成り立つから

(2) すべての実数 x_1, x_2 に対して $f(x_1) \geqq g(x_2)$ が成り立つ条件は，一番成り立ちにくい所に着目します。

$f(x_1) \geqq g(x_2)$ が一番成り立ちにくいのは，$f(x_1)$ が $f(x)$ の最小値で，$g(x_2)$ が $g(x)$ の最大値のときです。

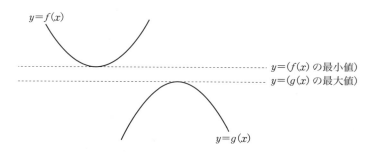

よって，$(f(x)$ の最小値$)\geqq(g(x)$ の最大値$)$ が求める条件です。

▶ GOAL	=	🔧 HOW	×	❓ WHY
すべての実数 x_1, x_2 に対して，$f(x_1)\geqq g(x_2)$ が成り立つような a の値の範囲がわかる		$(f(x)$ の最小値$)$ $\geqq(g(x)$ の最大値$)$ ……(*) となる a の範囲を求める		(*)が成り立てば，$y=f(x)$ 上のすべての点の y 座標が $y=g(x)$ 上のどの点の y 座標よりも大きいか，または等しくなり，条件を満たすから

[解 答]

$$f(x)=x^2+2x+6=(x+1)^2+5$$

$$g(x)=-x^2+2ax-4a=-(x-a)^2+a^2-4a$$

(1) $h(x)=f(x)-g(x)$

とおくと，

$$h(x)=(x^2+2x+6)-(-x^2+2ax-4a)$$

$$=2x^2-2(a-1)x+4a+6$$

$$=2\left(x-\frac{a-1}{2}\right)^2-\frac{a^2-10a-11}{2}$$

求める条件は，

$$(h(x) \text{ の最小値})\geqq0$$

より，

$$-\frac{a^2-10a-11}{2}\geqq0 \quad \text{すなわち} \quad (a+1)(a-11)\leqq0$$

よって，

$$\mathbf{-1\leqq a\leqq11} \text{ 答}$$

(2) 求める条件は，

$$(f(x) \text{ の最小値})\geqq(g(x) \text{ の最大値})$$

より，

$$5\geqq a^2-4a \quad \text{すなわち} \quad (a+1)(a-5)\leqq0$$

よって，

$$\mathbf{-1\leqq a\leqq5} \text{ 答}$$

PIECE

305 **2次関数の最大・最小**

頂点で最大値，最小値をとる

320 **絶対不等式**

・$(h(x)$ の最小値$)\geqq0$
・「すべて」というキーワードが出てきたら，一番成り立ちにくい所に着目する

2次方程式 $x^2-2ax+2a+3=0$ が異なる2つの実数解をもち，その2つの実数解がともに1以上5以下であるように，定数 a の値の範囲を求めよ。

（秋田大）

[▶GOAL = 🅗HOW × ❓WHY] ひらめき

$x^2-2ax+2a+3=0$ は $y=x^2-2ax+2a+3$ と $y=0$（x 軸）を連立して y を消去した方程式ですから，
$x^2-2ax+2a+3=0$ の実数解は

$$\begin{cases} y=x^2-2ax+2a+3 \\ y=0 \ (x\,\text{軸}) \end{cases}$$

の共有点の x 座標です。

よって，「$x^2-2ax+2a+3=0$ が1以上5以下の範囲に異なる2つの実数解をもつ」は，

「$\begin{cases} y=x^2-2ax+2a+3 \\ y=0 \end{cases}$ が $1\leqq x\leqq 5$ に異なる2つの共有点をもつ」 ……(*)

と言い換えることができます。**PIECE 321** を用いて解きます。

▶ GOAL
$\begin{cases} y=x^2-2ax+2a+3 \\ y=0 \end{cases}$ が $1\leqq x\leqq 5$ に異なる2つの共有点をもつ a の範囲がわかる

=

🅗 HOW
端の y 座標，軸，頂点の y 座標に着目して，条件を求める

×

❓ WHY
端の y 座標，軸，頂点の y 座標が決まれば，(*)を満たすグラフが決まるから

$$f(x)=x^2-2ax+2a+3$$

とすると，

$$f(x)=(x-a)^2-(a+1)(a-3)$$

(*)を満たすためには，$y=f(x)$ が図1のようになればよいですね。

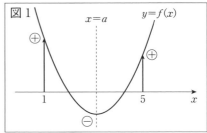
図1

〈[1] 端の y 座標について〉

$1\leqq x\leqq 5$ ですから，端は $x=1$，5 です。

$x=1$，5 の y 座標に着目すると，

$$f(1)\geqq 0 \ \text{かつ} \ f(5)\geqq 0 \ \cdots\cdots(\text{ア})$$

しかし，(ア)だけでは，図2や図3の状態になってしまうかもしれません。

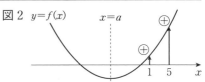
図2 $y=f(x)$

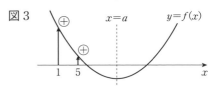
図3

〈[2] 軸について〉

そこで，図2や図3の可能性を消すために軸に着目します。

図1において軸は，$1<a<5$，図2において軸は，$a\leqq1$，図3において軸は，$5\leqq a$

よって，図1のようになるには

$1<a<5$　……(イ)

しかし，(ア)，(イ)だけでは，図4，図5のようにx軸と共有点をもたなかったり，1点で接する可能性がありますね。

〈[3] 頂点のy座標について〉

図1において，（頂点のy座標）<0，

図4において，（頂点のy座標）>0，

図5において，（頂点のy座標）$=0$

よって，図1のようにx軸と異なる2点で交わる条件は，

$f(a)=-(a+1)(a-3)<0$　……(ウ)　← （判別式）>0 でもよい

(ア)，(イ)，(ウ)をすべて満たすaの値の範囲が答えです。

図4
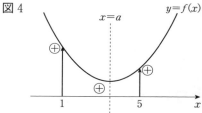

図5
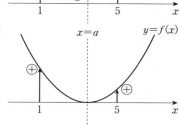

[解 答]

$f(x)=x^2-2ax+2a+3$

とおくと，

$f(x)=(x-a)^2-(a+1)(a-3)$

$y=f(x)$ のグラフは下に凸な放物線で，

頂点の座標は

$(a,\ -(a+1)(a-3))$

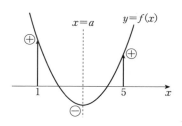

PIECE

321 放物線とx軸の共有点

[1] 端のy座標
[2] 軸
[3] 頂点のy座標

2次方程式 $f(x)=0$ が異なる2つの実数解をもち，それらがともに1以上5以下であるのは，$y=f(x)$ のグラフがx軸の$1\leqq x\leqq5$の部分と異なる2点で交わるときである。したがって，求める条件は，

$$\begin{cases} f(1)=4\geqq0 \\ f(5)=28-8a\geqq0 \\ 1<a<5 \\ f(a)=-(a+1)(a-3)<0 \end{cases}$$

すなわち，

$$\begin{cases} a\leqq\dfrac{7}{2} & \cdots\cdots① \\ 1<a<5 & \cdots\cdots② \\ a<-1,\ 3<a & \cdots\cdots③ \end{cases}$$

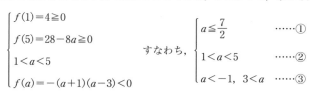

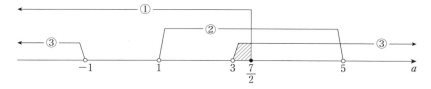

①，②，③より，

$3<a\leqq\dfrac{7}{2}$ 答

a は実数とする。関数 $f(x)=2x^2-4|x|+a$ と $g(x)=|x|-a$ について，2つの関数のグラフの共有点の個数とそのときの a の値の範囲を求めよ。

（群馬大）

[▶GOAL ＝ ❶HOW × ❷WHY] ひらめき

$y=f(x)$ のグラフと $y=g(x)$ のグラフをかき，共有点の個数を求めるのは，a が両方に入っているので困難ですね。

▶ GOAL		❶ HOW		❷ WHY
$y=f(x)$ のグラフと $y=g(x)$ のグラフの共有点の個数とそのときの a の値の範囲を求める	＝	連立して y を消去し，定数分離を行う	×	片方が定数関数だと，共有点の個数が数えやすいから

$y=f(x)$ のグラフと $y=g(x)$ のグラフの共有点の個数は，

> 方程式 $f(x)=g(x)$ の実数解の個数

と一致します。$f(x)=g(x)$ は，

$$2x^2-4|x|+a=|x|-a$$

であり，$y=2x^2-4|x|+a$ と $y=|x|-a$ のグラフを動かして共有点の個数を数えるのは困難です。そこで移項して整理することにより定数 a を分離すると，

$$2x^2-5|x|=-2a$$

$$-x^2+\frac{5}{2}|x|=a$$

$h(x)=-x^2+\frac{5}{2}|x|$ とおくと，

> 方程式 $f(x)=g(x)$ の実数解の個数

は，

> 方程式 $h(x)=a$ の実数解の個数 ⟵ $f(x)=g(x)$ を変形すると $h(x)=a$ になった

と一致し，これは，

> $y=h(x)$ と $y=a$ のグラフの共有点の個数

と一致します。

よって，$y=h(x)$ と $y=a$ の共有点の個数を数えればよいですね。**PIECE 317** がヒントになります。

$y=h(x)$ のグラフは，

$$|x|=\begin{cases} x & (x\geqq 0) \\ -x & (x<0) \end{cases}$$

に注意してかきましょう！

$y=h(x)$ のグラフがかけたあとは，$y=a$ のグラフを動かして $y=h(x)$ のグラフとの共有点の個数を求めます。その際，a の値によって，共有点の個数が異なることに注意しましょう！

[解 答]

PIECE

317 共有点の座標

$y=f(x)$ のグラフと $y=g(x)$ のグラフの共有点の x 座標は，y を消去して得られる

方程式 $f(x)=g(x)$ の実数解と一致する。

$f(x)=2x^2-4|x|+a$, $g(x)=|x|-a$

$f(x)=g(x)$ とすると，

$$2x^2-4|x|+a=|x|-a$$

$$-x^2+\frac{5}{2}|x|=a$$

$h(x)=-x^2+\frac{5}{2}|x|$ とおくと，

$$h(x)=\begin{cases} -x^2+\dfrac{5}{2}x & (x\geqq0) \\ -x^2-\dfrac{5}{2}x & (x<0) \end{cases}$$

$$=\begin{cases} -\left(x-\dfrac{5}{4}\right)^2+\dfrac{25}{16} & (x\geqq0) \\ -\left(x+\dfrac{5}{4}\right)^2+\dfrac{25}{16} & (x<0) \end{cases}$$

$y=h(x)$ のグラフは次の図のようになる。$y=h(x)$ のグラフと直線 $y=a$ との共有点の個数が，2 つの関数 $f(x)$ と $g(x)$ のグラフの共有点の個数に等しい。

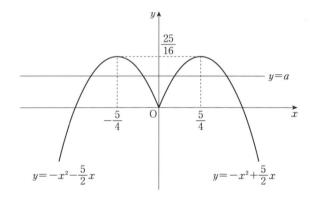

よって，$y=f(x)$ のグラフと $y=g(x)$ のグラフの共有点の個数は，

$$\begin{cases} a>\dfrac{25}{16}\ \text{のとき,} & \text{0 個} \\ a<0,\ a=\dfrac{25}{16}\ \text{のとき,} & \text{2 個} \\ a=0\ \text{のとき,} & \text{3 個} \\ 0<a<\dfrac{25}{16}\ \text{のとき,} & \text{4 個} \end{cases}$$ 答

参考 $h(-x)=h(x)$ より，$x\leqq0$ のときのグラフは，$x\geqq0$ のときのグラフを y 軸対称にしたグラフになる。

PIECE 401 三角比

例題

次の直角三角形 ABC において，$\sin\theta$, $\cos\theta$, $\tan\theta$ を求めよ。

(1)

(2)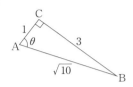

(3)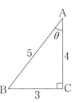

CHECK

直角三角形において，直角以外の1つの角が決まると，その角に対する3辺の比は1つに決まる。

この3辺の比のことを「三角比」という。

$$\angle C = 90°, \quad \angle A = \theta$$

$$RC = a, \quad CA = b, \quad AB = c$$

の直角三角形 ABC において

$$\sin\theta = \frac{a}{c} \left(\frac{対辺}{斜辺}\right)$$

$$\cos\theta = \frac{b}{c} \left(\frac{底辺}{斜辺}\right)$$

$$\tan\theta = \frac{a}{b} \left(\frac{対辺}{底辺}\right)$$

注目する角は左下，直角は右下になるように図をかいて考えるとよい。

[解答]

(1) $\sin\theta = \dfrac{21}{29}$ 答

$\cos\theta = \dfrac{20}{29}$ 答

$\tan\theta = \dfrac{21}{20}$ 答

(2) $\sin\theta = \dfrac{3}{\sqrt{10}}$ 答

$\cos\theta = \dfrac{1}{\sqrt{10}}$ 答

$\tan\theta = \dfrac{3}{1} = 3$ 答

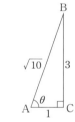

(3) $\sin\theta = \dfrac{3}{5}$ 答

$\cos\theta = \dfrac{4}{5}$ 答

$\tan\theta = \dfrac{3}{4}$ 答

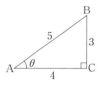

(注) 頂点の記号を用いて $\sin A$, $\cos A$, $\tan A$ と表すことも多い。

三角比　$\sin\theta = \dfrac{a}{c}$

$\cos\theta = \dfrac{b}{c}$

$\tan\theta = \dfrac{a}{b}$

POINT

PIECE 402 三角比の相互関係

[レベル ★★★]

例 題

θ が鋭角のとき，次の値を求めよ。

(1) $\cos\theta=\dfrac{4}{5}$ のとき，$\sin\theta$，$\tan\theta$

(2) $\tan\theta=\sqrt{2}$ のとき，$\cos\theta$，$\sin\theta$

(3) $(\sin\theta+\cos\theta)^2+(\sin\theta-\cos\theta)^2$

CHECK

$$\begin{cases} \tan\theta=\dfrac{\sin\theta}{\cos\theta} \\[2mm] \sin^2\theta+\cos^2\theta=1 \\[2mm] 1+\tan^2\theta=\dfrac{1}{\cos^2\theta} \end{cases}$$

参考

∠C＝90°の直角三角形 ABC において ∠A＝θ，BC＝a，
AC＝b，AB＝c とおくと，$\sin\theta=\dfrac{a}{c}$，$\cos\theta=\dfrac{b}{c}$，$\tan\theta=\dfrac{a}{b}$

右辺の分母・分子を c で割ると $\dfrac{\frac{a}{c}}{\frac{b}{c}}=\dfrac{\sin\theta}{\cos\theta}$

よって $\tan\theta=\dfrac{\sin\theta}{\cos\theta}$

また，三平方の定理より，$a^2+b^2=c^2$ が成り立つ。この式の
両辺を c^2 で割ると

$$\left(\dfrac{a}{c}\right)^2+\left(\dfrac{b}{c}\right)^2=1 \quad \cdots\cdots①$$

$\dfrac{a}{c}=\sin\theta$，$\dfrac{b}{c}=\cos\theta$ を①に代入すると，

$\sin^2\theta+\cos^2\theta=1$

が成り立つ。さらに，この式の両辺を $\cos^2\theta(\neq0)$ で割ると

$$\left(\dfrac{\sin\theta}{\cos\theta}\right)^2+1=\dfrac{1}{\cos^2\theta} \quad より \quad \tan^2\theta+1=\dfrac{1}{\cos^2\theta}$$

[解 答]

(1) $\sin^2\theta+\cos^2\theta=1$ より

$$\sin^2\theta+\dfrac{16}{25}=1$$

$$\sin^2\theta=\dfrac{9}{25}$$

θ が鋭角であることから，$\sin\theta>0$ より，

$$\sin\theta=\dfrac{3}{5} \ 答$$

$$\tan\theta=\dfrac{\sin\theta}{\cos\theta}=\dfrac{\frac{3}{5}}{\frac{4}{5}}=\dfrac{3}{4} \ 答$$

$\dfrac{3}{5}\div\dfrac{4}{5}$

$\dfrac{3}{5}\times\dfrac{5}{4}$

(2) $1+\tan^2\theta=\dfrac{1}{\cos^2\theta}$ より

$$1+2=\dfrac{1}{\cos^2\theta}$$

$$\cos^2\theta=\dfrac{1}{3}$$

θ が鋭角であることから，$\cos\theta>0$ より，

$$\cos\theta=\dfrac{1}{\sqrt{3}}=\dfrac{\sqrt{3}}{3} \ 答$$

また，$\dfrac{\sin\theta}{\cos\theta}=\tan\theta$ より

$$\sin\theta=\cos\theta\cdot\tan\theta=\dfrac{1}{\sqrt{3}}\cdot\sqrt{2}=\dfrac{\sqrt{2}}{\sqrt{3}}=\dfrac{\sqrt{6}}{3} \ 答$$

(3) $(\sin\theta+\cos\theta)^2+(\sin\theta-\cos\theta)^2$

$=(\sin^2\theta+2\sin\theta\cos\theta+\cos^2\theta)$

$\qquad\qquad +(\sin^2\theta-2\sin\theta\cos\theta+\cos^2\theta)$

$=2(\sin^2\theta+\cos^2\theta)=\mathbf{2}$ 答

$\longrightarrow \sin^2\theta+\cos^2\theta=1$

[別 解]

(1) $0°<\theta<90°$ より，$\cos\theta=\dfrac{4}{5}$ より，斜辺 5，底辺 4，対
辺 x の下の図のような直角三角形を考える。三平方の
定理より

$$x=\sqrt{25-16}=3$$

よって，$\sin\theta=\dfrac{3}{5}$，$\tan\theta=\dfrac{3}{4}$ 答

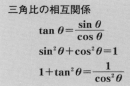

三角比の相互関係

$$\tan\theta=\dfrac{\sin\theta}{\cos\theta}$$

$$\sin^2\theta+\cos^2\theta=1$$

$$1+\tan^2\theta=\dfrac{1}{\cos^2\theta}$$

POINT

PIECE 403 三角比の拡張

例題

次の三角比を求めよ。

(1) $\sin 135°$　　　(2) $\cos 150°$　　　(3) $\sin 90°$　　　(4) $\tan 180°$

CHECK

ここでは $0° \leqq \theta \leqq 180°$ の範囲における三角比を考える。

図1 ($0° < \theta < 90°$) のように, 原点 O が中心, 半径1の円周上に点 P をとり, P から x 軸に下ろした垂線と x 軸との交点を H, 点 A の座標を $(1, 0)$ として, $\angle POA = \theta$（OP の x 軸の正の方向からの回転角）とする。このとき, 直角三角形 OPH において

$$\sin \theta = \frac{PH}{OP} = \frac{y}{1} = y$$

$$\cos \theta = \frac{OH}{OP} = \frac{x}{1} = x$$

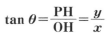

$$\tan \theta = \frac{PH}{OH} = \frac{y}{x}$$

(図1)

より

$$\sin \theta = （P の y 座標）$$
$$\cos \theta = （P の x 座標）$$
$$\tan \theta = （OP の傾き）$$

(図2)

が成り立つ。この考えを用いて, 図2 ($\theta = 0°$, $90° \leqq \theta \leqq 180°$) においても

$$\begin{cases} \sin \theta = y （P の y 座標） \\ \cos \theta = x （P の x 座標） \\ \tan \theta = \dfrac{y}{x} （OP の傾き） \end{cases}$$

と定義することにする。この定義により, $0° \leqq \theta \leqq 180°$ のすべての角 θ について

$$\sin \theta = （P の y 座標）$$
$$\cos \theta = （P の x 座標）$$
$$\tan \theta = （OP の傾き）$$

と表すことができる（ただし $\tan 90°$ の値は

存在しない）。この図1, 2で用いられている原点中心, 半径1の円のことを単位円という。

[解答]

(1)

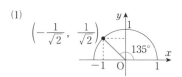

$\left(-\dfrac{1}{\sqrt{2}}, \dfrac{1}{\sqrt{2}} \right)$

よって

$$\sin 135° = \frac{1}{\sqrt{2}} \text{答}$$

(2)

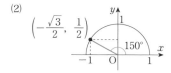

$\left(-\dfrac{\sqrt{3}}{2}, \dfrac{1}{2} \right)$

よって

$$\cos 150° = -\frac{\sqrt{3}}{2} \text{答}$$

(3)

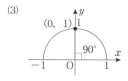

$(0, 1)$

よって

$$\sin 90° = 1 \text{答}$$

(4)

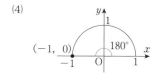

$(-1, 0)$

よって

$$\tan 180° = \frac{0}{-1} = 0 \text{答}$$

単位円における $(0° \leqq \theta \leqq 180°)$ の三角比
$$\sin \theta = （P の y 座標）$$
$$\cos \theta = （P の x 座標）$$
$$\tan \theta = （OP の傾き）$$

POINT

PIECE 404 90°−θ の三角比

[レベル ★★★]

例題

次の三角比を 45° 以下の三角比で表せ。

(1)　cos 75°　　　　(2)　sin 70°　　　　(3)　tan 50°

CHECK

90°−θ の三角比は

$$\begin{cases} \sin(90°-\theta)=\cos\theta \\ \cos(90°-\theta)=\sin\theta \\ \tan(90°-\theta)=\dfrac{1}{\tan\theta} \end{cases}$$

が成り立つ。

参考

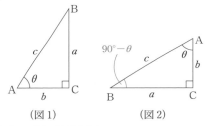

（図1）　　　　　（図2）

図1においては，次が成り立つ。

$$\begin{cases} \sin\theta=\dfrac{a}{c} \\ \cos\theta=\dfrac{b}{c} \quad\cdots\cdots① \\ \tan\theta=\dfrac{a}{b} \end{cases}$$

また，この △ABC を ∠ABC が左下，∠ACB が右下になるようにかくと（図2），∠ABC＝90°−θ より，この三角形において，次が成り立つ。

$$\begin{cases} \sin(90°-\theta)=\dfrac{b}{c} \\ \cos(90°-\theta)=\dfrac{a}{c} \quad\cdots\cdots② \\ \tan(90°-\theta)=\dfrac{b}{a} \end{cases}$$

①，②より

$\sin(90°-\theta)=\cos\theta$

$\cos(90°-\theta)=\sin\theta$

$\tan(90°-\theta)=\dfrac{1}{\tan\theta}$

[解答]

(1)　$\cos 75°=\cos(90°-15°)$

　　　　　$=\sin 15°$ 答

(2)　$\sin 70°=\sin(90°-20°)$

　　　　　$=\cos 20°$ 答

(3)　$\tan 50°=\tan(90°-40°)$

　　　　　$=\dfrac{1}{\tan 40°}$ 答

90°−θ の三角比

$$\cos(90°-\theta)=\sin\theta$$
$$\sin(90°-\theta)=\cos\theta$$
$$\tan(90°-\theta)=\dfrac{1}{\tan\theta}$$

POINT

PIECE 405 180°−θ の三角比

[レベル ★★★]

例題

次の三角比を 45° 以下の三角比で表せ。

(1) sin 165°   (2) tan 140°   (3) cos 134°   (4) tan 112°

CHECK

180°−θ についての三角比については

$$\begin{cases} \cos(180°-\theta) = -\cos\theta \\ \sin(180°-\theta) = \sin\theta \\ \tan(180°-\theta) = -\tan\theta \end{cases}$$

が成り立つ。

参考

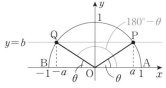

図のように単位円の $y \geqq 0$ の部分と直線 $y=b$ $(0 \leqq b \leqq 1)$ の交点を P, Q とする $(b=1$ のときは P=Q$)$。すると, P, Q は y 軸について対称より
P(a, b) とすると, Q$(-a, b)$ と表せる。また, ∠POA$=\theta$ とすると,

$\qquad$(P の x 座標)$=a=\cos\theta$
$\qquad$(P の y 座標)$=b=\sin\theta$ ……①
$\qquad$(OP の傾き)$=\dfrac{b}{a}=\tan\theta$

が成り立つ。
また ∠QOB$=\theta$ より, ∠QOA$=180°-\theta$ となり

$\qquad\cos(180°-\theta)=$(Q の x 座標)$=-a=-\cos\theta$
$\qquad\sin(180°-\theta)=$(Q の y 座標)$=b=\sin\theta$
$\qquad\tan(180°-\theta)=$(OQ の傾き)$=-\dfrac{b}{a}=-\tan\theta$

が成り立つ。

[解答]

(1) $\sin 165° = \sin(180°-15°)$

$\qquad\qquad = \boldsymbol{\sin 15°}$ 答

(2) $\tan 140° = \tan(180°-40°)$

$\qquad\qquad = \boldsymbol{-\tan 40°}$ 答

(3) $\cos 134° = \cos(180°-46°)$

$\qquad\qquad = -\cos 46°$

$\qquad\qquad = -\cos(90°-44°)$

$\qquad\qquad = \boldsymbol{-\sin 44°}$ 答

(4) $\tan 112° = \tan(180°-68°)$

$\qquad\qquad = -\tan 68°$

$\qquad\qquad = -\tan(90°-22°)$

$\qquad\qquad = \boldsymbol{-\dfrac{1}{\tan 22°}}$ 答

180°−θ の三角比

$\qquad\cos(180°-\theta) = -\cos\theta$
$\qquad\sin(180°-\theta) = \sin\theta$
$\qquad\tan(180°-\theta) = -\tan\theta$

POINT

PIECE 406 三角比を含む方程式

[レベル ★★★]

例題

$0°≦θ≦180°$ のとき，次の式を満たす $θ$ の値を求めよ。

(1) $\sin θ = \dfrac{1}{2}$　　　(2) $\cos θ = 0$　　　(3) $\sqrt{3}\ \tan θ = 1$

(4) $\cos θ = -\dfrac{1}{2}$　　　(5) $\tan θ = -1$

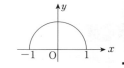

4章 図形と計量

CHECK

三角比を含む方程式の基本３パターンについては次のように考える。

($0°≦θ≦180°$，$A(1,\ 0)$ とする)

① 「$\cos θ = k$」型

$x = k\ (-1≦k≦1)$ と単位円の交点を P とすると，

$$θ = ∠POA$$

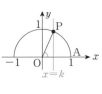

② 「$\sin θ = k$」型

$y = k\ (0≦k≦1)$ と単位円の交点を P，Q とすると，

$$θ = ∠POA,\ ∠QOA$$

(ただし，$k = 1$ のとき $P = Q$ となり $θ = 90°$ である。)

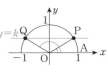

③ 「$\tan θ = k$」型

$y = kx$ と単位円の交点を P とすると，

$$θ = ∠POA$$

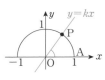

[解 答]

(1) $\sin θ = \dfrac{1}{2}$

$θ = 30°,\ 150°$ 答

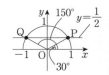

(2) $\cos θ = 0$

$θ = 90°$ 答

(3) $\tan θ = \dfrac{1}{\sqrt{3}}$

$θ = 30°$ 答

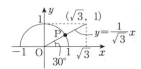

(4) $\cos θ = -\dfrac{1}{2}$

$θ = 120°$ 答

(5) $\tan θ = -1$

$θ = 135°$ 答

三角比を含む方程式は，次の３パターンをおさえる

① 「$\cos θ = k$」型
② 「$\sin θ = k$」型
③ 「$\tan θ = k$」型

POINT

PIECE 407 三角比を含む不等式

[レベル ★★★]

例題

$0° \leqq \theta \leqq 180°$ のとき，次の不等式を満たす θ の値の範囲を求めよ。

(1) $\sqrt{2} \cos \theta + 1 \geqq 0$ (2) $2 \sin \theta - \sqrt{3} \geqq 0$ (3) $\tan \theta + 1 < 0$

CHECK

三角比を含む不等式の解き方について考える（$P(\cos \theta, \sin \theta)$，$A(1, 0)$，$0° \leqq \theta \leqq 180°$ とする）。

(ア) $\cos \theta \geqq \dfrac{1}{2}$ を満たす θ の範囲は単位円周上の動点 P に対し，

$$（P の x 座標）\geqq \dfrac{1}{2}$$

となる θ の範囲である。
よって，右図より

$$0° \leqq \theta \leqq 60°$$

(イ) $\sin \theta \leqq \dfrac{1}{2}$ を満たす θ の範囲とは

$$（P の y 座標）\leqq \dfrac{1}{2}$$

となる θ の範囲である。
よって，右図より

$$0° \leqq \theta \leqq 30°,$$
$$150° \leqq \theta \leqq 180°$$

(ウ) $\tan \theta \geqq 1$ を満たす θ の範囲とは

$$（OP の傾き）\geqq 1$$

となる θ の範囲である。
よって，右図より

$$45° \leqq \theta < 90°$$

解答

$P(\cos \theta, \sin \theta)$ $(0° \leqq \theta \leqq 180°)$ とする

(1) $\cos \theta \geqq -\dfrac{1}{\sqrt{2}}$

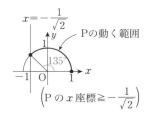

$$\left(P の x 座標 \geqq -\dfrac{1}{\sqrt{2}}\right)$$

図より，$0° \leqq \theta \leqq 135°$ 答

(2) $\sin \theta \geqq \dfrac{\sqrt{3}}{2}$

$$\left(（P の y 座標）\geqq \dfrac{\sqrt{3}}{2}\right)$$

図より，$60° \leqq \theta \leqq 120°$ 答

(3) $\tan \theta < -1$

$$（（OP の傾き）< -1）$$

図より，$90° < \theta < 135°$ 答

$P(\cos \theta, \sin \theta)$ $(0° \leqq \theta \leqq 180°)$ のとき

(ア) $\cos \theta \geqq k$
   $\rightarrow$（P の x 座標）$\geqq k$ となる θ の範囲を求める

(イ) $\sin \theta \geqq k$
   $\rightarrow$（P の y 座標）$\geqq k$ となる θ の範囲を求める

(ウ) $\tan \theta \geqq k$
   $\rightarrow$（OP の傾き）$\geqq 1$ となる θ の範囲を求める

POINT

PIECE 408 直線のなす角

[レベル ★★★]

例題

2直線
$$y=\sqrt{3}\,x+2 \quad\cdots\cdots① , \quad y=-x+3 \quad\cdots\cdots②$$
について

(1) 直線①，②の x 軸の正の方向からの回転角を求めよ。

(2) 2直線①，②のなす角 θ $(0°\leqq\theta\leqq90°)$ を求めよ。

CHECK

直線 $y=mx$ の x 軸の正の方向からの回転角を θ $(0°\leqq\theta\leqq180°)$ とすると，傾き m は
$$m=\tan\theta$$
と表すことができる。
（ただし，$\theta\neq90°$）

$(0°\leqq\theta<90°)$

$(90°<\theta\leqq180°)$

いま，2直線
$$\ell_1 : y=ax+b$$
$$\ell_2 : y=cx+d$$
のなす角 θ $(0°\leqq\theta\leqq90°)$ を求めたいときは，ℓ_1，ℓ_2 に平行で原点を通る2直線
$$L_1 : y=ax$$
$$L_2 : y=bx$$
のなす角を求めればよい。2直線のなす角は，それぞれの直線が x 軸の正の方向からの回転角 θ_1，θ_2 の差を考えればよい。

図のように①，②と平行で原点を通る2直線
$$y=\sqrt{3}\,x \quad\cdots\cdots①'$$
$$y=-x \quad\cdots\cdots②'$$
を考える。このとき

（①の x 軸の正の方向からの回転角）

　＝（①' の x 軸の正の方向からの回転角）＝θ_1

（②の x 軸の正の方向からの回転角）

　＝（②' の x 軸の正の方向からの回転角）＝θ_2

とおくと，
$$\tan\theta_1=\sqrt{3}$$
$0°<\theta_1<90°$ より
$$\theta_1=60° \text{答}$$
また
$$\tan\theta_2=-1$$
$90°<\theta_2<180°$ より
$$\theta_2=135° \text{答}$$

(2) 図より $\theta=\theta_2-\theta_1$ より，
$$\theta_2-\theta_1=135°-60°$$
$$=75°$$
よって，
$$\theta=75° \text{答}$$

[解答]

(1)

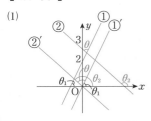

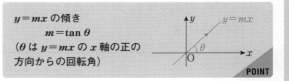

$y=mx$ の傾き
$$m=\tan\theta$$
（θ は $y=mx$ の x 軸の正の方向からの回転角）

POINT

PIECE 409 正弦定理

[レベル ★★★]

例題

$\triangle ABC$ において，次の値を求めよ。ただし $BC=a$，$CA=b$，$AB=c$ とする。

(1) $b=\sqrt{2}$，$A=105°$，$C=45°$ のとき，c と外接円の半径 R

(2) 外接円の半径 $R=2$，$a=2\sqrt{3}$ のとき，A

CHECK

$\triangle ABC$ において外接円の半径を R とするとき，次のことが成り立つ。

$$\frac{a}{\sin A}=\frac{b}{\sin B}=\frac{c}{\sin C}=2R$$

（証明は実践問題 **028** を参照）

正弦定理を利用するのは主に次の2つの場面である。

(ア)　向かい合う辺と角の2組のうち，どれか1つだけわからないとき

(イ)　三角形の外接円の半径がわかっている，もしくは求めたいとき

図でイメージすると，次のような場合である。

(ア)

（BC の長さが知りたい）（∠C の大きさが知りたい）

(イ)

・R がわかっていて，$\triangle ABC$ の辺の長さ，角の大きさを求めたいとき。

・$\triangle ABC$ の辺の長さ，角の大きさから R を求めたいとき。

[解 答]

(1)

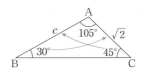

$$B=180°-(A+C)$$
$$=180°-(105°+45°)=30°$$

正弦定理より

$$\frac{\sqrt{2}}{\sin 30°}=\frac{c}{\sin 45°}$$

$$c\sin 30°=\sqrt{2}\sin 45°$$

$$c\cdot\frac{1}{2}=\sqrt{2}\cdot\frac{1}{\sqrt{2}}$$

$$c=2 \;【答】$$

正弦定理より

$$\frac{\sqrt{2}}{\sin 30°}=2R$$

$$R=\sqrt{2}\times\frac{2}{1}\times\frac{1}{2}$$

$$=\sqrt{2} \;【答】$$

(2)　正弦定理より

$$\frac{2\sqrt{3}}{\sin A}=2\cdot2$$

$$\sin A=\frac{\sqrt{3}}{2}$$

$0°<A<180°$ より

$$A=60°,\; 120° \;【答】$$

正弦定理
$\triangle ABC$ の外接円の半径を R とすると
$$\frac{a}{\sin A}=\frac{b}{\sin B}=\frac{c}{\sin C}=2R$$

POINT

PIECE 410 余弦定理

[レベル ★★★]

例 題

△ABC において，次の値を求めよ。ただし BC＝a，CA＝b，AB＝c とする。

(1) $A＝135°$，$b＝3$，$c＝\sqrt{2}$ のとき，a

(2) $a＝\sqrt{7}$，$b＝2$，$c＝1$ のとき，A

(3) $a＝\sqrt{43}$，$b＝6$，$A＝60°$ のとき，c

CHECK

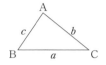

△ABC において

$$a^2＝b^2＋c^2－2bc \cos A$$
$$b^2＝c^2＋a^2－2ca \cos B$$
$$c^2＝a^2＋b^2－2ab \cos C$$

が成り立つ。

（証明は実践問題 029 を参照）

余弦定理を用いるのは，主に次の 3 つの場面である。

(ア) **2 辺の長さと，その間の角の大きさがわかっているとき**

(イ) **3 辺の長さがわかっているとき**

(ウ) **2 辺の長さとその間にはない角の大きさがわかっているとき**

(注) (ア)，(イ)の場合は残りの辺の長さや角の大きさが 1 つに定まり，三角形は 1 つに決まるが，(ウ)については条件によって三角形が 1 つに定まらない場合もある。

[解 答]

(1) $a^2＝3^2＋(\sqrt{2})^2－2\cdot3\cdot\sqrt{2} \cos 135°$

$\qquad ＝9＋2－2\cdot3\cdot\sqrt{2}\cdot\left(－\dfrac{1}{\sqrt{2}}\right)$

$\qquad ＝17$

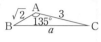

$a＞0$ より

$\qquad a＝\sqrt{17}$ 答

(2) $\cos A＝\dfrac{2^2＋1^2－(\sqrt{7})^2}{2\cdot2\cdot1}$

$\qquad\quad ＝\dfrac{－2}{4}＝－\dfrac{1}{2}$

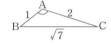

$0°＜A＜180°$ より

$\qquad A＝120°$ 答

(3) $(\sqrt{43})^2＝6^2＋c^2－2\cdot6\cdot c \cos 60°$

$\qquad c^2－6c－7＝0$

$\qquad (c＋1)(c－7)＝0$

$\qquad\qquad c＝－1,\ 7$

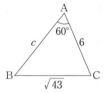

$c＞0$ より

$\qquad c＝7$ 答

余弦定理

$$a^2＝b^2＋c^2－2bc \cos A$$
$$b^2＝c^2＋a^2－2ca \cos B$$
$$c^2＝a^2＋b^2－2ab \cos C$$

POINT

PIECE 411 三角形の面積公式

例題

次のような △ABC の面積 S を求めよ。ただし，BC$=a$，CA$=b$，AB$=c$ とする。

(1) $a=\sqrt{3}$，$c=\sqrt{6}$，$B=135°$

(2) $b=\sqrt{3}$，$c=2$，$\cos A=\dfrac{1}{4}$

(3) $a=3$，$b=5$，$c=7$

CHECK

△**ABC の面積** S **は**

$$S=\frac{1}{2}bc\sin A=\frac{1}{2}ca\sin B=\frac{1}{2}ab\sin C$$

で求めることができる。（以下，証明）

A から直線 BC に下ろした垂線と直線 BC との交点を H とする。

(ア) $0°<B<90°$ **のとき**

$$S=\text{BC}\times\text{AH}\times\frac{1}{2}$$

$$=a\times c\sin B\times\frac{1}{2}$$

$$=\frac{1}{2}ca\sin B \quad\cdots\cdots①$$

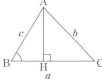

(イ) $B=90°$ **のとき**

$$S=\text{BC}\times\text{AB}\times\frac{1}{2}$$

$$=\frac{1}{2}ca=\frac{1}{2}ca\sin 90°$$

（①を満たす）

(ウ) $90°<B<180°$ **のとき**

$$S=\text{BC}\times\text{AH}\times\frac{1}{2}$$

$$=a\times c\sin(180°-B)\times\frac{1}{2}$$

$$=\frac{1}{2}ca\sin B$$

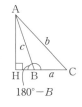

(ア)，(イ)，(ウ)より， $0°<B<180°$ **のとき**

$$S=\frac{1}{2}ca\sin B$$

[解 答]

(1) $S=\dfrac{1}{2}\sqrt{6}\cdot\sqrt{3}\sin 135°$

$\qquad =\dfrac{1}{2}\cdot\sqrt{6}\cdot\sqrt{3}\cdot\dfrac{1}{\sqrt{2}}$

$\qquad =\dfrac{3}{2}$ 答

(2) $0°<A<180°$ より，$\sin A>0$ であるから，

$$\sin A=\sqrt{1-\cos^2 A}=\sqrt{1-\left(\frac{1}{4}\right)^2}=\frac{\sqrt{15}}{4}$$

よって

$$S=\frac{1}{2}\cdot\sqrt{3}\cdot 2\sin A$$

$$=\frac{1}{2}\cdot\sqrt{3}\cdot 2\cdot\frac{\sqrt{15}}{4}$$

$$=\frac{3\sqrt{5}}{4}\ \text{答}$$

(3) 余弦定理より ◀── 3辺がわかっているので

$$\cos C=\frac{a^2+b^2-c^2}{2ab}$$

$$=\frac{3^2+5^2-7^2}{2\cdot 3\cdot 5}$$

$$=-\frac{1}{2}$$

$0°<C<180°$ より

$$C=120°$$

よって，

$$S=\frac{1}{2}\cdot 3\cdot 5\sin 120°$$

$$=\frac{1}{2}\cdot 3\cdot 5\cdot\frac{\sqrt{3}}{2}$$

$$=\frac{15\sqrt{3}}{4}\ \text{答}$$

三角形の面積公式

$$S=\frac{1}{2}xy\sin\theta$$

POINT

PIECE 412 内接円の半径

[レベル ★★★]

例題

△ABC において BC＝4，CA＝5，AB＝6 であるとき，次を求めよ。

(1) △ABC の面積 S

(2) △ABC の内接円の半径 r

CHECK

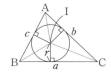

△ABC の内心（内接円の中心）を I，内接円の半径を r とすると

$$\triangle ABC = \triangle IBC + \triangle ICA + \triangle IAB$$
$$= \frac{1}{2}ar + \frac{1}{2}br + \frac{1}{2}cr$$
$$= \frac{r}{2}(a+b+c)$$

と表せる。

[解 答]

(1) 余弦定理より

$$\cos A = \frac{b^2+c^2-a^2}{2bc}$$
$$= \frac{5^2+6^2-4^2}{2\cdot5\cdot6}$$
$$= \frac{3}{4}$$

$0°<A<180°$ より

$$\sin A > 0$$

であるから，

$$\sin A = \sqrt{1-\cos^2 A}$$
$$= \sqrt{1-\left(\frac{3}{4}\right)^2} = \frac{\sqrt{7}}{4}$$

以上より

$$S = \frac{1}{2}bc \sin A$$
$$= \frac{1}{2}\cdot5\cdot6\cdot\frac{\sqrt{7}}{4}$$
$$= \frac{15\sqrt{7}}{4} \ 答$$

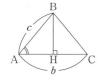

---

(2) $S = \dfrac{r}{2}(a+b+c)$ より

$$\frac{15\sqrt{7}}{4} = \frac{r}{2}(4+5+6)$$

よって

$$r = \frac{15\sqrt{7}}{4}\cdot2\cdot\frac{1}{15}$$
$$= \frac{\sqrt{7}}{2} \ 答$$

参考

三角形の内心 I：3つの角の二等分線の交点

[別 解]

(1) **実践問題 031** にある「ヘロンの公式」を利用すると

$$S = \sqrt{\frac{15}{2}\cdot\left(\frac{15}{2}-4\right)\cdot\left(\frac{15}{2}-5\right)\cdot\left(\frac{15}{2}-6\right)}$$
$$= \sqrt{\frac{15\cdot7\cdot5\cdot3}{16}} = \frac{15\sqrt{7}}{4} \ 答$$

POINT

△ABC の内接円の半径を r，面積を S，BC＝a，CA＝b，AB＝c とすると，

$$S = \frac{r}{2}(a+b+c)$$

413 平面図形と三角比

例題

AB＝1, AC＝2, ∠A＝120° の △ABC がある。∠A の二等分線が辺 BC と交わる点を D とするとき, 線分 AD の長さを求めよ。

CHECK

三角形において辺の長さ, 角の大きさの条件が与えられたときは, 正弦定理, 余弦定理が利用できないか考えてみる。

また, 面積に注目して「面積公式」も利用できないか考えてみよう。

[解答]

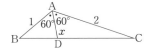

AD＝x とする。

$$△ABC＝△ABD＋△ACD$$

より

$$\frac{1}{2}\cdot 1\cdot 2\sin 120°＝\frac{1}{2}\cdot 1\cdot x\sin 60°＋\frac{1}{2}\cdot 2\cdot x\sin 60°$$

ここで, $\sin 60°＝\sin 120°＝\dfrac{\sqrt{3}}{2}$ より

$$2＝x＋2x$$
$$3x＝2$$
$$x＝\frac{2}{3}$$

よって, **AD＝$\dfrac{2}{3}$** 答

[別解 1]

余弦定理より
$$BC^2＝1^2＋2^2－2\cdot 1\cdot 2\cos 120°$$
$$＝5－4\left(－\frac{1}{2}\right)＝7$$

BC＞0 より, BC＝$\sqrt{7}$

AD は ∠A の二等分線より

$$BD:DC＝AB:AC＝1:2$$

よって, BC＝$\dfrac{\sqrt{7}}{3}$, BD＝$\dfrac{2\sqrt{7}}{3}$

△ABD で余弦定理より, AD＝x とすると

$$\left(\frac{\sqrt{7}}{3}\right)^2＝1^2＋x^2－2\cdot 1\cdot x\cos 60°$$
$$x^2－x＋\frac{2}{9}＝0$$
$$9x^2－9x＋2＝0$$
$$(3x－2)(3x－1)＝0$$
$$x＝\frac{1}{3},\ \frac{2}{3}$$

いま, B から AD に下ろした垂線と AD との交点を H とすると

$$AH＝AB\cos 60°＝1\cdot\frac{1}{2}＝\frac{1}{2}$$

x＞AH より

$$x＝\frac{2}{3}$$

よって

$$\textbf{AD＝}\frac{2}{3}\ \text{答}$$

[別解 2]

余弦定理より, BC＝$\sqrt{7}$

△ABC で, $\cos B＝\dfrac{1^2＋(\sqrt{7})^2－2^2}{2\cdot 1\cdot\sqrt{7}}＝\dfrac{2}{\sqrt{7}}$

また △ABD で, 余弦定理より

$$AD^2＝1^2＋\left(\frac{\sqrt{7}}{3}\right)^2－2\cdot 1\cdot\frac{\sqrt{7}}{3}\cos B$$
$$＝\frac{4}{9}$$

AD＞0 より, **AD＝$\dfrac{2}{3}$** 答

> 三角形の辺や角の条件を与えられたら, 正弦定理, 余弦定理, 面積公式の利用を考える

POINT

PIECE 414 空間図形と三角比

例題

平らな地面に垂直に立つタワーがある。タワーの頂点を A，その真下の地面の点を D とする。地面で互いに 200 m 離れた 2 点 B，C を定め，∠ABC，∠ACB，∠ACD を測定したところ，∠ABC＝75°，∠ACB＝60°，∠ACD＝45° であった。このとき，タワーの高さ AD は何 m か。

CHECK

空間図形の問題では，ある三角形に着目して考える。

① 直角三角形
　⟹ 三平方の定理

② 一般の三角形
　⟹ 正弦定理，余弦定理

以上の利用を考えるとよい。

[解答]

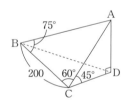

△ABC において，

$$\angle BAC = 180° - 75° - 60°$$
$$= 45°$$

正弦定理より

$$\frac{200}{\sin 45°} = \frac{AB}{\sin 60°}$$

よって

$$AB = 200 \frac{\sin 60°}{\sin 45°}$$
$$= 200 \cdot \frac{\sqrt{3}}{2} \cdot \frac{\sqrt{2}}{1}$$
$$= 100\sqrt{6}$$

AC＝x とおくと，余弦定理より

$$(100\sqrt{6})^2 = x^2 + (200)^2 - 2 \cdot x \cdot 200 \cos 60°$$
$$x^2 - 200x - 20000 = 0$$

よって

$$x = 100 \pm \sqrt{30000}$$
$$= 100 \pm 100\sqrt{3}$$

$x > 0$ より，

$$x = 100 + 100\sqrt{3}$$

よって，

$$AC = 100(1 + \sqrt{3})$$

AD＝$\dfrac{1}{\sqrt{2}}$AC より

$$AD = \frac{1}{\sqrt{2}} \cdot 100(1 + \sqrt{3})$$
$$= 50\sqrt{2} \cdot (1 + \sqrt{3})$$
$$= 50(\sqrt{6} + \sqrt{2})$$

よって，

$$AD = \mathbf{50(\sqrt{6} + \sqrt{2})} \ \textbf{(m)} \ \text{答}$$

必要な三角形を取り出して正弦定理，余弦定理，三平方の定理を用いる

POINT

実践問題 024 │ 三角比

△ABC は ∠B＝∠C＝72° の二等辺三角形である。∠B の二等分線と辺 AC の交点を D とする。

BC＝2 のとき，次の値を求めよ。

(1) DC の長さを求めよ。

(2) sin 18° の値を求めよ。

（明治大）

[▶GOAL ＝ ⚙HOW × ❓WHY] ひらめき

(1) **PIECE** 401 413 を用いて考えます。頂角 36° の二等辺三角
形は，相似な三角形をつくることが定石です。

∠A＝36°，∠B＝∠C＝72° と AB＝AC であるから，∠B の
二等分線と AC の交点を D とすると

△ABC∽△BCD

が成り立ちます。

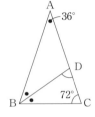

▶ GOAL		⚙ HOW		❓ WHY
DC の長さを求める	＝	△ABC と相似な，DC を 1 辺とする三角形をつくる	×	相似な三角形は「対応する辺の比が等しい」を使えるから

(2) 図を利用して考えてみましょう。18° をどこの角と見るかがポイントです。

▶ GOAL		⚙ HOW		❓ WHY
sin 18° の値を求める	＝	A から BC に垂線 AH を下ろす	×	∠CAH＝18° の直角三角形ができるから

[解 答]

(1)　∠DAB＝∠DBA＝36° より

　△ABD は AD＝BD の二等辺三角形　……①

　また，∠BCD＝∠BDC＝72° より

　△BCD は BC＝BD の二等辺三角形　……②

　①，②より

　　　BC＝BD＝AD＝2

　△ABC と △BCD で

　　　∠ACB＝∠BCD（共通）

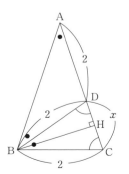

PIECE

401 三角比

413 平面図形と三角比

∠BAC＝∠CBD＝36° より

　　△ABC∽△BCD（2 角がそれぞれ等しい）

よって，AB：BC＝BC：CD

いま，DC＝x とおくと

　　$(x+2):2=2:x$

　　　　$x(x+2)=4$

　　　　$x^2+2x-4=0$

　　　　　　$x=-1\pm\sqrt{5}$

$x>0$ より

　　　$x=-1+\sqrt{5}$

よって，DC＝$\boldsymbol{-1+\sqrt{5}}$ 答

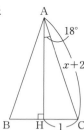

向きをそろえると
相似の関係が
見やすい

(2)　A から BC に下ろした垂線と BC との交点を H とすると

　　　∠CAH＝18°

　　よって，直角三角形 ACH で

　　　$\sin 18°=\dfrac{1}{x+2}=\dfrac{1}{(-1+\sqrt{5})+2}$

　　　　　　　$=\dfrac{1}{\sqrt{5}+1}=\dfrac{\boldsymbol{\sqrt{5}-1}}{\boldsymbol{4}}$ 答

参考

次の図のように，BC＝2，CD＝x，D から AB に下ろした垂線の足を H とすると，$\cos 36°$ の値も求めることができる。

　　AB＝$x+2$＝$(-1+\sqrt{5})+2$　　←　$x=-1+\sqrt{5}$ は上記の
　　　　＝$1+\sqrt{5}$　　　　　　　　　　　　解答参照

また

　　AH＝$\dfrac{AB}{2}=\dfrac{1+\sqrt{5}}{2}$

よって，△ADH で

　　$\cos 36°=\dfrac{AH}{2}=\dfrac{1+\sqrt{5}}{4}$

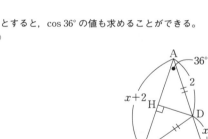

となる。

なお，AB：BC＝$(1+\sqrt{5})$：2 の比を「黄金比」といい，最も美しい比の 1 つといわれ，自然界や日常生活においてもよく見られる比である。入試問題の題材にもなることがある。

また，(2)の結果は，2 倍角の公式，3 倍角の公式を用いて求めることもできる。$\theta=18°$ とおくと，

　　$5\theta=90°$　より　$3\theta=90°-2\theta$

$\cos 3\theta=\cos(90°-2\theta)=\sin 2\theta$ から

　　$\cos 3\theta=\sin 2\theta$

　　$4\cos^3\theta-3\cos\theta=2\sin\theta\cos\theta$　（数学Ⅱの範囲）

$\cos\theta\neq0$ であるため

　　　　$4\cos^2\theta-3=2\sin\theta$

　　　　$4(1-\sin^2\theta)-3=2\sin\theta$

$\sin\theta>0$ より，　$\sin\theta=\dfrac{-1+\sqrt{5}}{4}$

実践問題 025 | 三角比の相互関係

(1) $\sin\theta+\cos\theta=\dfrac{1}{2}$ であるとき，$2\sin^3\theta+2\cos^3\theta-3\sin\theta\cos\theta+\dfrac{1}{2}$ の値を求めよ。

(2) $\sin\theta+\cos\theta=\dfrac{2\sqrt{10}}{5}$ のとき，$\tan\theta+\dfrac{1}{\tan\theta}$，および $\tan\theta$ の値を求めよ。

((1) 自治医科大，(2) 愛知工業大)

[▶GOAL = HOW × ?WHY] ひらめき

PIECE 103 402 を用います。

(1) $\sin\theta$，$\cos\theta$ を入れかえても同じ式なので，$\sin\theta$ と $\cos\theta$ の対称式の問題であることに気づきましょう。対称式は，基本対称式 $\sin\theta+\cos\theta$，$\sin\theta\cos\theta$ で表せるので，それぞれの値がわかれば，与式の値もわかります。

▶ GOAL		HOW		? WHY
$\sin\theta+\cos\theta=\dfrac{1}{2}$ のとき，与えられた式の値を求める	=	$\sin\theta+\cos\theta=\dfrac{1}{2}$ を2乗して $\sin\theta\cos\theta$ の値を求める	×	与えられた式が $\sin\theta$ と $\cos\theta$ の対称式だから基本対称式 $\sin\theta+\cos\theta$，$\sin\theta\cos\theta$ で表せるから

このとき，式変形に
$$a^3+b^3=(a+b)^3-3ab(a+b)$$
を利用しましょう。

(2) 問われている式を変形すると

$$\tan\theta+\frac{1}{\tan\theta}=\frac{\sin\theta}{\cos\theta}+\frac{\cos\theta}{\sin\theta}$$
$$=\frac{\sin^2\theta+\cos^2\theta}{\sin\theta\cos\theta} \quad \leftarrow \sin^2\theta+\cos^2\theta=1$$
$$=\frac{1}{\sin\theta\cos\theta}$$

となり，(1)と同じ考え方が使えますね。

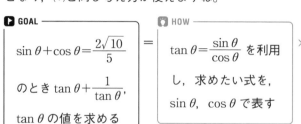

▶ GOAL		HOW		? WHY
$\sin\theta+\cos\theta=\dfrac{2\sqrt{10}}{5}$ のとき $\tan\theta+\dfrac{1}{\tan\theta}$，$\tan\theta$ の値を求める	=	$\tan\theta=\dfrac{\sin\theta}{\cos\theta}$ を利用し，求めたい式を，$\sin\theta$，$\cos\theta$ で表す	×	与えられている条件が，$\sin\theta$，$\cos\theta$ に関する条件だから

[解 答]

(1) $\sin\theta+\cos\theta=\dfrac{1}{2}$ より両辺を2乗して　◄── 2乗すると
$$\sin^2\theta+\cos^2\theta=1$$
が利用できる

$$(\sin\theta+\cos\theta)^2=\frac{1}{4}$$

$$1+2\sin\theta\cos\theta=\frac{1}{4}$$

$$\sin\theta\cos\theta=-\frac{3}{8}$$

よって

$$2\sin^3\theta+2\cos^3\theta-3\sin\theta\cos\theta+\frac{1}{2}=2(\sin^3\theta+\cos^3\theta)-3\sin\theta\cos\theta+\frac{1}{2}\quad\text{◄──}\ a^3+b^3=(a+b)^3-3ab(a+b)$$

$$=2\{(\sin\theta+\cos\theta)^3-3\sin\theta\cos\theta(\sin\theta+\cos\theta)\}-3\sin\theta\cos\theta+\frac{1}{2}$$

$$=2\left\{\left(\frac{1}{2}\right)^3-3\left(-\frac{3}{8}\right)\cdot\frac{1}{2}\right\}-3\left(-\frac{3}{8}\right)+\frac{1}{2}$$

$$=\mathbf{3}\ \text{答}$$

(2) $\sin\theta+\cos\theta=\dfrac{2\sqrt{10}}{5}$ より両辺を2乗して

$$(\sin\theta+\cos\theta)^2=\frac{8}{5}$$

$$1+2\sin\theta\cos\theta=\frac{8}{5}$$

$$\sin\theta\cos\theta=\frac{3}{10}$$

よって

$$\tan\theta+\frac{1}{\tan\theta}=\frac{\sin\theta}{\cos\theta}+\frac{\cos\theta}{\sin\theta}$$

$$=\frac{\sin^2\theta+\cos^2\theta}{\sin\theta\cos\theta}$$

$$=\frac{1}{\sin\theta\cos\theta}$$

$$=\mathbf{\frac{10}{3}}\ \text{答}$$

この結果に対して，両辺に $\tan\theta$ を掛けると

$$\tan^2\theta+1=\frac{10}{3}\tan\theta$$

$$\tan^2\theta-\frac{10}{3}\tan\theta+1=0$$

$$3\tan^2\theta-10\tan\theta+3=0\quad\text{◄── たすきがけ}$$

$$(\tan\theta-3)(3\tan\theta-1)=0$$

$$\begin{array}{cc}1 & -3\\3 & -1\end{array}$$

$$\boldsymbol{\tan\theta=3,\ \frac{1}{3}}\ \text{答}$$

PIECE

103 対称式

402 三角比の相互関係

$$\tan\theta=\frac{\sin\theta}{\cos\theta}$$

4 章

図形と計量

実践問題 026 │ 三角比を含む方程式・不等式

$0° \leqq \theta \leqq 180°$ のとき，次の方程式・不等式を解け。

(1) $2\cos^2\theta + 11\sin\theta - 7 = 0$

(2) $2\sin^2\theta - \cos\theta - 1 < 0$

[▶GOAL = 🔧HOW × ❓WHY] ひらめき

PIECE 318 402 で解いていきます。

(1) $\sin\theta$，$\cos\theta$，$\tan\theta$ を含む三角方程式や不等式の問題については，いずれかの1種類にそろえることで解くことができます。

▶ GOAL		🔧 HOW		❓ WHY
$\sin\theta$，$\cos\theta$ を含む2次式方程式を解く	=	$\sin^2\theta + \cos^2\theta = 1$ より，$\cos^2\theta = 1 - \sin^2\theta$ と変形する	×	種類が $\sin\theta$ の1種類に統一できるから

(2) こちらも1種類に統一することから始めます。

▶ GOAL		🔧 HOW		❓ WHY
$\sin\theta$，$\cos\theta$ を含む2次不等式を解く	=	$\sin^2\theta = 1 - \cos^2\theta$ と変形する	×	種類が $\cos\theta$ の1種類に統一できるから

ただし，三角比を含む方程式や不等式では，θ の範囲に注意です。

(ア) $0° \leqq \theta \leqq 90° \implies 0 \leqq \sin\theta \leqq 1$，$0 \leqq \cos\theta \leqq 1$

(イ) $0° \leqq \theta \leqq 180° \implies 0 \leqq \sin\theta \leqq 1$，$-1 \leqq \cos\theta \leqq 1$

特に，不等式で $\sin\theta$，$\cos\theta$ の範囲が出た場合は，再度(ア)(イ)を確認しましょう。

[解 答]

(1)
$$2\cos^2\theta + 11\sin\theta - 7 = 0$$
$$2(1 - \sin^2\theta) + 11\sin\theta - 7 = 0$$
$$2\sin^2\theta - 11\sin\theta + 5 = 0 \quad \longleftarrow たすきがけ$$
$$(\sin\theta - 5)(2\sin\theta - 1) = 0$$

$$\begin{array}{cc} 1 & -5 \\ 2 & -1 \end{array} \diagdown\!\!\!\diagup$$

$0° \leqq \theta \leqq 180°$ より

$$0 \leqq \sin\theta \leqq 1$$

よって

$$\sin\theta = \frac{1}{2} \quad \longleftarrow y\,座標 = \frac{1}{2} となる \theta の値を求める$$

$$\boldsymbol{\theta = 30°,\ 150°}\ 答$$

PIECE

318 **2次不等式**

402 **三角比の相互関係**

$$\sin^2\theta + \cos^2\theta = 1$$

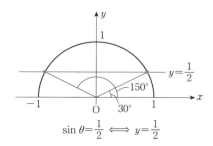

$$\sin\theta = \frac{1}{2} \iff y = \frac{1}{2}$$

(2)
$$2\sin^2\theta-\cos\theta-1<0$$
$$2(1-\cos^2\theta)-\cos\theta-1<0$$
$$2\cos^2\theta+\cos\theta-1>0 \quad \longleftarrow \text{たすきがけ}$$

$$(\cos\theta+1)(2\cos\theta-1)>0$$
$$\cos\theta<-1,\ \cos\theta>\frac{1}{2} \quad \cdots\cdots① \quad \longleftarrow \cos\theta=t \text{ とおけば}$$

ここで $0°\leqq\theta\leqq180°$ より
$$-1\leqq\cos\theta\leqq1 \quad \cdots\cdots②$$

①，②より

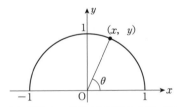

よって
$$\frac{1}{2}<\cos\theta\leqq1 \quad \longleftarrow \frac{1}{2}<x\leqq1$$

となる θ の範囲を求める

$$\boldsymbol{0°\leqq\theta<60°} \ \boxed{答}$$

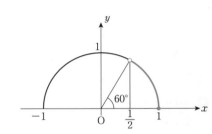

参考
単位円において
$$\begin{cases} x=\cos\theta \\ y=\sin\theta \end{cases}$$
より，必ず単位円をかいて，θ の範囲を考える。

もし，(1)，(2)において $0°\leqq\theta\leqq90°$ ならば，次のようになる。

(1) $\sin\theta=\dfrac{1}{2}$ より，
$$\theta=30°,\ 150°$$

(2) $\dfrac{1}{2}<\cos\theta\leqq1$ より，
$$0°\leqq\theta<60°$$

実践問題 027 | 正弦定理・余弦定理

△ABC において，頂点 A，B，C に対する辺の長さを，それぞれ a，b，c とし，∠A，∠B，∠C の大きさをそれぞれ，A，B，C とする。

$$\frac{a}{\cos A}=\frac{b}{\cos B}=\frac{c}{\cos C}$$

が成立しているとき，△ABC はどんな三角形か。

（岡山県立大）

[▶GOAL = ⚙HOW × ❓WHY] ひらめき

与えられた条件式は辺と角の両方が混ざった式なので，辺だけの条件，または角だけの条件に直してみましょう。

ここでは辺だけの条件に直してみます。**PIECE 410** を用います。

▶ GOAL	=	⚙ HOW	×	❓ WHY
与えられた等式から三角形の形状を決定		余弦定理を利用する		角の条件を辺の条件に直したいから

[解 答]

余弦定理より

　条件式

$$\Longleftrightarrow \quad \frac{a}{\dfrac{b^2+c^2-a^2}{2bc}}=\frac{b}{\dfrac{c^2+a^2-b^2}{2ca}}=\frac{c}{\dfrac{a^2+b^2-c^2}{2ab}}$$

　　　　　　　　　　　　　　　　　　←── すべて辺の条件へ

$$\Longleftrightarrow \quad \frac{abc}{b^2+c^2-a^2}=\frac{abc}{c^2+a^2-b^2}=\frac{abc}{a^2+b^2-c^2}$$

よって

$$b^2+c^2-a^2=c^2+a^2-b^2=a^2+b^2-c^2 \quad \cdots\cdots①$$

①より，$b^2+c^2-a^2=c^2+a^2-b^2$ であるから

$$a^2=b^2$$

$a>0$，$b>0$ より　$a=b$　……②

②より，$c^2+a^2-b^2=a^2+b^2-c^2$ であるから

$$b^2=c^2$$

$b>0$，$c>0$ より　$b=c$　……③

②，③より

$$a=b=c$$

よって，**△ABC は正三角形** 🅰

> **PIECE**
>
> **410 余弦定理**
>
> $$\begin{cases} a^2=b^2+c^2-2bc\cos A \\ b^2=c^2+a^2-2ca\cos B \\ c^2=a^2+b^2-2ab\cos C \end{cases}$$

[別解1]

正弦定理より

$$\frac{a}{\sin A}=\frac{b}{\sin B}=\frac{c}{\sin C}=2R$$

（R は $\triangle$ABC の外接円の半径）

よって

$$\begin{cases} a=2R\sin A \\ b=2R\sin B \\ c=2R\sin C \end{cases}$$

これを条件の式に代入すると

$$\frac{2R\sin A}{\cos A}=\frac{2R\sin B}{\cos B}=\frac{2R\sin C}{\cos C}$$

$$\tan A=\tan B=\tan C \quad \longleftarrow \text{すべて角の条件へ}$$

$0°<A<180°$, $0°<B<180°$, $0°<C<180°$, $A+B+C=180°$ より

$$A=B=C$$

よって，**△ABC は正三角形** 答

[別解2]

条件式が成り立つとき，△ABC は鋭角三角形であるから $\longleftarrow$ もし鈍角三角形とすると，
$\cos A$, $\cos B$, $\cos C$ のうち，
どれか1つが負となり，条件式は成り立たない

$$\frac{a}{\cos A}=\frac{b}{\cos B} \text{ より}$$

$$a\cos B=b\cos A \quad \cdots\cdots④$$

よって，右図において

$$BH=a\cos B \quad \cdots\cdots⑤, \quad AH=b\cos A \quad \cdots\cdots⑥$$

④，⑤，⑥より，

$$BH=AH$$

よって，CH は AB の垂直二等分線であるから

$$CA=CB \quad \cdots\cdots⑦$$

同様にして $\dfrac{b}{\cos B}=\dfrac{c}{\cos C}$ より

$$b\cos C=c\cos B \text{ から } AB=AC \quad \cdots\cdots⑧$$

⑦，⑧より

$$AB=BC=CA$$

よって，**△ABC は正三角形** 答

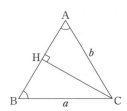

実践問題 **028** | 正弦定理の証明

△ABC において，BC$=a$，CA$=b$，AB$=c$ とする。外接円の半径を R とするとき，

$$\frac{a}{\sin A}=\frac{b}{\sin B}=\frac{c}{\sin C}=2R$$

が成り立つことを示せ。

（岡山県立大）

[▶GOAL ＝ 🔧HOW × ❓WHY] ひらめき

正弦定理を証明する問題です。**PIECE** `401` `405` を用いて考えましょう。

直角三角形における $\sin$ の定義である $\dfrac{対辺}{斜辺}$ を利用して証明します。ただし，角が鋭角，直角，鈍角のそれぞれの場合に分けて考える必要があります。

▶ GOAL		🔧 HOW		❓ WHY
正弦定理を証明する	＝	直角三角形ができるような補助線を引く	×	直角三角形による三角比の定義が使えるから

▼

[解 答]

$$\frac{a}{\sin A}=2R \quad \cdots\cdots①$$

を変形すると

$$\sin A=\frac{a}{2R} \quad \cdots\cdots②$$

PIECE
`401` 三角比
`405` $180°-\theta$ の三角比

(ア) $0°<A<90°$ のとき

B を通る直径と円の交点を A$'$ とすると

$$\angle BAC=\angle BA'C \quad (\overset{\frown}{BC} に対する円周角)$$

$$\angle BCA'=90° \quad (直径 A'B の円周角)$$

よって，直角三角形 A$'$BC において

$$\frac{BC}{A'B}=\sin A'$$

$\sin A'=\sin A$ より

$$\frac{a}{2R}=\sin A$$

よって，$\dfrac{a}{\sin A}=2R$

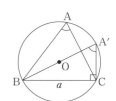

(イ) $A=90°$ のとき

$a=BC=2R$ より

$$\frac{a}{\sin A}=\frac{2R}{\sin 90°}=2R \quad \longleftarrow \sin 90°=1$$

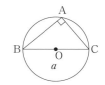

(ウ) $90°<A<180°$ のとき

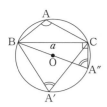

上図のように円周上に辺BCに対し，Aと反対側にA′をとると，

$$A'=180°-A \quad \cdots\cdots①$$

また，Bを通る直径と円の交点をA″とすると

$$\angle BA'C=\angle BA''C \quad (\overgroup{BC}\text{ に対する円周角}) \quad \cdots\cdots②$$

よって，①，②より，

$$A''=180°-A$$

また

$$\angle BCA''=90°$$

直角三角形 A″BC で

$$\sin A''=\frac{BC}{A''B}=\frac{a}{2R} \quad \cdots\cdots③$$

$$\sin A''=\sin(180°-A)=\sin A \quad \cdots\cdots④$$

③，④より

$$\sin A=\frac{a}{2R}$$

$$\frac{a}{\sin A}=2R$$

$\dfrac{b}{\sin B}=2R$，$\dfrac{c}{\sin C}=2R$ についても同様にして示される。

以上より

$$\frac{a}{\sin A}=\frac{b}{\sin B}=\frac{c}{\sin C}=2R \quad （証明終わり）\boxed{答}$$

参考

$0°<A<90°$ のとき，右の図において

$$\angle BAC=\frac{1}{2}\angle BOC$$

$\angle BOH=\dfrac{1}{2}\angle BOC$ より

$$\angle BOH=\angle BAC \quad \cdots\cdots⑤$$

△OBH において

$$\sin\angle BOH=\frac{BH}{BO}=\frac{\frac{a}{2}}{R}=\frac{a}{2R} \quad \cdots\cdots⑥$$

⑤，⑥より

$$\sin\angle BAC=\frac{a}{2R}$$

よって，$\dfrac{a}{\sin A}=2R$

$A=90°$，$90°<A<180°$ のときも同様に考えることができる。

$0°<A<90°$ のとき

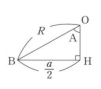

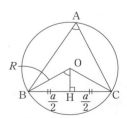

実践問題 029 │ 余弦定理の証明

△ABC において，BC＝a，CA＝b，AB＝c とする。このとき
$$a^2 = b^2 + c^2 - 2bc \cos A$$
が成り立つことを示せ。

（上智大）

[▶GOAL ＝ 🔧HOW × ❓WHY] ひらめき

余弦定理を証明する問題です。**PIECE** 401 412 で解いていきます。

正弦定理の証明と同様に直角三角形をつくり，三平方の定理を利用して証明します。

この場合も，∠A について鋭角，直角，鈍角のそれぞれの場合について示す必要があります。

▶ GOAL	🔧 HOW	❓ WHY
余弦定理を証明する	頂点 B から対辺 AC に垂線を下ろし，直角三角形をつくる	直角三角形においては，三平方の定理が成り立つから

▼

[解 答]

PIECE
401 三角比
412 三角比の相互関係

(ア) $0° < A < 90°$ のとき

右図のように B から AC に下ろした垂線の足を H とする。
$$\cos A = \frac{AH}{c}, \quad \sin A = \frac{BH}{c}$$

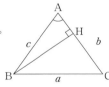

より，

AH＝$c \cos A$，BH＝$c \sin A$ であるから
$$CH = b - AH$$
$$= b - c \cos A$$

よって，△BCH で三平方の定理より
$$BC^2 = BH^2 + CH^2$$
$$a^2 = (c \sin A)^2 + (b - c \cos A)^2$$
$$= c^2(\sin^2 A + \cos^2 A) - 2bc \cos A + b^2$$
$$= b^2 + c^2 - 2bc \cos A$$

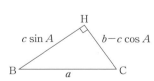

以上より
$$a^2 = b^2 + c^2 - 2bc \cos A$$

(イ) $A = 90°$ のとき

三平方の定理より
$$a^2 = b^2 + c^2$$

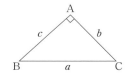

$\cos 90° = 0$ であり

$$-2bc \cos A = -2bc \cos 90° = 0$$

であるから

$$a^2 = b^2 + c^2 - 2bc \cos A$$

(ウ) $90° < A < 180°$ のとき

右図のように B から辺 CA の延長上に垂線を下ろし，直線 CA との交点を H とすると，$\angle \mathrm{BAH} = 180° - A$ より

$$0° < \angle \mathrm{BAH} < 90° \quad \longleftarrow 90° < A < 180°$$

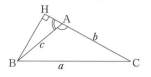

よって，直角三角形 BAH において

$$\mathrm{AH} = c \cos \angle \mathrm{BAH}$$
$$= c \cos(180° - A) = -c \cos A \quad (>0)$$

よって

$$\mathrm{CH} = \mathrm{CA} + \mathrm{AH} = b + (-c \cos A)$$
$$= b - c \cos A$$

$$\mathrm{BH} = c \sin \angle \mathrm{BAH}$$
$$= c \sin(180° - A) = c \sin A$$

直角三角形 BCH で三平方の定理より

$$\mathrm{BC}^2 = \mathrm{BH}^2 + \mathrm{CH}^2$$
$$a^2 = (c \sin A)^2 + (b - c \cos A)^2$$
$$= b^2 + c^2(\sin^2 A + \cos^2 A) - 2bc \cos A$$
$$= b^2 + c^2 - 2bc \cos A$$

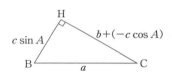

したがって

$$a^2 = b^2 + c^2 - 2bc \cos A$$

(ア)〜(ウ)より，$0° < A < 180°$ のとき

$$a^2 = b^2 + c^2 - 2bc \cos A \quad （証明終わり）\boxed{答}$$

参考

$0° < A < 90°$ のとき

右図において

$$a = \mathrm{BH} + \mathrm{CH} = c \cos B + b \cos C \quad \cdots\cdots①$$

同様にして

$$b = a \cos C + c \cos A \quad \cdots\cdots②$$
$$c = b \cos A + a \cos B \quad \cdots\cdots③$$

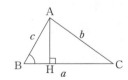

①×a＋②×b－③×c から

$$a^2 + b^2 - c^2 = a(c \cos B + b \cos C) + b(a \cos C + c \cos A) - c(b \cos A + a \cos B)$$
$$= 2ab \cos C$$

これより

$$c^2 = a^2 + b^2 - 2ab \cos C$$

同様にして

$$a^2 = b^2 + c^2 - 2bc \cos A$$
$$b^2 = c^2 + a^2 - 2ca \cos B$$

が導ける。

同様にして $90° \leqq A < 180°$ の場合も導くことができる。

(注) ①のことを「第一余弦定理」，本問で示した $a^2 = b^2 + c^2 - 2bc \cos A$ を「第二余弦定理」と呼ぶことがあります。

実践問題 030 | 外接円の半径・内接円の半径

△ABC において，辺 BC の中点を M とする。AB＝15，BC＝18，CA＝12 が与えられたとき，以下の値を求めよ。

(1) cos∠ABC　　　(2) △ABC の面積　　　(3) △ABC の外接円の半径 R

（青山学院大）

[▶GOAL ＝ ✋HOW × ❓WHY] ひらめき

(1) 三角形の 3 辺がわかっているので，**PIECE 410** の余弦定理を使いましょう。

▶ GOAL		✋ HOW		❓ WHY
cos∠ABC の値を求める	＝	余弦定理を用いる	×	三角形の 3 辺の長さがわかっているから

(2) (1)で cos∠ABC がわかっているので，sin∠ABC を求めることができ，面積公式より △ABC の面積を求められます。

▶ GOAL		✋ HOW		❓ WHY
△ABC の面積を求める	＝	sin∠ABC を求める	×	2 辺の長さと間の角の sin がわかれば，面積公式が使えるから

(3) 外接円の半径といえば正弦定理ですね。**PIECE 409** と(2)の△ABC の面積を利用します。

▶ GOAL		✋ HOW		❓ WHY
△ABC の外接円の半径 R を求める	＝	正弦定理を用いる	×	R が知りたいから

[解 答]

(1) 余弦定理より

$$\cos∠ABC = \frac{15^2 + 18^2 - 12^2}{2 \cdot 15 \cdot 18}$$

$$= \frac{3}{4} \text{ 答}$$

(2) $0° < ∠ABC < 180°$ より

$$\sin∠ABC > 0$$

よって，(1)より

$$\sin∠ABC = \sqrt{1 - \cos^2∠ABC}$$

$$= \sqrt{1 - \frac{9}{16}} = \frac{\sqrt{7}}{4}$$

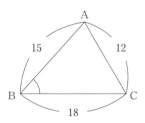

PIECE

409 正弦定理

$$\frac{a}{\sin A} = \frac{b}{\sin B} = \frac{c}{\sin C} = 2R$$

410 余弦定理

411 三角形の面積公式

よって，△ABC の面積 S は

$$S = \frac{1}{2}\mathrm{AB}\cdot\mathrm{BC}\sin\angle\mathrm{ABC} \quad \longleftarrow \text{三角形の面積} = \frac{1}{2}\times(\text{辺})\times(\text{辺})\times\sin(\text{間の角})$$

$$= \frac{1}{2}\cdot 15\cdot 18\cdot\frac{\sqrt{7}}{4} = \boldsymbol{\frac{135\sqrt{7}}{4}} \text{ 答}$$

(3) 正弦定理より，

$$\frac{12}{\sin B} = 2R$$

よって，$\sin B = \dfrac{6}{R}$

$$\triangle\mathrm{ABC} = \frac{1}{2}\cdot 15\cdot 18\sin B$$

$$\frac{135\sqrt{7}}{4} = \frac{1}{2}\cdot 15\cdot 18\cdot\frac{6}{R}$$

よって

$$R = \frac{3\cdot 15\cdot 18\cdot 4}{135\sqrt{7}} = \frac{24}{\sqrt{7}} = \boldsymbol{\frac{24\sqrt{7}}{7}} \text{ 答}$$

［別 解］

(1) $18:12:15 = 6:4:5$ より

$$a = 6k,\quad b = 4k,\quad c = 5k \ (k>0) \quad \longleftarrow \text{計算が楽になる}$$

とおくと

$$\cos\angle\mathrm{ABC} = \frac{(5k)^2 + (6k)^2 - (4k)^2}{2\cdot 5k\cdot 6k} = \frac{45}{60} = \boldsymbol{\frac{3}{4}} \text{ 答}$$

(2) ヘロンの公式より $\longleftarrow$ **実践問題 031** 参照

$$S = \sqrt{\frac{45}{2}\cdot\frac{9}{2}\cdot\frac{21}{2}\cdot\frac{15}{2}} = \boldsymbol{\frac{135\sqrt{7}}{4}} \text{ 答}$$

(3) 正弦定理より

$$\frac{b}{\sin B} = 2R$$

よって，$\sin B = \dfrac{b}{2R}$

$$\triangle\mathrm{ABC} = \frac{1}{2}ca\sin B$$

$$= \frac{1}{2}ca\frac{b}{2R} = \frac{abc}{4R}$$

よって，

$$\triangle\mathrm{ABC} = \frac{abc}{4R}$$

と表すことができます。これを利用すると

$$\frac{135\sqrt{7}}{4} = \frac{18\cdot 12\cdot 15}{4R} \quad \text{より} \quad R = \frac{18\cdot 12\cdot 15}{135\sqrt{7}} = \boldsymbol{\frac{24\sqrt{7}}{7}} \text{ 答}$$

実践問題 031 │ ヘロンの公式

△ABC において，BC$=a$，CA$=b$，AB$=c$ とする。$s=\dfrac{a+b+c}{2}$ とすると，△ABC の面積 S は

$$S=\sqrt{s(s-a)(s-b)(s-c)}$$

が成り立つことを示せ。

[▶GOAL = ⚙HOW × ❓WHY] ひらめき

三角形の 3 辺の長さがわかっているとき，辺の長さだけから三角形の面積を求める公式を「ヘロンの公式」といいます。

▶ GOAL	⚙ HOW	❓ WHY
3 辺の長さがわかっているとき，三角形の面積を辺の長さだけで表す	$S=\dfrac{1}{2}bc\sin A$ に $\sin A=\sqrt{1-\cos^2 A}$ $\cos A=\dfrac{b^2+c^2+a^2}{2bc}$ を用いる	S を a，b，c のみで表したいから

(GOAL = HOW × WHY)

[解 答]

$$S=\frac{1}{2}bc\sin A$$
$$=\frac{1}{2}bc\sqrt{1-\cos^2 A}$$
$$=\frac{1}{2}bc\sqrt{1-\left(\frac{b^2+c^2-a^2}{2bc}\right)^2}$$
$$=\frac{1}{2}bc\sqrt{\left(1+\frac{b^2+c^2-a^2}{2bc}\right)\left(1-\frac{b^2+c^2-a^2}{2bc}\right)}$$
$$=\frac{1}{2}\sqrt{\left(bc+\frac{b^2+c^2-a^2}{2}\right)\left(bc-\frac{b^2+c^2-a^2}{2}\right)}$$
$$=\frac{1}{2}\sqrt{\left(\frac{b^2+c^2+2bc-a^2}{2}\right)\left(\frac{a^2-b^2+2bc-c^2}{2}\right)}$$
$$=\frac{1}{2}\sqrt{\frac{(b+c)^2-a^2}{2}\cdot\frac{a^2-(b-c)^2}{2}}$$
$$=\sqrt{\frac{\{(b+c)+a\}\{(b+c)-a\}\{a+(b-c)\}\{a-(b-c)\}}{16}}$$
$$=\sqrt{\frac{a+b+c}{2}\cdot\frac{b+c-a}{2}\cdot\frac{a-b+c}{2}\cdot\frac{a+b-c}{2}}$$

ここで，$s=\dfrac{a+b+c}{2}$ とすると

$$S=\sqrt{s(s-a)(s-b)(s-c)}$$

よって，$S=\sqrt{s(s-a)(s-b)(s-c)}$ が成り立つ。（証明終わり）**答**

PIECE

402 三角比の相互関係

410 余弦定理

411 三角形の面積公式

参考

① 式変形が少し難しいので「結論から逆に考える」とよい。

$$S=\sqrt{s(s-a)(s-b)(s-c)}$$
$$=\sqrt{\frac{a+b+c}{2}\cdot\frac{b+c-a}{2}\cdot\frac{a-b+c}{2}\cdot\frac{a+b-c}{2}}$$
$$=\sqrt{\frac{(b+c)+a}{2}\cdot\frac{(b+c)-a}{2}\cdot\frac{a+(b-c)}{2}\cdot\frac{a-(b-c)}{2}}$$
$$=\sqrt{\frac{(b+c)^2-a^2}{4}\cdot\frac{a^2-(b-c)^2}{4}}$$
$$\vdots$$

このように1つずつさかのぼって考えていくと、どの式からスタートすればよいか、方針が見えてくる。

② 中学生の知識でも、以下のように証明できる。

右図において

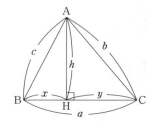

△ABH で $x^2+h^2=c^2$ ……①

△ACH で $y^2+h^2=b^2$ ……②

また $x+y=a$ ……③

①－②より

$$x^2-y^2=c^2-b^2$$
$$(x+y)(x-y)=c^2-b^2$$

③を代入して

$$a(x-y)=c^2-b^2$$

よって、$x-y=\dfrac{c^2-b^2}{a}$ ……④

③+④より

$$x=\frac{1}{2}\left(a+\frac{c^2-b^2}{a}\right)=\frac{1}{2a}(a^2+c^2-b^2)$$

③－④より

$$y=\frac{1}{2}\left(a-\frac{c^2-b^2}{a}\right)=\frac{1}{2a}(a^2+b^2-c^2)$$

①より $h^2=c^2-x^2=c^2-\dfrac{1}{4a^2}(a^2+c^2-b^2)^2$

$$4a^2h^2=4a^2c^2-(a^2+c^2-b^2)^2$$
$$=(2ac+a^2+c^2-b^2)(2ac-a^2-c^2+b^2)$$
$$=\{(a+c)^2-b^2\}\{b^2-(a-c)^2\}$$
$$=(a+c+b)(a+c-b)(b+a-c)(b-a+c)$$

$ah>0$ より

$$2ah=\sqrt{(a+b+c)(a-b+c)(a+b-c)(-a+b+c)}$$

△ABC の面積 S は

$$S=\frac{1}{2}ah=\frac{1}{4}(2ah)$$
$$S=\frac{1}{4}\sqrt{(a+b+c)(a-b+c)(a+b-c)(-a+b+c)}$$
$$=\sqrt{\frac{a+b+c}{2}\cdot\frac{a-b+c}{2}\cdot\frac{a+b-c}{2}\cdot\frac{-a+b+c}{2}}$$

ここで $s=\dfrac{a+b+c}{2}$ とおくと

$$S=\sqrt{s(s-b)(s-c)(s-a)}$$

よって △ABC の面積$=\sqrt{s(s-a)(s-b)(s-c)}$

ただし $s=\dfrac{a+b+c}{2}$

実践問題 032 | 円に内接する四角形

円に内接する四角形 ABCD において，AB＝3，BC＝CD＝4，DA＝5 とするとき，次の問いに答えよ。

(1) 対角線 AC の長さを求めよ。

(2) 四角形 ABCD の面積 S を求めよ。

(3) 対角線 AC と BD の交点を P とするとき，面積比 △ABP：△APD を求めよ。

（東北学院大）

[▶GOAL = ⚙HOW × ❓WHY] ひらめき

(1) 与えられた四角形について，対角線で 2 つの三角形に分けることで，**PIECE 410** の余弦定理が使えます。向かい合う角の和＝180° であることに注意しましょう。**PIECE 405** が活かせます。

▶ GOAL		⚙ HOW		❓ WHY
4 つの辺の長さがわかっている円に内接する四角形の対角線の長さを求める	＝	対角線で 2 つの三角形に分けて，それぞれの三角形で余弦定理を用いて，AC と $\cos\theta$ についての連立方程式を立てる	×	求めたいものとわかっているものが，3 辺の長さと 1 つの角となっているから

(2) 長方形や平行四辺形ではないので公式は使えません。そこで，(1)で 2 つの三角形に分けたことを利用し，**PIECE 411** から 2 つの三角形の面積をそれぞれ求め，足し合わせることで，四角形の面積を求めましょう。(1)でわかっている角は ∠CDA のみですが，円に内接する四角形の性質から，∠ABC もわかります。**PIECE 402** を用います。

▶ GOAL		⚙ HOW		❓ WHY
四角形 ABCD の面積 S を求める	＝	四角形を 2 つの三角形に分けて，その和を求める	×	それぞれの三角形において，2 辺の長さとその間の角の sin の値を求めることができるから

(3) △ABP と△APD は，BP，PD を底辺と見ると高さが同じなので，面積比は BP：PD になりますね。**PIECE 901** が使えます。

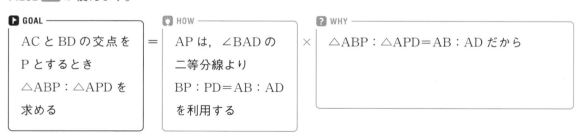

▶ GOAL		⚙ HOW		❓ WHY
AC と BD の交点を P とするとき △ABP：△APD を求める	＝	AP は，∠BAD の二等分線より BP：PD＝AB：AD を利用する	×	△ABP：△APD＝AB：AD だから

[解 答]

4章

図形と計量

(1) $\angle ADC = \theta$ とおく。△ACD で余弦定理より

$$AC^2 = 4^2 + 5^2 - 2 \cdot 4 \cdot 5 \cos\theta$$

$$= 41 - 40\cos\theta \quad \cdots\cdots ①$$

$$\angle ABC = 180° - \angle ADC = 180° - \theta$$

△ABC で余弦定理より

$$AC^2 = 3^2 + 4^2 - 2 \cdot 3 \cdot 4 \cos(180° - \theta)$$

$$= 25 + 24\cos\theta \quad \cdots\cdots ②$$

$\cos(180° - \theta) = -\cos\theta$

①，②より

$$41 - 40\cos\theta = 25 + 24\cos\theta$$

$$64\cos\theta = 16$$

よって

$$\cos\theta = \frac{16}{64} = \frac{1}{4}$$

$\cos\theta = \frac{1}{4}$ を①へ代入して

$$AC^2 = 41 - 40 \cdot \frac{1}{4}$$

$$= 31$$

AC > 0 より

$$AC = \sqrt{31} \ 答$$

(2) $0° < \theta < 180°$ より，$\sin\theta > 0$

よって，$\sin\theta = \sqrt{1 - \cos^2\theta}$ ← $\sin^2\theta + \cos^2\theta = 1$

$$= \sqrt{1 - \left(\frac{1}{4}\right)^2} = \frac{\sqrt{15}}{4}$$

よって

$$S = △ABC + △ACD$$

$$= \frac{1}{2} \cdot 3 \cdot 4 \sin(180° - \theta) + \frac{1}{2} \cdot 4 \cdot 5 \sin\theta$$

$$= 6\sin\theta + 10\sin\theta$$

$\sin(180° - \theta) = \sin\theta$

$$= 16\sin\theta = 16 \cdot \frac{\sqrt{15}}{4} = 4\sqrt{15} \ 答$$

(3) $△ABP : △APD = BP : PD \quad \cdots\cdots ①$

$\overset{\frown}{BC} = \overset{\frown}{CD}$ より，$\angle BAP = \angle DAP$

よって $AB : AD = BP : PD \quad \cdots\cdots ②$

①，②より

$$△ABP : △APD = AB : AD$$

$$= 3 : 5 \ 答$$

実践問題 033 │ トレミーの定理

円に内接する四角形 ABCD において，
$$AB\cdot CD + AD\cdot BC = AC\cdot BD \quad\cdots\cdots(*)$$
が成り立つことを次の手順で示せ。

(1) 対角線 AC，BD の交点を E として $\angle BEC = \theta$ としたとき，四角形 ABCD の面積 S_1 を AC，BD，θ を用いて表せ。

(2) △ACD を裏返した三角形を △ACD′ とし，△ABC の辺 AC と △ACD′ の辺 AC を合わせてつくった四角形 ABCD′ もまた同じ円に内接する。このとき，四角形 ABCD′ の面積 S_2 を AB，CD，AD，BC，θ を用いて表せ。

(3) (*)を示せ。

[▶GOAL = 🔧HOW × ❓WHY] ひらめき

数学Aの平面幾何で有名な「トレミーの定理」の証明です。「特殊な補助線」を引くという証明方法が有名ですが，ここでは円に内接する四角形の面積に注目して証明しましょう。**PIECE 411** が役立ちます。

(1) 対角線の成す角が θ である四角形 ABCD の面積を，右の図のように，各頂点を通り対角線に平行な直線でつくられる四角 A′B′C′D′ をかいて考えます。
四角形 A′B′C′D′ には合同な三角形が4組あり（ア，イ，ウ，エ），四角形 A′B′C′D′ の面積は四角形 ABCD の2倍となります。
ここで四角形 A′B′C′D′ は平行四辺形であり，$\angle A'D'C' = \theta$ より，面積を S とすると

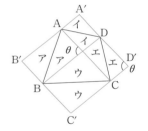

$$S = 2\triangle A'C'D' = 2\times\left(\frac{1}{2}A'D'\cdot C'D'\cdot \sin\theta\right) = A'D'\cdot C'D'\cdot\sin\theta = AC\cdot BD\sin\theta$$

よって，「四角形 ABCD の面積 $= \frac{1}{2}S = \frac{1}{2}AC\cdot BD\sin\theta$」となるわけです。

▶ GOAL		🔧 HOW		❓ WHY
円に内接する四角形 ABCD の面積を AC，BD，θ で表す	=	対角線によって分けられた4つの三角形に注目する	×	三角形の面積なら面積公式で求めることができるから

(2) もとの四角形 ABCD と新たにつくった四角形 ABCD′ がどのような関係になっているか考えましょう。特に角の移動に注目しましょう。

▶ GOAL		🔧 HOW		❓ WHY
四角形 ABCD′ の面積を AB，CD，AD，BC，θ で表す	=	△ABD′ と △BCD′ の2つに分けて考える	×	それぞれの三角形において，2辺の長さとその間の角が求められることで，面積公式が使えるから

(3) (1), (2)から $S_1=S_2$ となることを利用しましょう。

$$\text{GOAL}\quad (*)を示す \;=\; \text{HOW}\quad S_1=S_2 に着目する \;\times\; \text{WHY}\quad 示したい式が含まれているから$$

[解 答]

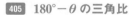

PIECE

405 $180°-\theta$ の三角比

411 三角形の面積公式

(1) 右の図のように

$$AE=x,\ \ CE=y$$
$$BE=p,\ \ DE=q$$

とおくと

$$x+y=AC,\ \ p+q=BD\ \ \cdots\cdots①$$

$$S_1=\triangle ABE+\triangle ADE+\triangle BCE+\triangle CDE$$

$$=\frac{1}{2}px\sin(180°-\theta)+\frac{1}{2}xq\sin\theta+\frac{1}{2}py\sin\theta+\frac{1}{2}yq\sin(180°-\theta)$$

$$=\frac{1}{2}(px+xq+py+yq)\sin\theta\quad\longleftarrow\ \sin(180°-\theta)=\sin\theta$$

$$=\frac{1}{2}(x+y)(p+q)\sin\theta\quad\longleftarrow\ \underline{px}+\underline{xq}+\underline{py}+\underline{yq}=\underline{p(x+y)}+\underline{q(x+y)}$$

$$=\frac{1}{2}AC\cdot BD\sin\theta\qquad ①より$$

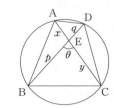

よって $S_1=\dfrac{1}{2}\mathbf{AC}\cdot\mathbf{BD}\sin\theta$ 答

(2) もとの四角形 ABCD で $\angle EAB=\alpha$, $\angle EBA=\beta$ とすると

$$\theta=\alpha+\beta\ \ \cdots\cdots②$$

いま,新しい四角形 ABCD′ で

$$\angle CAD'=\angle ACD$$
$$=\angle ABD=\beta$$

よって $\angle BAD'=\alpha+\beta=\theta\quad\longleftarrow\ ②より$

四角形 ABCD′ の面積 S_2 は

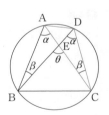

$$S_2=\triangle ABD'+\triangle BCD'$$

$$=\frac{1}{2}AB\cdot AD'\sin\angle BAD'+\frac{1}{2}BC\cdot CD'\sin\angle BCD'$$

$$=\frac{1}{2}AB\cdot CD\sin\theta+\frac{1}{2}BC\cdot AD\sin(180°-\theta)$$

$$=\frac{1}{2}AB\cdot CD\sin\theta+\frac{1}{2}BC\cdot AD\sin\theta$$

$$=\frac{1}{2}(\mathbf{AB}\cdot\mathbf{CD}+\mathbf{AD}\cdot\mathbf{BC})\sin\theta$$ 答

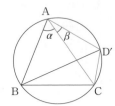

(3) 四角形 ABCD′ は,四角形 ABCD の △ACD を引っくり返しただけなので

$$S_1=S_2$$

$$\frac{1}{2}AC\cdot BD\sin\theta=\frac{1}{2}(AB\cdot CD+AD\cdot BC)\sin\theta$$

$$AB\cdot CD+AD\cdot BC=AC\cdot BD$$

よって,(*)は示された。(証明終わり) 答

(注) (*)は,四角形 ABCD が円に内接していないときは成り立たないので注意。

実践問題 034 │ 空間図形

1辺の長さが3の正四面体 ABCD において，辺 CD を 1：2 に内分する点を E とする。

(1) 線分 AE の長さを求めよ。

(2) △EAB の面積 S を求めよ。

(3) 正四面体 ABCD の体積 V を求めよ。

(山形大)

[▶GOAL = 👤HOW × ❓WHY] ひらめき

(1) AE を含む三角形を抜き出して考えてみましょう。どの三角形に着目するかがポイントです。できるだけ多くの条件がわかる三角形を抜き出すようにしましょう。

▶ GOAL	👤 HOW	❓ WHY
線分 AE の長さを求める	△ACE に着目する	AE を含む三角形であり，2辺とその間の角がわかっているので，余弦定理が使えるから

(2) △BED≡△AED より，BE＝AE ですね。**PIECE 411** を用いましょう。

▶ GOAL	👤 HOW	❓ WHY
△EAB の面積を求める	BE＝AE の長さを求める	△EAB は二等辺三角形であり，DE＝AE の長さがわかれば面積がわかるから

(3) 底面は1辺が3の正三角形なので，あとは高さがわかれば体積を求めることができますね。

▶ GOAL	👤 HOW	❓ WHY
正四面体 ABCD の体積を求める	A から △BCD に垂線を下ろす	垂線の足を G とすると，G は △BCD の重心となり，高さ AG を求めれば体積がわかるから

[解答]

(1) △ACE で余弦定理より ◀── 2辺と間の角がわかっているとき

$$AE^2 = 1^2 + 3^2 - 2 \cdot 1 \cdot 3 \cos 60° \quad ◀── \text{余弦定理}$$
$$= 10 - 3 = 7$$

AE＞0 より

$$AE = \sqrt{7} \text{ 答}$$

PIECE

410 余弦定理

411 三角形の面積公式

414 空間図形と三角比

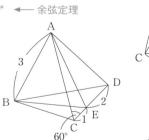

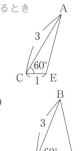

(2)　△BED≡△AED より

$$BE=AE=\sqrt{7}$$

よって，E から AB に下ろした垂線と AB との交点を H とすると

$$AH=BH=\frac{3}{2}$$　← EA＝EB の二等辺三角形より
　　　　　　　　　　　　　　　H は AB の中点

三平方の定理より

$$\left(\frac{3}{2}\right)^2+EH^2=(\sqrt{7})^2$$

$$EH=\sqrt{7-\frac{9}{4}}=\frac{\sqrt{19}}{2}$$

よって

$$S=\frac{1}{2}\times AB\times EH=\frac{1}{2}\times 3\times\frac{\sqrt{19}}{2}=\frac{3\sqrt{19}}{4}\ \boxed{答}$$

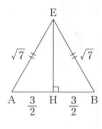

(3)　A から △BCD に垂線を下ろすとその交点は △BCD の重心である。　← A から △BCD に下ろした垂線と △BCD との交点を H とすると

△BCD の重心を G とし，BC の中点を M とする。

　　　　　　　　　　　　　　　　　　　　　　　△ABH≡△ACH≡△ADH
　　　　　　　　　　　　　　　　　　　　　　　（直角三角形において斜辺と他の1辺が等しい）

$$AM=\frac{3\sqrt{3}}{2}\ (=DM)$$

より，BH＝CH＝DH
よって，H は △BCD の外心

$$MG=\frac{1}{3}DM=\frac{1}{3}\cdot\frac{3\sqrt{3}}{2}=\frac{\sqrt{3}}{2}$$　← MG：GD＝1：2

ところが △BCD は正三角形より，
外心は重心と一致する。
よって，H＝G

$$AG=\sqrt{AM^2-MG^2}=\sqrt{\left(\frac{3\sqrt{3}}{2}\right)^2-\left(\frac{\sqrt{3}}{2}\right)^2}=\sqrt{6}$$

よって

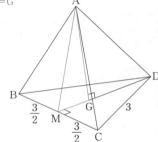

$$V=\frac{1}{3}\times\triangle BCD\times AG$$

$$=\frac{1}{3}\times\frac{1}{2}\cdot 3\cdot 3\sin 60°\times\sqrt{6}$$

$$=\frac{9\sqrt{2}}{4}\ \boxed{答}$$

参考

正四面体の体積は次のように求めることもできる。右図のように立方体の対面の対角線をねじれの位置に引き，6本の対角線の端点を結ぶと1辺の長さが正方形の対角線となる正四面体ができる。

いま，正四面体の1辺の長さを a とすると立方体（正方形）の1辺の長さは $\frac{a}{\sqrt{2}}$ となる。よって

$$（立方体の体積）=\left(\frac{a}{\sqrt{2}}\right)^3=\frac{a^3}{2\sqrt{2}}=\frac{\sqrt{2}}{4}a^3$$

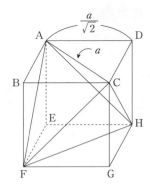

この立方体から三角すい D-ACH を4個取り除くと正四面体になる。

$$（三角すい D-ACH の体積）=\frac{1}{3}\times\frac{1}{2}\cdot\left(\frac{a}{\sqrt{2}}\right)^2\times\frac{a}{\sqrt{2}}$$

$$=\frac{a^3}{12\sqrt{2}}=\frac{\sqrt{2}}{24}a^3$$

よって

$$（正四面体の体積）=（立方体の体積）-4\times（三角すいの体積）$$

$$=\frac{\sqrt{2}}{4}a^3-4\left(\frac{\sqrt{2}}{24}a^3\right)=\frac{\sqrt{2}}{12}a^3$$

これを使って　$V=\frac{\sqrt{2}}{12}\cdot 3^3=\frac{9\sqrt{2}}{4}$

PIECE 501 平均値

例題

次の表はあるクラスの 10 人の体力測定で測った腹筋の回数である。腹筋の回数の平均値を求めよ。

生徒番号	①	②	③	④	⑤	⑥	⑦	⑧	⑨	⑩
回数	27	15	19	28	20	17	18	21	25	10

CHECK

変量 x についてのデータの値が，n 個の値

$$x_1, \ x_2, \ x_3, \ \cdots, \ x_n$$

であるとき，x の平均値 $\overline{x}$ は，

$$\overline{x} = \frac{x_1 + x_2 + x_3 + \cdots + x_n}{n}$$

[解答]

10 人の腹筋の平均値は，

$$\frac{27+15+19+28+20+17+18+21+25+10}{10}$$

$$= \frac{200}{10} = \textbf{20 （回）} \ 答$$

$$（平均値）= \frac{（値の総和）}{（値の個数）}$$

POINT

PIECE 502 中央値

例題

次の表はあるクラスの 10 人の体力測定で測った腹筋の回数である。腹筋の回数の中央値を求めよ。

生徒番号	①	②	③	④	⑤	⑥	⑦	⑧	⑨	⑩
回数	27	15	19	28	20	17	18	21	25	10

CHECK

中央値…データを値の小さい順に並べたと
（メジアン）き，中央の位置にくる値

(ⅰ) データが偶数個のとき

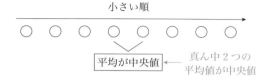

平均が中央値 ← 真ん中 2 つの
平均値が中央値

(ⅱ) データが奇数個のとき

ちょうど真ん中の値が中央値

[解答]

データを値の小さい順に並べると，

10, 15, 17, 18, 19, 20, 21, 25, 27, 28

データは偶数個であるから，中央値は真ん中 2 つの平均値であり，

$$\frac{19+20}{2} = \textbf{19.5 （回）} \ 答$$

中央値…データを値の小さい順に並べたとき，中央
の位置にくる値
(ⅰ) データが偶数個のとき
→ 真ん中 2 つの値の平均値
(ⅱ) データが奇数個のとき
→ ちょうど真ん中の値

POINT

PIECE 503 最頻値

[レベル ★★★]

例題

次のデータは，生徒8人の反復横跳びの回数の記録である。8人の反復横跳びの回数の最頻値を求めよ。

| 67 | 50 | 46 | 70 | 62 | 57 | 65 | 57 |

CHECK

最頻値…度数が最も多いデータの値

46, 50, 57, 57, 62, 65, 67, 70

最頻値は度数が最も多いデータの値より，

57（回）答

[解 答]

データを値の小さい順に並べると，

> 最頻値…度数が最も多いデータの値
>
> **POINT**

PIECE 504 四分位数

[レベル ★★★]

例題

次の表は，ある高校の3年生のあるクラスで，希望者を対象にした英単語テストを行ったときの，受験者全員の得点結果である。このデータについて，得点の最大値，最小値，四分位数を求め，さらに，範囲，四分位範囲，四分位偏差を求めよ。

生徒番号	①	②	③	④	⑤	⑥	⑦	⑧	⑨	⑩	受験者数
得点	12	32	15	18	27	22	44	34	6	36	10 名

CHECK

四分位数…データを値の小さい順に並べた

とき，4等分する位置にくる値。

第1四分位数 Q_1…下半分のデータの中央値

第2四分位数 Q_2…中央値

第3四分位数 Q_3…上半分のデータの中央値

範囲…（最大値）－（最小値）

四分位範囲

…（第3四分位数）－（第1四分位数）

四分位偏差… $\dfrac{（四分位範囲）}{2}$

（最大値）＝44，（最小値）＝6，答

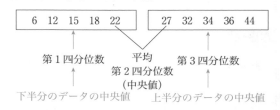

（第1四分位数）＝**15（点）**答

（第2四分位数）＝ $\dfrac{22+27}{2}$ ＝**24.5（点）**答

（第3四分位数）＝**34（点）**答

（範囲）＝44－6＝**38（点）**答

（四分位範囲）＝34－15＝**19（点）**答

（四分位偏差）＝ $\dfrac{19}{2}$ ＝**9.5（点）**答

[解 答]

得点を低いほうから順に並べると，

> 6 12 15 18 22 27 32 34 36 44

> データを値の小さい順に並べたとき，4等分する位置にくる値が四分位数
>
> **POINT**

PIECE 505 箱ひげ図

[レベル ★★★]

例題

次の表は，ある高校の3年生のあるクラスで，希望者を対象にした英単語テストを行ったときの，受験者全員の得点結果である。このデータについて箱ひげ図を作成せよ。

生徒番号	①	②	③	④	⑤	⑥	⑦	⑧	⑨	⑩	受験者数
得点	12	32	15	18	27	22	44	34	6	36	10名

CHECK

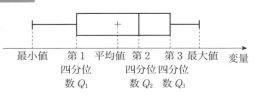

最小値　第1四分位数 Q_1　平均値　第2四分位数 Q_2　第3四分位数 Q_3　最大値　変量

[解答]

（最小値）＝6，（第1四分位数）＝15，（第2四分位数）＝24.5

（第3四分位数）＝34，（最大値）＝44

より，箱ひげ図は次のようになる。

答

6　15　24.5　34　44　得点

最小値，第1四分位数，第2四分位数（中央値），第3四分位数，最大値を，箱と線（ひげ）を用いて1つの図に表したものが箱ひげ図

POINT

PIECE 506 分散，標準偏差

[レベル ★★★]

例題

次のデータは生徒5人の小テストの得点結果である。分散と標準偏差を求めよ。

1, 9, 7, 5, 8

CHECK

変量 x の n 個のデータ

$$x_1, \ x_2, \ \cdots, \ x_n$$

について，平均値を $\overline{x}$ とすると，分散 $s_x{}^2$ は

$$s_x{}^2=\frac{1}{n}\{(x_1-\overline{x})^2+(x_2-\overline{x})^2+\cdots+(x_n-\overline{x})^2\}$$

$$=\frac{x_1{}^2+x_2{}^2+\cdots+x_n{}^2}{n}-(\overline{x})^2$$

標準偏差 s_x は，

$$s_x=\sqrt{\frac{1}{n}\{(x_1-\overline{x})^2+(x_2-\overline{x})^2+\cdots+(x_n-\overline{x})^2\}}$$

$$\overline{x}=\frac{1+9+7+5+8}{5}=\frac{30}{5}=6 \ （点）$$

分散 $s_x{}^2$ は，

$$s_x{}^2=\frac{1}{5}\{(1-6)^2+(9-6)^2+(7-6)^2+(5-6)^2+(8-6)^2\}$$

$$=\frac{40}{5}=\boldsymbol{8} \ （点）$$ 答

標準偏差 s_x は，$s_x=\sqrt{8}=\boldsymbol{2\sqrt{2}} \ （点）$ 答

[別解]

$$s_x{}^2=\frac{1^2+9^2+7^2+5^2+8^2}{5}-6^2=\boldsymbol{8} \ （点）$$ 答

（偏差）＝（各データの値）－（平均値）
（分散）＝（（偏差）² の平均値）
　　　　＝（2乗の平均値）－（平均値の2乗）
（標準偏差）＝（分散の正の平方根）

POINT

[解答]

平均値 $\overline{x}$ は，

PIECE 507 散布図，正の相関・負の相関

例題

次の表は，10点満点の小テストにおいて，8人の数学の得点 x と理科の得点 y をまとめたものである。
得点 x と y の散布図をつくり，x と y の相関関係を調べよ。

生徒番号	①	②	③	④	⑤	⑥	⑦	⑧
x（点）	7	5	4	9	8	5	6	8
y（点）	6	6	3	8	7	5	4	5

CHECK

散布図…2つの変数の値の組からなるデータ
　　　　を平面上に図示したもの

相関関係は，散布図の点が

右上がりに分布

　…**正の相関**（一方が増加すると他方も増
　　加する傾向）がある

右下がりに分布

　…**負の相関**（一方が増加すると他方は減
　　少する傾向）がある

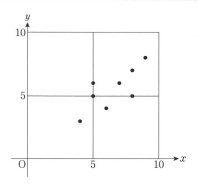

右上がりに分布しているので，**正の相関がある。**答

［ 解答 ］

散布図は次のようになる。

散布図…2つの変量の値の組からなるデータを平面
　　　　上に図示したもの
散布図の点が右上がり…正の相関がある
散布図の点が右下がり…負の相関がある

POINT

PIECE 508 共分散

例題

右の表は，あるグループの生徒 6 人の，国語と英語の小テストの結果である。国語の得点を x（点），英語の得点を y（点）とする。

x と y の共分散 s_{xy} を求めよ。

生徒番号	①	②	③	④	⑤	⑥
国語（x 点）	3	5	8	2	4	8
英語（y 点）	3	3	6	3	4	5

CHECK

共分散…偏差の積の平均値

2 つの変量 x，y に関する n 組のデータ

$$(x_1,\ y_1),\ (x_2,\ y_2),\ \cdots,\ (x_n,\ y_n)$$

について，x，y の平均値をそれぞれ $\overline{x}$，$\overline{y}$ とすると，x と y の共分散 s_{xy} は，

$$s_{xy}=\frac{1}{n}\{(x_1-\overline{x})(y_1-\overline{y})+$$
$$(x_2-\overline{x})(y_2-\overline{y})+\cdots$$
$$\cdots+(x_n-\overline{x})(y_n-\overline{y})\}$$
$$=\frac{1}{n}(x_1y_1+x_2y_2+\cdots+x_ny_n)-\overline{x}\cdot\overline{y}$$

[解 答]

x の平均値を $\overline{x}$，y の平均値を $\overline{y}$ とすると，

$$\overline{x}=\frac{3+5+8+2+4+8}{6}=\frac{30}{6}=5,$$
$$\overline{y}=\frac{3+3+6+3+4+5}{6}=\frac{24}{6}=4$$

下の表から，

$$s_{xy}=\frac{2+0+6+3+0+3}{6}=\frac{7}{3}\ \text{答}$$

[別 解]

$$s_{xy}=\frac{3\times3+5\times3+8\times6+2\times3+4\times4+8\times5}{6}-5\times4$$
$$=\frac{7}{3}\ \text{答}$$

共分散…偏差の積の平均値
$\Longrightarrow$ （共分散）＝（積の平均値）－（平均値の積）
　で求めることもできる

POINT

参考　分散，標準偏差，共分散を求める問題では，次のような表を作成するとよい。共分散を求めるだけであれば $(x-\overline{x})^2$，$(y-\overline{y})^2$ はいらないが，標準偏差も求めさせる問題も多いため，表には入れてある。

生徒	x	y	$x-\overline{x}$	$y-\overline{y}$	$(x-\overline{x})^2$	$(y-\overline{y})^2$	$(x-\overline{x})(y-\overline{y})$
①	3	3	-2	-1	4	1	2
②	5	3	0	-1	0	1	0
③	8	6	3	2	9	4	6
④	2	3	-3	-1	9	1	3
⑤	4	4	-1	0	1	0	0
⑥	8	5	3	1	9	1	3
計	30	24	0	0	32	8	14

PIECE 509 相関係数

例題

右の表は，あるグループの生徒6人の，国語と英語の小テストの結果である。国語の得点を x（点），英語の得点を y（点）とする。

x と y の相関係数 r を求めよ。

生徒番号	①	②	③	④	⑤	⑥
国語（x 点）	3	5	8	2	4	8
英語（y 点）	3	3	6	3	4	5

CHECK

2つの変量 x, y に関するデータについて，x と y の標準偏差をそれぞれ s_x, s_y，共分散を s_{xy} とすると，x と y の相関係数 r は，

$$r = \frac{s_{xy}}{s_x s_y}$$

※一般に，$-1 \leqq r \leqq 1$ である。

- r の値が 1 に近いときは強い正の相関関係があり，散布図は右上がり傾向。

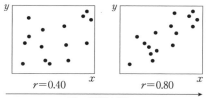

r=0.40　　　r=0.80

正の相関が強い →

- r の値が -1 に近いときは強い負の相関関係があり，散布図は右下がり傾向。

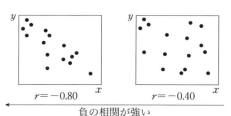

r=−0.80　　　r=−0.40

← 負の相関が強い

- r の値が 0 に近いときは，相関関係はない。

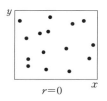

r=0

[解答]

PIECE 508 の表より

$$s_x = \sqrt{\frac{32}{6}} = \frac{4}{\sqrt{3}},$$

$$s_y = \sqrt{\frac{8}{6}} = \frac{2}{\sqrt{3}},$$

$$s_{xy} = \frac{14}{6} = \frac{7}{3}$$

よって，相関係数 r は，

$$r = \frac{s_{xy}}{s_x s_y}$$

$$= \frac{\dfrac{7}{3}}{\dfrac{4}{\sqrt{3}} \cdot \dfrac{2}{\sqrt{3}}}$$

$$= \frac{7}{8}$$

$$= \mathbf{0.875} \ \text{答}$$

相関係数…共分散を標準偏差の積で割った商 **POINT**

実践問題 035 │ 平均値・中央値・最頻値・分散・標準偏差

ある会社の従業員20人の1か月あたりの給与が次のようになっていた。（単位は万円）

    30　20　40　30　20　50　20　30　40　20

    40　30　50　30　20　30　40　30　60　30

(1)　給与の範囲を求めよ。　　　　(2)　給与の平均値を求めよ。

(3)　給与の最頻値を求めよ。　　　(4)　給与の中央値を求めよ。

(5)　給与の分散を求めよ。　　　　(6)　給与の標準偏差を求めよ。

（立命館大）

[▶GOAL ＝ ⚙HOW × ❓WHY] ひらめき

まずはデータを値が小さい順に並べるとよいでしょう！

20人の給与を値が小さい順に並べると，

    20　20　20　20　20　30　30　30　30　30

    30　30　30　40　40　40　40　50　50　60

小さい順に並べることで，データが見やすくなりますね。あとは **PIECE** `501` `502` `503` `504` `506` を用いて解いていきます。

(1)

▶ GOAL		⚙ HOW		❓ WHY
給与の範囲を求める	＝	最大値と最小値を求め，差をとる	×	(範囲)＝(最大値)－(最小値) だから

(2)

▶ GOAL		⚙ HOW		❓ WHY
給与の平均値を求める	＝	給与の総和を求め，人数で割る	×	平均値は値の総和を値の個数で割ったものだから

(3)

▶ GOAL		⚙ HOW		❓ WHY
給与の最頻値を求める	＝	同じ値が，それぞれ何回登場しているかを数える	×	登場回数が最も多い値が最頻値だから

(4)

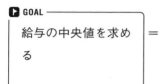 GOAL		HOW		WHY
給与の中央値を求める	=	小さい順に並べたときの真ん中 2 つの平均をとる	×	データが偶数個の場合は，中央値は真ん中 2 つの値の平均値だから

(5) 平均値が 33（万円）だから，（偏差の 2 乗の平均値）として求めるのは大変ですね！

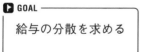 GOAL		HOW		WHY
給与の分散を求める	=	2 乗の平均値と平均値の 2 乗の差をとる	×	定義通りに求めると計算量が多くて大変だから

分散を求めるときは，解答にあるような表をかくのがおすすめです。

(6)

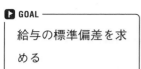 GOAL		HOW		WHY
給与の標準偏差を求める	=	分散の正の平方根をとる	×	（標準偏差）＝$\sqrt{（分散）}$ だから

[解 答]

20 人の給与を値が小さい順に並べると，

20　20　20　20　20　30　30　30　30　30

30　30　30　40　40　40　40　50　50　60

20 人の給与を変量 x で表し，その人数を f とすると右の表のようになる。

(1) （最大値）＝60，（最小値）＝20 であり，

給与の範囲は

60－20＝**40（万円）**答

(2) 平均値は

$\frac{660}{20}$＝**33（万円）**答

(3) 最頻値は　**30（万円）**答

(4) 中央値は 10 番目と 11 番目の平均値より，

$\frac{30+30}{2}$＝**30（万円）**答

(5) 分散は

$\frac{24200}{20}-33^2$＝**121**答

(6) 標準偏差は

$\sqrt{121}$＝**11（万円）**答

x	f	xf	x^2	x^2f
20	5	100	400	2000
30	8	240	900	7200
40	4	160	1600	6400
50	2	100	2500	5000
60	1	60	3600	3600
計	20	660		24200

PIECE

501 平均値

（平均値）＝$\frac{（値の総和）}{（値の個数）}$

502 中央値

中央値…データを値の小さい順に並べたとき，中央の位置にくる値

503 最頻値

最頻値…度数が最も多いデータの値

504 四分位数

（範囲）＝（最大値）－（最小値）

506 分散，標準偏差

分散…（2 乗の平均値）－（平均値の 2 乗）
標準偏差…分散の正の平方根

実践問題 **036** │ 四分位範囲・四分位偏差・箱ひげ図

次のデータは，10点満点の小テストの20人の得点である。（単位は点）

1, 1, 1, 3, 3, 3, 3, 4, 5, 5,

5, 6, 6, 6, 7, 7, 8, 8, 9, 10

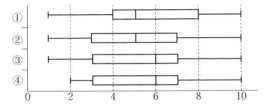

(1) このデータの最頻値を求めよ。また，中央値を求めよ。

(2) 四分位範囲，四分位偏差を求めよ。

(3) 右上の箱ひげ図①〜④のうち，このデータの箱ひげ図であるものの番号はどれか。

(金沢工業大)

[▶GOAL = ▣HOW × ?WHY]ひらめき

データは値が小さい順に並んでいますが，四分位範囲や四分位偏差が問われているので，上半分と下半分に分けやすいように，横一列に並べ，次のように四角で囲んでおいたりするとよいでしょう！

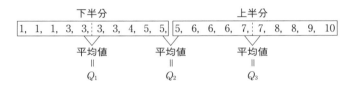

(1)

▶ GOAL		▣ HOW		? WHY
データの最頻値を求める	=	同じ値が，それぞれ何回登場しているかを数える	×	登場回数が最も多い値が最頻値だから
データの中央値を求める	=	小さい順に並べたときの真ん中2つの平均をとる	×	データが偶数個の場合は，中央値は真ん中2つの値の平均値だから

(2)

▶ GOAL		▣ HOW		? WHY
四分位範囲，四分位偏差を求める	=	第1四分位数，第3四分位数を求める	×	（四分位範囲）＝（第3四分位数）－（第1四分位数） （四分位偏差）＝$\dfrac{（四分位範囲）}{2}$

(3)

▶ GOAL	⚙ HOW	？ WHY
今回のデータの箱ひげ図がどれであるかを求める	=	最小値，第1四分位数，第2四分位数（中央値），第3四分位数，最大値に着目する	×	箱ひげ図はこの5つの値を図で表したものだから

[解 答]

下半分　　　　　　　　　上半分

| 1, 1, 1, 3, 3, | 3, 3, 4, 5, 5, | 5, 6, 6, 6, 7, | 7, 8, 8, 9, 10 |

平均値　　　　　平均値　　　　　平均値
＝　　　　　　　＝　　　　　　　＝
Q_1　　　　　　Q_2　　　　　　Q_3

(1) 最頻値は度数が最も多いデータの値より，**3（点）**答

中央値は 10 番目のデータの値と 11 番目のデータの値の平均値より，

$$\frac{5+5}{2}=5 \text{（点）}$$ 答

(2) 第1四分位数を Q_1，第3四分位数を Q_3 とする。

Q_1 は下半分の中央値より，

$$Q_1=\frac{3+3}{2}=3 \text{（点）}$$

Q_3 は上半分の中央値より，

$$Q_3=\frac{7+7}{2}=7 \text{（点）}$$

よって，四分位範囲は

$$Q_3-Q_1=4 \text{（点）}$$ 答

四分位偏差は，

$$\frac{Q_3-Q_1}{2}=2 \text{（点）}$$ 答

(3) データの中央値が 5，第1四分位数が 3 なので，このデータの箱ひげ図であるものの番号は，

② 答

PIECE

502 中央値

中央値…データを値の小さい順に並べたとき，中央の位置にくる値

503 最頻値

最頻値…度数が最も多いデータの値

504 四分位数

第1四分位数 Q_1
　…下半分のデータの中央値
第3四分位数 Q_3
　…上半分のデータの中央値

505 箱ひげ図

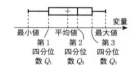

最小値　平均値　最大値
　　第1　　第2　　第3
　　四分位　四分位　四分位
　　数 Q_1　数 Q_2　数 Q_3

変量

参考
データが奇数個の場合，中央の値は「下半分」「上半分」のいずれにも含めない。
例えば，データが7個の場合は次のようになる。

下半分　　上半分

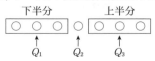

Q_1　　Q_2　Q_3

実践問題 037 │ 散布図・相関係数

(1) 次の表は，あるクラス（生徒 10 名）で実施した国語と英語のテスト（それぞれ 100 点満点）の得点をまとめたものである。国語の得点を x，英語の得点を y とする。

番号	1	2	3	4	5	6	7	8	9	10
x	73	81	69	85	79	83	71	65	77	67
y	56	64	60	80	88	76	72	48	84	52

(i) x を横軸，y を縦軸にとった散布図を次の@〜©のうちから 1 つ選べ。

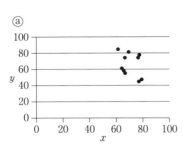 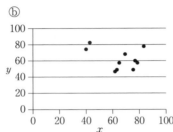 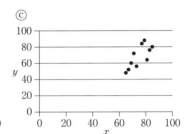

(ii) x と y の相関係数を r とするとき，r が満たすものを次の@〜@のうちから 1 つ選べ。

     @ $-0.8 \leqq r \leqq -0.6$ ⓑ $-0.3 \leqq r \leqq -0.1$ © $0.1 \leqq r \leqq 0.3$ @ $0.6 \leqq r \leqq 0.8$

(2) 変量 x のデータの値が 3, 9, 1, 7, 5 である。

(i) x の分散を求めよ。

(ii) 変量 $9-x$ と x の相関係数を求めよ。

((1) 日本大，(2) 大阪工業大)

[▶GOAL = 🔧HOW × ❓WHY] ひらめき

(1)(i) **PIECE 507** を用います。

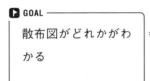

▶ GOAL	🔧 HOW	❓ WHY
散布図がどれかがわかる	番号 8 が x の値も y の値も最小であることに着目する	特徴的なものに着目すると正しい散布図が見つけやすいから

@，ⓑには，x も y も最小になっている点は存在しないので，@でもⓑでもないですね。このように散布図を選ぶような問題は，消去法で考えるのがおすすめです。消去法で考える場合は，最大値や最小値など，まずは極端な値に着目してみましょう！

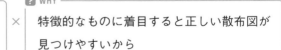

（ⅱ） **PIECE** `509` で解いていきます。

▶ GOAL		🧑 HOW		? WHY
相関係数がどれかがわかる	=	x と y は強い相関があるので，r は 1 に近いことに着目	×	散布図の点は右上がりに分布しているから

（2）（ⅱ） **PIECE** `508` `509` で考えましょう。

▶ GOAL		🧑 HOW		? WHY
変量 $9-x$ と x の相関係数が求まる	=	x と $9-x$ のそれぞれの標準偏差と共分散を求める	×	この 3 つで相関係数が求まるから

［解答］

（1）（ⅰ） 番号 8 は x の値も y の値も最小である。ⓐの散布図にもⓑの散布図にも，x と y がともに最小となる点は存在せず，ⓒには存在するので，散布図はⓒ **答**

（ⅱ） 散布図より，さらに，x と y は強い正の相関があるので，r は 1 に近い。よって，$0.6 \leqq r \leqq 0.8$ であると考えられるから，ⓓ **答**

（2）（ⅰ） x の平均値 $\overline{x}$ は，

$$\overline{x} = \frac{25}{5} = 5$$

よって，x の分散 $s_x{}^2$ は

$$s_x{}^2 = \frac{40}{5} = \mathbf{8}\ \boxed{答}$$

（ⅱ） $y = 9-x$ とすると，y の平均値 $\overline{y}$ は，

$$\overline{y} = \frac{20}{5} = 4$$

よって，y の分散 $s_y{}^2$ は

$$s_y{}^2 = \frac{40}{5} = 8$$

x と y の共分散 s_{xy} は

$$s_{xy} = \frac{-40}{5} = -8$$

x の標準偏差 s_x と，y の標準偏差 s_y は

$$s_x = \sqrt{8},\ \ s_y = \sqrt{8}$$

よって，相関係数 r は

$$r = \frac{s_{xy}}{s_x s_y}$$
$$= \frac{-8}{\sqrt{8}\sqrt{8}} = \mathbf{-1}\ \boxed{答}$$

PIECE

`507` **散布図，正の相関・負の相関**

散布図…2 つの変量の値の組からなるデータを平面上に図示したもの

`508` **共分散**

（共分散）＝（偏差の積の平均値）

`509` **相関係数**

変量 x と変量 y の相関係数 r は，
$$r = \frac{(x \text{ と } y \text{ の共分散})}{(x \text{ の標準偏差}) \times (y \text{ の標準偏差})}$$
r の値が 1 に近いときは，強い正の相関関係があり，散布図は右上がり傾向

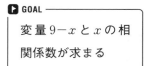

正の相関が強い

	x	y	$x-\overline{x}$	$y-\overline{y}$	$(x-\overline{x})^2$	$(y-\overline{y})^2$	$(x-\overline{x})(y-\overline{y})$
	3	6	-2	2	4	4	-4
	9	0	4	-4	16	16	-16
	1	8	-4	4	16	16	-16
	7	2	2	-2	4	4	-4
	5	4	0	0	0	0	0
計	25	20	0	0	40	40	-40

実践問題 038 | 偏差値

ある大学で N 人の学生が数学を受験した。その得点を $x_1,\ x_2,\ \cdots,\ x_N$ とする。平均値を $\overline{x}$,分散を s^2,標準偏差を s とする。

このとき,x 点を取った学生の偏差値 t は

$$t = 50 + 10 \times \frac{x - \overline{x}}{s}$$

で与えられる($x \in \{x_1,\ x_2,\ \cdots,\ x_N\}$)。偏差値は無単位であることに注意せよ。

Y 大学で $N = 3n$ 人の学生が数学を受験し,たまたま $2n$ 人の学生が a 点,残りの n 人の学生が b 点を取ったとしよう。簡単にするために $a < b$ とする。a 点を取った学生および b 点を取った学生の偏差値を求めよ。

(横浜市立大)

[▶GOAL = 💡HOW × ❓WHY] ひらめき

PIECE 501 506 を用います。偏差値 t は,

$$t = 50 + 10 \times \frac{x - \overline{x}}{s}$$

$$= 50 + 10 \times \frac{(得点) - (平均値)}{(標準偏差)}$$

です。

▶ GOAL		💡 HOW		❓ WHY
偏差値を求める	=	平均値と標準偏差を求める	×	$(偏差値) = 50 + 10 \times \dfrac{(得点) - (平均値)}{(標準偏差)}$ より,平均値と標準偏差がわかれば,偏差値を求めることができるから

a 点が $2n$ 人,b 点が n 人ですので,

　　　得点の合計は,$a \cdot 2n + b \cdot n = 2an + bn$（点），

　　　全受験者の人数は $3n$ 人

であることに着目すれば,平均値が求められますね。

また,今回の場合,

　　　偏差の 2 乗の合計は,$(a - \overline{x})^2$ を $2n$ 個と $(b - \overline{x})^2$ を n 個足したもの

であり,これを $3n$ で割ったものが分散となります。

［解 答］

$N=3n$ 人の学生が数学を受験し，$2n$ 人の学生が a 点，残りの n 人の学生が b 点を取ったとき，平均値 $\overline{x}$ は，

$$\overline{x}=\frac{a\cdot 2n+b\cdot n}{3n}$$
$$=\frac{(2a+b)n}{3n}$$
$$=\frac{2a+b}{3}$$

PIECE

501 平均値

$$(平均値)=\frac{(値の総和)}{(値の個数)}$$

506 分散，標準偏差

(偏差)＝(各データの値)－(平均値)
(分散)＝((偏差)² の平均値)
(標準偏差)＝(分散の正の平方根)

分散 s^2 は

$$s^2=\frac{(a-\overline{x})^2\cdot 2n+(b-\overline{x})^2\cdot n}{3n}$$

偏差の 2 乗の合計は，
$$\underbrace{(a-\overline{x})^2+\cdots+(a-\overline{x})^2}_{2n\ 個}+\underbrace{(b-\overline{x})^2+\cdots+(b-\overline{x})^2}_{n\ 個}$$

$$=\frac{1}{3}\{2(a-\overline{x})^2+(b-\overline{x})^2\}$$

$\overline{x}=\dfrac{2a+b}{3}$ より

$$=\frac{1}{3}\left\{2\left(a-\frac{2a+b}{3}\right)^2+\left(b-\frac{2a+b}{3}\right)^2\right\}$$
$$=\frac{1}{3}\left[2\left(\frac{a-b}{3}\right)^2+\left\{\frac{2(b-a)}{3}\right\}^2\right]$$
$$=\frac{1}{3}\left\{\frac{2}{9}(a-b)^2+\frac{4}{9}(b-a)^2\right\}$$
$$=\frac{2}{9}(b-a)^2$$

$a<b$ だから，$b-a>0$ であり，標準偏差 s は，

$$s=\frac{\sqrt{2}}{3}(b-a)$$

よって，a 点を取った学生の偏差値 t_a は

$$t_a=50+10\times\frac{a-\overline{x}}{s}$$
$$=50+10\times\frac{3}{\sqrt{2}(b-a)}\left(a-\frac{2a+b}{3}\right)$$
$$=50+10\times\frac{3}{\sqrt{2}(b-a)}\cdot\frac{a-b}{3}$$
$$=50-10\times\frac{1}{\sqrt{2}(b-a)}\cdot(b-a)$$
$$=50-\frac{10}{\sqrt{2}}$$
$$=\mathbf{50-5\sqrt{2}}\ \text{答}$$

また，b 点を取った学生の偏差値 t_b は

$$t_b=50+10\times\frac{b-\overline{x}}{s}$$
$$=50+10\times\frac{3}{\sqrt{2}(b-a)}\left(b-\frac{2a+b}{3}\right)$$
$$=50+10\times\frac{3}{\sqrt{2}(b-a)}\cdot\frac{2(b-a)}{3}$$
$$=50+\frac{10}{\sqrt{2}}\cdot 2$$
$$=\mathbf{50+10\sqrt{2}}\ \text{答}$$

実践問題 039 | 変量変換

2つの変量 x, y のデータが，n 個の x, y の値の組として，次のように与えられているとする。

$$(x_1, \; y_1), \; (x_2, \; y_2), \; \cdots, \; (x_n, \; y_n)$$

x_1, x_2, $\cdots$, x_n と y_1, y_2, $\cdots$, y_n の平均値をそれぞれ $\overline{x}$, $\overline{y}$，標準偏差をそれぞれ s_x, s_y とする。定数 $a > 0$ と b に対して，新しい変量 w を式 $w_i = ax_i + b$，$i = 1, 2, \cdots, n$ で定義するとき，以下の問いに答えよ。

(1) 新しい変量 w に対するデータ w_1, w_2, $\cdots$, w_n の平均値 $\overline{w}$ と標準偏差 s_w を，$\overline{x}$ と s_x を用いて表せ。

(2) w と y の相関係数は，x と y の相関係数に等しいことを示せ。

(成蹊大)

[▶GOAL = ✍HOW × ❓WHY] ひらめき

(1) **PIECE** 501 506 を活用します。

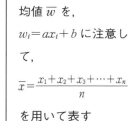

▶ **GOAL**
w_1, w_2, $\cdots$, w_n の平均値 $\overline{w}$ を，$w_i = ax_i + b$ に注意して，
$\overline{x} = \dfrac{x_1 + x_2 + x_3 + \cdots + x_n}{n}$
を用いて表す

= ✍ **HOW**
$\overline{w} = \dfrac{w_1 + w_2 + w_3 + \cdots + w_n}{n}$
を $w_i = ax_i + b$ を用いて変形する

× ❓ **WHY**
変量 w の平均値を $\overline{x}$ を用いて表したいから

$$w_1 + w_2 + w_3 + \cdots + w_n = (ax_1 + b) + (ax_2 + b) + (ax_3 + b) + \cdots + (ax_n + b)$$
$$= a(x_1 + x_2 + x_3 + \cdots + x_n) + bn$$

に注意して求めましょう！

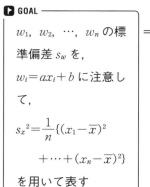

▶ **GOAL**
w_1, w_2, $\cdots$, w_n の標準偏差 s_w を，$w_i = ax_i + b$ に注意して，
$s_x{}^2 = \dfrac{1}{n}\{(x_1 - \overline{x})^2 + \cdots + (x_n - \overline{x})^2\}$
を用いて表す

= ✍ **HOW**
$s_w{}^2 = \dfrac{1}{n}\{(w_1 - \overline{w})^2 + \cdots + (w_n - \overline{w})^2\}$
を $w_i = ax_i + b$ を用いて変形する

× ❓ **WHY**
変量 w の標準偏差を $s_x{}^2$ を用いて表したいから

標準偏差 s_w を $\overline{x}$ と s_x を用いて表そうとする際に $\sqrt{}$ を毎回書くのは大変なので，分散 $s_w{}^2$ を求めてから

正の平方根をとることがおすすめです。

(2) **PIECE** 508 509 を利用します。

> ▶ GOAL
> w と y の相関係数 r' と，x と y の相関係数 r が等しいことを示す

$=$

> 👤 HOW
> w と y の共分散 s_{wy} と x と y の共分散 s_{xy} の関係式を求める

$\times$

> ❓ WHY
> $r=\dfrac{s_{xy}}{s_x s_y}$，$r'=\dfrac{s_{wy}}{s_w s_y}$，であり，(1)より，$s_w=as_x$ だから s_{wy} と s_{xy} の関係式が欲しいから

▼

[解 答]

(1) $\overline{w}=\dfrac{w_1+w_2+w_3+\cdots+w_n}{n}$

$\quad=\dfrac{(ax_1+b)+(ax_2+b)+(ax_3+b)+\cdots+(ax_n+b)}{n}$

$\quad=a\cdot\dfrac{x_1+x_2+x_3+\cdots+x_n}{n}+\dfrac{bn}{n}$

$\quad=\boldsymbol{a\overline{x}+b}$ 答

このことを用いると，w の分散 $s_w{}^2$ は，

$$s_w{}^2=\frac{1}{n}\{(w_1-\overline{w})^2+(w_2-\overline{w})^2+(w_3-\overline{w})^2+\cdots+(w_n-\overline{w})^2\}$$

$$=\frac{1}{n}\big[\{(ax_1+b)-(a\overline{x}+b)\}^2+\cdots+\{(ax_n+b)-(a\overline{x}+b)\}^2\big]$$

$$=\frac{1}{n}\{(ax_1-a\overline{x})^2+(ax_2-a\overline{x})^2+\cdots+(ax_n-a\overline{x})^2\}$$

$$=\frac{1}{n}\big[\{a(x_1-\overline{x})\}^2+\{a(x_2-\overline{x})\}^2+\cdots+\{a(x_n-\overline{x})\}^2\big]$$

$$=a^2\cdot\frac{1}{n}\{(x_1-\overline{x})^2+(x_2-\overline{x})^2+\cdots+(x_n-\overline{x})^2\}$$

$$=a^2 s_x{}^2$$

よって，

$$\boldsymbol{s_w=as_x}\ \text{答}$$

（右側補足の計算）

$$\dfrac{(ax_1+b)+(ax_2+b)+\cdots+(ax_n+b)}{n}$$

$$=\dfrac{a(x_1+x_2+\cdots+x_n)+bn}{n}$$

> **PIECE**
>
> 501 **平均値**
>
> $\overline{w}=\dfrac{w_1+w_2+w_3+\cdots+w_n}{n}$
>
> 506 **分散，標準偏差**
>
> 分散 $s_w{}^2=\dfrac{1}{n}\big((w_1-\overline{w})^2+\cdots+(w_n-\overline{w})^2\big)$
>
> （標準偏差）＝（分散の正の平方根）
>
> 508 **共分散**
>
> 共分散
> $s_{wy}=\dfrac{1}{n}\big((w_1-\overline{w})(y_1-\overline{y})+\cdots+(w_n-\overline{w})(y_n-\overline{y})\big)$
>
> 509 **相関係数**
>
> 相関係数 $r'=\dfrac{s_{wy}}{s_w s_y}$

(2) x と y の共分散を s_{xy}，w と y の共分散を s_{wy} とすると

$$s_{wy}=\frac{1}{n}\{(w_1-\overline{w})(y_1-\overline{y})+(w_2-\overline{w})(y_2-\overline{y})+\cdots+(w_n-\overline{w})(y_n-\overline{y})\}$$

$$=\frac{1}{n}\big[\{(ax_1+b)-(a\overline{x}+b)\}(y_1-\overline{y})+\cdots+\{(ax_n+b)-(a\overline{x}+b)\}(y_n-\overline{y})\big]$$

$$=\frac{1}{n}\{a(x_1-\overline{x})(y_1-\overline{y})+a(x_2-\overline{x})(y_2-\overline{y})+\cdots+a(x_n-\overline{x})(y_n-\overline{y})\}$$

$$=a\cdot\frac{1}{n}\{(x_1-\overline{x})(y_1-\overline{y})+(x_2-\overline{x})(y_2-\overline{y})+\cdots+(x_n-\overline{x})(y_n-\overline{y})\}$$

$$=as_{xy}$$

また，x，y の相関係数を $r\left(=\dfrac{s_{xy}}{s_x s_y}\right)$，$w$ と y の相関係数を $r'\left(=\dfrac{s_{wy}}{s_w s_y}\right)$ とすると，

$$r'=\frac{s_{wy}}{s_w s_y}=\frac{as_{xy}}{as_x s_y}=\frac{s_{xy}}{s_x s_y}=r$$

よって，w と y の相関係数は，x と y の相関係数に等しい。（証明終わり）答

PIECE 601 倍数の個数

[レベル ★★★]

例 題

100 以下の自然数のうち，次のものの個数をそれぞれ求めよ。

(1) 3 の倍数 　　(2) 4 の倍数 　　(3) 12 の倍数

CHECK

例えば，3 の倍数の個数であれば，$3 \times \square$ の形で表し，$\square$ が何から何まで変化するかに着目することで求める。

$$100 \div 3 = 33 \quad \text{余り} 1$$

より，100 以下の自然数のうち最も大きい 3 の倍数は，　$3 \cdot 33 \ (= 99)$

よって，100 以下の自然数のうち 3 の倍数は

$$3 \cdot \textcircled{1}, \ 3 \cdot 2, \ 3 \cdot 3, \ \cdots, \ 3 \cdot \textcircled{33}$$

であり，右側の数が 1 から 33 まで変わっていることに着目すると，33 個。

また，集合 A の要素の個数を $n(A)$ と表す。

[解 答]

100 以下の自然数の集合を U とし，U の要素のうち，3 の倍数の集合を A，4 の倍数の集合を B とする。

(1) $A = \{3 \cdot 1, \ 3 \cdot 2, \ 3 \cdot 3, \ \cdots, \ 3 \cdot 33\}$
　より，$n(A) = \mathbf{33}$ 答　$100 \div 3 = 33$ 余り 1

(2) $B = \{4 \cdot 1, \ 4 \cdot 2, \ 4 \cdot 3, \ \cdots, \ 4 \cdot 25\}$
　より，　　　　　　　　$100 \div 4 = 25$
　　$n(B) = \mathbf{25}$ 答　$100 \div 12 = 8$ 余り 4

(3) $A \cap B = \{12 \cdot 1, \ 12 \cdot 2, \ \cdots, \ 12 \cdot 8\}$
　└── 12 の倍数は 3 の倍数かつ 4 の倍数
　より，　$n(A \cap B) = \mathbf{8}$ 答

> **倍数の個数は，割り算を利用して求める**
> POINT

PIECE 602 和集合の要素の個数

[レベル ★★★]

例 題

100 以下の自然数のうち，3 の倍数または 4 の倍数の個数を求めよ。

CHECK

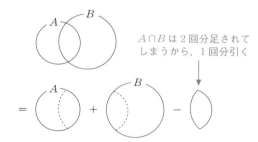

$A \cap B$ は 2 回分足されてしまうから，1 回分引く

$$n(A \cup B) = n(A) + n(B) - n(A \cap B)$$

$A \cap B = \phi$ のときは

$$n(A \cup B) = n(A) + n(B)$$

[解 答]

100 以下の自然数の集合を U とし，U の要素のうち，3 の倍数の集合を A，4 の倍数の集合を B とする。

PIECE 601 の結果より，

$$n(A) = 33, \ n(B) = 25, \ n(A \cap B) = 8$$

3 の倍数または 4 の倍数である数の集合は $A \cup B$ であるから，求める個数は，

$$n(A \cup B) = n(A) + n(B) - n(A \cap B)$$
$$= 33 + 25 - 8 = \mathbf{50} \ (\text{個}) \ 答$$

> $n(A \cup B) = n(A) + n(B) - n(A \cap B)$
> POINT

PIECE 603 補集合の要素の個数

[レベル ★★★]

例題

100 以下の自然数のうち，8 の倍数ではない数の個数を求めよ。

CHECK

全体集合を U とし，その部分集合を A とすると，A の補集合 $\overline{A}$ の要素の個数について

$$n(\overline{A}) = n(U) - n(A)$$

が成り立つ。

[解答]

100 以下の自然数全体の集合を U とすると

$$n(U) = 100$$

U の要素のうち 8 の倍数の集合を A とすると，

$$A = \{8 \cdot 1,\ 8 \cdot 2,\ 8 \cdot 3,\ \cdots,\ 8 \cdot 12\}$$

であるから $n(A) = 12$ —— $100 \div 8 = 12$ 余り 4

よって

$$n(\overline{A}) = n(U) - n(A) = 100 - 12 = \mathbf{88} \ 答$$

POINT

$$n(\overline{A}) = n(U) - n(A)$$

PIECE 604 順列

[レベル ★★★]

例題

(1) ①，②，③，④ の 4 枚のカードがある。この 4 枚のカードから 2 枚を取り出し，並べて作ることができる 2 桁の整数は何通りあるか。

(2) 5 人の生徒を 1 列に並べる並べ方は何通りあるか。

CHECK

異なる n 個のものから r 個選んで並べる並べ方の総数は，

$$_nP_r = n(n-1)(n-2)\cdots(n-r+1)$$

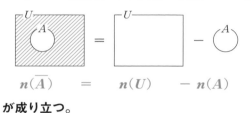

特に，n 個のものをすべて並べるときは，

$$_nP_n = n(n-1)(n-2)\cdots 3 \cdot 2 \cdot 1$$

これを「n の階乗」といい，「$n!$」と表す。

[解答]

(1) 　　十の位　一の位

$$_4P_2 = \underline{4} \times \underline{3}$$

①—② … 12
②—③ … 13
③—④ … 14
④—

$$= \mathbf{12}\ (通り)\ 答$$

(2) $5! = 5 \cdot 4 \cdot 3 \cdot 2 \cdot 1 = \mathbf{120}\ (通り)\ 答$

POINT

$$_nP_r = n(n-1)(n-2)\cdots(n-r+1)$$

PIECE 605 条件がついたときの順列

[レベル ★★★]

例題

男子 A，B，C の 3 人と女子ア，イの 2 人の合計 5 人が一列に並ぶとき，男子 2 人が両端にくるような並び方は何通りあるか。

CHECK

条件が強いところから考える。

①	②	③	④	⑤
男	□	□	□	**男**

その後に中を並べる

まずここを並べる

①	⑤	②	③	④
$\underline{3}$	$\times \underline{2}$	$\times \underline{3}$	$\times \underline{2}$	$\times \underline{1}$	$= {}_3\mathrm{P}_2 \times 3!$

A — B — C — ア — イ
B〈 C〈 ア〈 イ –
C〈 　 イ〈

[解答]

両端にくる男子の並び方は，

$${}_3\mathrm{P}_2 \text{ 通り}$$

それぞれに対して，残りの男子 1 人と女子 2 人の並び方は，

$$3! \text{ 通り}$$

よって，

$${}_3\mathrm{P}_2 \times 3! = 6 \times 6$$
$$= 36 \text{（通り）} 答$$

条件が強いところから考える

POINT

PIECE 606 隣り合う

[レベル ★★★]

例題

男子 A，B の 2 人と女子ア，イ，ウの 3 人の合計 5 人が一列に並ぶとき，男子 2 人が隣り合うような並び方は何通りあるか。

CHECK

隣り合う ⟹ かたまりとみる！

A，B をまとめて 1 つのかたまり（□ とする）と考えて並べる。

step 1 □，ア，イ，ウを並べる。

□ は AB または BA

step 2 まとめた中での入れかえを考える。

⟹ AB，BA の 2 通りが考えられる。

[解答]

男子をまとめて 1 つのかたまりと考えると，まとめた男子（1 人とみなす）と女子 3 人の合計 4 人が並ぶ順列は，

$$4! \text{ 通り}$$

それぞれに対して，男子の並べ方は，

$$2! \text{ 通り}$$

よって，

$$4! \times 2! = 24 \times 2$$
$$= 48 \text{（通り）} 答$$

隣り合う ⟹ かたまりとみる

POINT

PIECE 607 隣り合わない

例題

男子 A, B, C の 3 人と女子ア, イ, ウの 3 人の合計 6 人が一列に並ぶとき, 女子 3 人のうちどの 2 人も隣り合わないような並び方は何通りあるか。

CHECK

隣り合わないように女子を後から入れる！

$$\underset{①}{\uparrow} \ \ 男 \ \ \underset{②}{\uparrow} \ \ 男 \ \ \underset{③}{\uparrow} \ \ 男 \ \ \underset{④}{\uparrow}$$

step 1　男子を並べる ⟹ 3! 通り

step 2　男子の間および両端に女子を入れる ⟹ 女子を①〜④に入れる。

$$\underset{①}{\overset{ア}{\underline{4}}} \times \underset{②}{\overset{イ}{\underline{3}}} \times \underset{③}{\overset{ウ}{\underline{2}}} = {}_4P_3 \text{（通り）}$$

① ② ③
② ③ ④
③ ④
④

[解答]

男子が先に並び, その間および両端に女子を入れる。

男子の並び方は

$$3! \text{通り}$$

それぞれに対して, 女子の入れ方は

$${}_4P_3 \text{通り}$$

よって,

$$3! \times {}_4P_3 = 6 \times 24$$

$$= 144 \text{（通り）} 答$$

> 隣り合わない
> ⟹ 隣り合わないように後から入れる
> **POINT**

PIECE 608 0 を含む数字の順列

例題

0, 1, 2, 3, 4 の 5 個の数字のうち, 異なる 3 個を並べてできる 3 桁の整数は全部で何通りあるか。

CHECK

0 は 1 番高い位にはこられないので, 条件が強い百の位から考える。

条件がない一の位を先に考えると,

$$\begin{array}{cc} 一 & 百 \\ & 1 \\ 0 & 2 \\ & 3 \\ & 4 \end{array} \qquad \begin{array}{cc} 一 & 百 \\ & 2 \\ 1 & 3 \\ & 4 \end{array}$$

のように出る枝の数が変わるので, 場合分けをする必要がある。

百の位から考えれば, 出る枝の数が変わらないため, 「積の法則」が使える。

[解答]

百の位は 0 以外の 4 通り, 十の位は百の位に並べた数字以外の 4 通り, 一の位は百の位と十の位に並べた数字以外の 3 通りの並べ方があるので

$$\begin{array}{ccc} 百 & 十 & 一 \\ \underline{4} \times & \underline{4} \times & \underline{3} = 48 \text{（通り）} 答 \end{array}$$

$$\begin{array}{ccc} 1 & 0 & 2 \\ 2 & 2 & 3 \\ 3 & 3 & 4 \\ 4 & 4 & \end{array}$$

> **0 が入ったときの整数は, 1 番高い位に 0 がこられないので注意する**
> **POINT**

PIECE 609 条件が2つ以上あるとき

例 題

0，1，2，3，4の5個の数字のうち，異なる3個を使ってできる3桁の偶数は何通りあるか。

CHECK

3桁だから，百の位は

"「0」が使えない"

という条件があり，偶数だから，一の位は，

"「0」，「2」，「4」しか使えない"

という条件がある。

このように2か所以上に条件がついているときは，より条件の強いところから考えていく。

百の位 … 1，2，3，4

十の位 … 0，1，2，3，4

一の位 … 0，2，4

使うことができる数字が少ないほど，より条件が強いといえる。

だから，今回は，

「一の位→百の位→十の位」

の順に考えていくとよい。

(i) 一の位が 0のとき	(ii) 一の位が 2，4のとき

一の位が「0」のときと，「2または4」のときで，出る枝の本数が異なっているから，

(i) 一の位が0のとき

(ii) 一の位が2，4のとき

で，場合分けが必要となる。

[解 答]

(i) 一の位が0のとき

「1，2，3，4」のうち異なる2つの数字を百の位と十の位に並べればよいので，

$$\text{一} \quad \text{百} \quad \text{十}$$

$$\underline{1} \times \underline{4} \times \underline{3} = 12 \text{ （通り）}$$

(ii) 一の位が2，4のとき

百の位は0以外の数で，十の位は残りの3個の数字のいずれかを並べればよいので，

$$\text{一} \quad \text{百} \quad \text{十}$$

$$\underline{2} \times \underline{3} \times \underline{3} = 18 \text{ （通り）}$$

百の位に「0」は使えない

(i)と(ii)は同時には起こらないから，求める場合の数は，

$$12 + 18 = 30 \text{ （通り）} \quad \text{答}$$

> 2か所以上に条件がついているときは，より条件が強いところから考えていく
>
> **POINT**

PIECE 610 重複順列

例題

4人の生徒を，2つの部屋P，Qに次のように入れる方法はそれぞれ何通りあるか。

(1) 1人も入らない部屋があってもよい。

(2) どちらの部屋にも少なくとも1人は入る。

CHECK

同じものをくり返して（重複して）使うことを許した場合の順列を**重複順列**という。

異なる n 個のものから，重複を許して r 個をとって並べる並べ方（重複順列）の総数は，

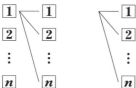

$$\underline{n} \times \underline{n} \times \cdots \times \underline{n} = n^r \text{（通り）}$$

[解答]

(1) それぞれの生徒に対してPに入れる，Qに入れるの2通りの入れ方があるので，1人も入らない部屋があってもよいときの場合の数は，

①　②　③　④ ← 4人の生徒に、
①、②、③、④
と番号した

$$\underset{\substack{P \\ Q}}{2} \times \underset{\substack{P \\ Q}}{2} \times \underset{\substack{P \\ Q}}{2} \times \underset{\substack{P \\ Q}}{2} = 2^4 = 16 \text{（通り）}\text{答}$$

(2) (1)の場合から，「全員Pに入れる場合」と「全員Qに入れる場合」の2通りを除けばよいので，

$$2^4 - 2 = 14 \text{（通り）}\text{答}$$

異なる n 個のものから，重複を許して r 個とって並べる並べ方（重複順列）の総数は，n^r 通り

POINT

611 部屋割りの問題

[レベル ★★★]

例題

6人の生徒を，3つの部屋P，Q，Rに次のように入れる入れ方はそれぞれ何通りあるか。

(1) 1人も入らない部屋があってもよい。

(2) P，Qの2部屋に入る。

(3) どの部屋にも少なくとも1人は入る。

CHECK

(1) 1人も入らない部屋がある場合は，①～⑥の生徒をP，Q，Rへ入れる入れ方を考える

①　②　③　④　⑤　⑥

$\underset{P}{3} \times \underset{P}{3} \times \underset{P}{3} \times \underset{P}{3} \times \underset{P}{3} \times \underset{P}{3}$

P　P　P　P　P　P
Q　Q　Q　Q　Q　Q
R　R　R　R　R　R

(2) P，Qの2部屋への入れ方は，①～⑥の生徒をP，Qへ入れる入れ方を考える

①　②　③　④　⑤　⑥

$\underset{P}{2} \times \underset{P}{2} \times \underset{P}{2} \times \underset{P}{2} \times \underset{P}{2} \times \underset{P}{2} - 2$

P　P　P　P　P　P　全員P
Q　Q　Q　Q　Q　Q　全員Q

(3) どの部屋にも1人は入る入れ方は

$\begin{pmatrix}1人も入\\らない部\\屋があっ\\てもよい\\入れ方\end{pmatrix} - \begin{pmatrix}空き部屋\\が1つの\\入れ方\end{pmatrix} - \begin{pmatrix}空き部屋\\が2つの\\入れ方\end{pmatrix}$

全員P，
全員Q，
全員R

[解答]

(1) 1人も入らない部屋があってもよい場合の数は，

$$3^6 = 729 \text{（通り）} 答$$

(2) P，Qの2部屋への入れ方は，

$$2^6 - 2 = 62 \text{（通り）} 答$$

(3) (1)の場合から，空き部屋が1つの場合と空き部屋が2つの場合を除けばよい。

空き部屋が1つの場合は，人を入れる部屋の選び方が$_3C_2$通りであり，部屋への人の入れ方は，(2)より，

$$2^6 - 2 \text{（通り）}$$

空き部屋が2つの場合は，人がPのみに入る，Qのみに入る，Rのみに入る，の3通り。

よって，求める場合の数は，

$$3^6 - {}_3C_2 \cdot (2^6 - 2) - 3 = 729 - 3 \times 62 - 3$$
$$= 540 \text{（通り）} 答$$

n人の生徒を3つの部屋P，Q，Rのどの部屋にも少なくとも1人は入れる方法は，
$$3^n - {}_3C_2 \cdot (2^n - 2) - 3 \text{（通り）}$$

$\begin{pmatrix}1人も入\\らない部\\屋があっ\\てもよい\\入れ方\end{pmatrix} - \begin{pmatrix}空き部屋\\が1つの\\入れ方\end{pmatrix} - \begin{pmatrix}空き部屋\\が2つの\\入れ方\end{pmatrix}$

POINT

PIECE 612 円順列

例題

A，B，C，D，E，F，Gの7人が円周上に並ぶ。すべての並び方は何通りあるか。

CHECK

円順列…人やものを円形に並べるとき，回転して一致するものは同じ並べ方とみなした順列。

円順列はある人から見た風景の種類と考えるとわかりやすい。

例 A，B，C，Dの4人の円順列は，

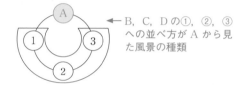

← B，C，Dの①，②，③への並べ方がAから見た風景の種類

$$\underset{\text{B}}{\underline{3}} \times \underset{\text{C}}{\underline{2}} \times \underset{\text{D}}{\underline{1}} = 3!$$

← A以外の3人の順列の総数

$$\begin{array}{ll} \text{B} & \text{C} \quad \text{D} \\ \text{C} < & \text{D} - \\ \text{D} < & \end{array} = 6 \text{（通り）}$$

[解答]

← B～Gの①～⑥への並べ方がAから見た風景の種類

Aから見た風景の種類を数えればよく，A以外の6人がどう並ぶか，つまり，6人の順列になるので，

$$(7-1)!=6!$$
$$=6 \cdot 5 \cdot 4 \cdot 3 \cdot 2 \cdot 1$$
$$=720 \text{（通り）} \text{答}$$

---

n 個の異なるものの円順列の総数は，
$(n-1)!$（通り）

POINT

PIECE 613 組合せ

例題

(1) a, b, c, d の4文字から3個を取り出す組合せの総数を求めよ。

(2) a, b, c, d, e, f, g の7文字から5個を取り出す組合せの総数を求めよ。

CHECK

異なる n 個から r 個取り出す組合せの総数を，$_nC_r$ で表す。

例 a, b, c, d から3個取り出す組合せ

組合せ	順列	
a, b, c ←	abc, acb, bac, bca, cab, cba	… 3! 通り
a, b, d ←	abd, adb, bad, bda, dab, dba	… 3! 通り
a, c, d ←	acd, adc, cad, cda, dac, dca	… 3! 通り
b, c, d ←	bcd, bdc, cbd, cdb, dbc, dcb	… 3! 通り
4 通り	$_4P_3$（$=24$）通り	

$_4P_3$ 通りの中の 3! 通りを 1 通りとみなしたものが組合せだから，異なる 4 個から 3 個を取り出す組合せの総数 $_4C_3$ は，

$$_4C_3 = \frac{_4P_3}{3!} = \frac{4 \cdot 3 \cdot 2}{3 \cdot 2 \cdot 1} = 4 \text{（通り）}$$

r 個 ← n から 1 ずつ減らして r 個掛ける

$$_nC_r = \frac{_nP_r}{r!} = \frac{n(n-1)(n-2)\cdots\{n-(r-1)\}}{r(r-1)(r-2)\cdots\cdots\cdots 1} = \frac{n!}{r!(n-r)!}$$

r 個 ← r から 1 ずつ減らして r 個掛ける

「異なる n 個のものから r 個を取り出す場合の数」は「異なる n 個のものから取り出さない $(n-r)$ 個を取り出す場合の数」と等しいから $_nC_r = {}_nC_{n-r}$ が成り立つ。r が n の半分よりも大きいときは，これを使うとよい。

[解答]

(1) a, b, c, d から異なる 3 個を取り出す組合せの総数は，

$$_4C_3 = \frac{_4P_3}{3!} = \frac{4 \cdot 3 \cdot 2}{3 \cdot 2 \cdot 1} = 4 \text{（通り）} \boxed{答}$$

(2) 「異なる 7 個のものから 5 個を取り出す場合の数」は，「異なる 7 個のものから取り出さない 2 個を選ぶ場合の数」と等しいから，

$$_7C_5 = {}_7C_2 = \frac{_7P_2}{2!} = \frac{7 \cdot 6}{2 \cdot 1} = 21 \text{（通り）} \boxed{答}$$

異なる n 個から r 個取り出す組合せの総数は，

$$_nC_r = \frac{_nP_r}{r!} = \frac{n(n-1)(n-2)\cdots\{n-(r-1)\}}{r(r-1)(r-2)\cdots\cdots\cdots 1}$$
$$= \frac{n!}{r!(n-r)!}$$

また，r が n の半分よりも大きいときは，
$$_nC_r = {}_nC_{n-r}$$
を使うとよい

POINT

PIECE 614 組分け

例題

(1) 6人を2人ずつの3組に分ける方法は何通りあるか。

(2) 12人を2人，2人，2人，3人，3人の5組に分ける方法は何通りあるか。

CHECK

(1)を例にして「組分け」を説明する。人を①～⑥とする。

step 1 A，B，Cと組に区別をつけたときの分け方を考える。

$$\begin{array}{ccc} A & B & C \\ {}_6C_2 & \times & {}_4C_2 & \times & {}_2C_2 \end{array} = \frac{6\cdot5}{2\cdot1}\times\frac{4\cdot3}{2\cdot1}\times1$$

$$\begin{array}{ccc} \{①②\} & - & \{③④\} & - & \{⑤⑥\} \end{array}$$
$$\begin{array}{cc} \{①③\} & \{③⑤\} \end{array}$$
$$\begin{array}{cc} \vdots & \vdots \end{array}$$
$$\begin{array}{cc} \{⑤⑥\} & \{⑤⑥\} \end{array}$$

$$=15\times6$$
$$=90 \ (\text{通り})$$

step 2 区別がないものは，「区別がある場合の何通りを1通りとみなすか」を考える。

A	B	C	区別なし
{①②}	{③④}	{⑤⑥}	
{①②}	{⑤⑥}	{③④}	
{③④}	{①②}	{⑤⑥}	{①②} {③④} {⑤⑥}
{③④}	{⑤⑥}	{①②}	
{⑤⑥}	{①②}	{③④}	
{⑤⑥}	{③④}	{①②}	
3! 通り			**1 通り**

区別をつけた場合の3!通りを1通りとみなしたものが，区別がないときの分け方

3つの組に区別がない場合は，3つの組に区別がある場合の3! 通りを1通りとみなして，

$$\frac{{}_6C_2\times{}_4C_2\times{}_2C_2}{3!} \text{ 通り}$$

◀── 組に区別をつけたときの分け方
◀── 同じ人数の組数の階乗で割る

[解答]

(1) 組に区別をつけたときの分け方を (同じ人数の組数)!
で割ったものより，

$$\frac{{}_6C_2\times{}_4C_2\times{}_2C_2}{3!}=\frac{90}{6}=15 \ (\text{通り}) \ 答$$

(2) 組に区別をつけたときの分け方を (同じ人数の組数)!
で割ったものより，

$$\frac{{}_{12}C_2\times{}_{10}C_2\times{}_8C_2\times{}_6C_3\times{}_3C_3}{3!2!}=138600 \ (\text{通り}) \ 答$$

参考
$$\frac{{}_{12}C_2\times{}_{10}C_2\times{}_8C_2}{3!}\times\frac{{}_6C_3\times{}_3C_3}{2!}=138600 \ (\text{通り}) \ \text{と考えてもよい。}$$

step 1 組に区別をつけたときの分け方を考える。
step 2 人数の等しい組が m 組のときは
step 1 で求めた場合の数を m! で割る

POINT

PIECE 615 同じものを含む順列

例題

(1) A，A，A，B，B，C の 6 文字を 1 列に並べる並べ方は何通りあるか。

(2) a，a，a，b，b，c，c，c，c，d，d の 11 文字を 1 列に並べる並べ方は何通りあるか。

CHECK

(1)を例にして「同じものを含む順列」について説明する。

step 1 A_1，A_2，A_3，B_1，B_2，C のように，すべてを区別した並べ方を考える。

$$\underline{6} \times \underline{5} \times \underline{4} \times \underline{3} \times \underline{2} \times \underline{1} = 6!（通り）$$

A_1　A_2　A_3　B_1　B_2　C
A_2　A_3　B_1　B_2　C
A_3　B_1　B_2　C
B_1　B_2　C
B_2　C
C

step 2 区別をなくしたものは，「区別がある場合の何通りを 1 通りとみなすか」を考える。

区別あり		区別なし
$A_1A_2A_3B_1B_2C$	$A_1A_2A_3B_2B_1C$	
$A_1A_3A_2B_1B_2C$	$A_1A_3A_2B_2B_1C$	
$A_2A_1A_3B_1B_2C$	$A_2A_1A_3B_2B_1C$	
$A_2A_3A_1B_1B_2C$	$A_2A_3A_1B_2B_1C$	AAABBC
$A_3A_1A_2B_1B_2C$	$A_3A_1A_2B_2B_1C$	
$A_3A_2A_1B_1B_2C$	$A_3A_2A_1B_2B_1C$	

$3!2!（=12）$ 通り　　　　　　　 1 通り　 ← 区別がないときの並べ方

A_1，A_2，A_3
の並べ方　　 B_1，B_2 の並べ方

区別をつけた場合の
3!2! 通りを 1 通りとみなしたものが，

6! 通りの中の $（A_1，A_2，A_3$ の並べ方$） \times （B_1，B_2$ の並べ方$）$，つまり 3!2! 通りを 1 通りとみなしたものが求める場合の数より，

$$\frac{6!}{3!2!} = \frac{6 \cdot 5 \cdot 4 \cdot 3 \cdot 2 \cdot 1}{3 \cdot 2 \cdot 1 \cdot 2 \cdot 1} = 60（通り）$$

解答

(1) $\dfrac{6!}{3!2!} = \dfrac{6 \cdot 5 \cdot 4 \cdot 3 \cdot 2 \cdot 1}{3 \cdot 2 \cdot 1 \cdot 2 \cdot 1}$

　　　$= 60$（通り）**答**

(2) $\dfrac{11!}{3!2!4!2!} = 69300$（通り）**答**

POINT

n 個のものがあり，これらのうち，a が p 個，b が q 個，c が r 個，d が s 個ある
これら n 個を 1 列に並べてできる順列の総数は，

n 個のものをすべて異なるものと考えたときの並べ方

$$\frac{n!}{p!q!r!s!}（通り）$$

（同じものの個数）! で割る

ただし，$p+q+r+s=n$ である

PIECE 616 重複組合せ

例題

(1) $x,\ y,\ z$ の3種類の文字から重複を許して9個選ぶとき，選び方は何通りあるか。

(2) 9個のりんごを x さん，y さん，z さんの3人に分ける。1個ももらわない人がいてもよいとき，何通りの分け方があるか。

(3) $x+y+z=9$ を満たす0以上の整数 $x,\ y,\ z$ の組は何通りあるか。

CHECK

(1) 異なる3個のものから，同じものをくり返し取ることを許して9個取る組合せ（重複組合せ）

(2) 9個の区別ができないものを，3人の区別できるものに分ける分け方

(3) $x+y+z=9$ $(x\geqq0,\ y\geqq0,\ z\geqq0)$ を満たす整数 $x,\ y,\ z$ の組の個数

(1), (2), (3)はすべて

○ 9個と｜ 2本の並べ方

と1対1対応させることにより求められる。

（1番左の｜の左側の○の個数を x，｜と｜の間の○の個数を y，1番右の｜の右側の○の個数を z とする）

例

$$(x,\ y,\ z)$$

(i) ○｜○｜○○○○○○○ ⟷ $(1,\ 1,\ 7)$

(ii) ｜○○○○○○｜○○○ ⟷ $(0,\ 6,\ 3)$

(iii) ○○｜｜○○○○○○○ ⟷ $(2,\ 0,\ 7)$

[解答]

(1) 求める場合の数は，9個の○と2本の｜の並べ方と同じ数だけあるから，

$$\frac{11!}{9!2!}=55\ \text{（通り）答}$$

(2) 求める場合の数は，9個の○と2本の｜の並べ方と同じ数だけあるから，

$$\frac{11!}{9!2!}=55\ \text{（通り）答}$$

(3) 求める場合の数は，9個の○と2本の｜の並べ方と同じ数だけあるから，

$$\frac{11!}{9!2!}=55\ \text{（通り）答}$$

① 重複組合せ
② 区別がないものを区別があるものに分ける分け方
③ $x+y+z=n$ $(x\geqq0,\ y\geqq0,\ z\geqq0)$ を満たす整数 $(x,\ y,\ z)$ の組の個数は

○と｜の並べ方

と対応させる

POINT

実践問題 **040** │ 集合の要素の個数

(1) 4桁の自然数のうち，5の倍数の個数を求めよ。

(2) 4桁の自然数のうち，7の倍数の個数を求めよ。

(3) 4桁の自然数のうち，35の倍数の個数を求めよ。

(4) 4桁の自然数のうち，5の倍数または7の倍数である自然数の個数を求めよ。

(5) 4桁の自然数のうち，35と互いに素である自然数の個数を求めよ。

（関西学院大）

[▶GOAL = ⚙HOW × ❓WHY] ひらめき

4桁の自然数の集合を全体集合 U とし，その部分集合として，5の倍数の集合を A，7の倍数の集合を B とします。

(1) **PIECE** 601 を用います。

▶ GOAL	⚙ HOW	❓ WHY
4桁の自然数のうち，5の倍数の個数がわかる	= 1000（4桁の最小）と9999（4桁の最大）を5で割る	× 4桁の5の倍数で最小の数と最大の数を $5×\square$ の形で表せれば，$\square$ を見ることで個数がわかるから

$$1000÷5＝200, \quad 9999÷5＝1999 \text{ 余り } 4$$

より，

$$A＝\{5×200, \ 5×201, \ 5×202, \ \cdots, \ 5×1999\}$$

200から1999までの5の倍数の個数は

$$1999－200＋1＝1800 \text{（個）}$$

ですね。

> 一般に整数 a から整数 b $(a<b)$ までの整数の個数は，
> $$b－a＋1 \text{（個）}$$

1999 個

$$\underbrace{1, \ 2, \ \cdots, \ 199,}_{200 \text{ 個}} \underbrace{200, \ 201, \ \cdots, \ 1998, \ 1999}_{1999－200＋1＝1800 \text{（個）}}$$

「1999－200」は，「201」から「1999」までの個数で，「200」の1個分が抜けている

(2) $$1000÷7＝142 \text{ 余り } 6, \quad 9999÷7＝1428 \text{ 余り } 3$$

より，

$$B＝\{7×143, \ 7×144, \ 7×145, \ \cdots, \ 7×1428\}$$

あとは，(1)と同様に考えることで求めることができます。

$1000＝142×7＋6$ だから，
$7×142＝994$ は3桁で
$7×143＝1001$ から4桁

(3) $$1000÷35＝28 \text{ 余り } 20, \quad 9999÷35＝285 \text{ 余り } 24$$

より，

$$A \cap B＝\{35×29, \ 35×30, \ 35×31, \ \cdots, \ 35×285\}$$

あとは，(1)と同様に考えることで求めることができます。

(4) PIECE 602 を利用します。

<table>
<tr>
<td>

▶ GOAL

4桁の自然数のうち，5の倍数または7の倍数である自然数の個数がわかる

</td>
<td>＝</td>
<td>

🔧 HOW

（5の倍数の個数）と（7の倍数の個数）を足して，（35の倍数の個数）を引く

</td>
<td>×</td>
<td>

❓ WHY

（35の倍数の個数）が2回分足されてしまうから

</td>
</tr>
</table>

(5) PIECE 204 602 を活用しましょう。

<table>
<tr>
<td>

▶ GOAL

4桁の自然数のうち，35と互いに素である自然数の個数がわかる

</td>
<td>＝</td>
<td>

🔧 HOW

「35と互いに素」を「5の倍数ではない（$\overline{A}$）かつ，7の倍数でもない（$\overline{B}$）」と言いかえる

</td>
<td>×</td>
<td>

❓ WHY

「35と互いに素」を集合Aと集合Bで表すことができ，数えやすくなるから

</td>
</tr>
</table>

［解 答］

4桁の自然数の集合を全体集合Uとし，その部分集合として，5の倍数の集合をA，7の倍数の集合をBとする。

(1)
$$A = \{5 \times 200,\ 5 \times 201,\ 5 \times 202,\ \cdots,\ 5 \times 1999\}$$

より，集合Aの要素の個数は，

$$n(A) = 1999 - 200 + 1 = \mathbf{1800}\ \text{答}$$

(2)
$$B = \{7 \times 143,\ 7 \times 144,\ 7 \times 145,\ \cdots,\ 7 \times 1428\}$$

より，集合Bの要素の個数は，

$$n(B) = 1428 - 143 + 1 = \mathbf{1286}\ \text{答}$$

(3) 4桁の自然数のうち，35の倍数の集合は$A \cap B$と表される。

$$A \cap B = \{35 \times 29,\ 35 \times 30,\ 35 \times 31,\ \cdots,\ 35 \times 285\}$$

より，集合$A \cap B$の要素の個数は，

$$n(A \cap B) = 285 - 29 + 1 = \mathbf{257}\ \text{答}$$

(4) 4桁の自然数のうち，5の倍数または7の倍数である数の集合は$A \cup B$で表され，その要素の個数は，

$$n(A \cup B) = n(A) + n(B) - n(A \cap B)$$
$$= 1800 + 1286 - 257 = \mathbf{2829}\ \text{答}$$

(5) 4桁の自然数のうち，35と互いに素である自然数の集合は$\overline{A} \cap \overline{B}$と表される。

ド・モルガンの法則より，

$$\overline{A} \cap \overline{B} = \overline{A \cup B}$$

であるから，その要素の個数は，

$$n(\overline{A} \cap \overline{B}) = n(\overline{A \cup B}) = n(U) - n(A \cup B)$$
$$= 9000 - 2829 = \mathbf{6171}\ \text{答}$$

PIECE

601　倍数の個数

割り算を利用して個数を求める。

602　和集合の要素の個数

$n(A \cup B)$
$= n(A) + n(B) - n(A \cap B)$

204　ド・モルガンの法則

$\overline{A} \cap \overline{B} = \overline{A \cup B}$

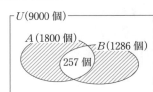

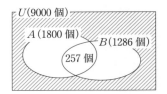

実践問題 041 | 順列

(1) 1, 2, 3, 4, 5 を1回ずつ使ってつくられる5桁の数のうち，一の位が1でなく，かつ十の位が2でないような数は全部で何個あるか。

(2) 5人の大人 A，B，C，D，E と3人の子ども a，b，c が1列に並ぶとき，両端が大人となり，かつ子どもが3人続くような並び方は何通りあるか。

(3) 1, 2, 3, 4, 5, 6, 7 の7個の数字がある。これらの数字を並べて7桁の整数をつくる。ただし，同じ数字は2度以上使わないものとする。このとき，偶数が隣り合わないような7桁の整数は全部で J 個できる。また，これらの J 個の中で奇数となるものは K 個できる。J と K の値を求めよ。

((1) 小樽商科大 (2) 立教大 (3) 九州歯科大)

[▶GOAL = ✋HOW × ❓WHY] ひらめき

(1) **PIECE 604 609** で解いていきます。

▶ GOAL		✋ HOW		❓ WHY
となる個数を求める	=	(i) 一の位が2のとき (ii) 一の位が2以外のとき で場合分けをする	×	一の位が2のときと一の位が2以外のときで，十の位にくることができる数が何通りかが変わるから

(2) **PIECE 605 606** が有効です。

▶ GOAL		✋ HOW		❓ WHY
両端が大人，かつ子どもが3人続くような並び方を求める	=	両端に先に大人を並べてから，子ども3人を1人とみなして，並べる	×	両端に大人という条件がついていて，子ども3人はセットで動くから

(3) J に関して，**PIECE 607** を用います。

▶ GOAL		✋ HOW		❓ WHY
偶数が隣り合わない7桁の整数の総数を求める	=	奇数を並べた後に，偶数を両端または間に入れる	×	両端か間に並べれば，偶数は隣り合わないから

また，K に関して，**PIECE** `604` `607` で考えていきます。

> ▶ **GOAL**
> 偶数が隣り合わない奇数の 7 桁の整数の総数を求める

=

> 👤 **HOW**
> 奇数を 4 つ並べた後に，偶数を両端または間に入れる

×

> ❓ **WHY**
> 一の位が奇数ならば，その数は奇数になるから

奇数 4 つを並べた後は，両端のうち右端に偶数をおけないことに注意しましょう。

［解答］

(1)(i)　一の位が 2 のとき

条件を満たす場合の数は，

$$1 \times 4 \times 3!$$

一	十	百 千 万
2	1	3!
	3	
	4	1, 3, 4, 5 のうち，使っていないものをどのように並べてもよい
	5	

$$4!=24 \text{（個）}$$

(ii)　一の位が 2 以外のとき

一の位の数の決め方は，3 通り。

十の位の数の決め方は，3 通り。

一の位と十の位以外の位の数の決め方は，3! 通り。

よって，条件を満たす場合の数は，

$$3 \times 3 \times 3!=54 \text{（個）}$$

一	十	百 千 万
3	1	3!
4	4	1, 2, 3, 4, 5 のうち，使っていないものをどのように並べてもよい
5	5	

$$3 \times 3 \times 3!$$

(i)と(ii)は同時に起こらないので，求める場合の数は，

$$24+54=\textbf{78 （個）} \text{答}$$

(2)　大人 5 人から 2 人を選んで両端に並べる並べ方は

$$_5\mathrm{P}_2 \text{通り}$$

3 人の子どもの並べ方が 3! 通りであり，

その 3 人を 1 人とみなし，両端に配置した大人 2 人

以外の 3 人と合わせて並べる並べ方が 4! 通り。

以上より，条件を満たす並び方は，

$$_5\mathrm{P}_2 \times 3! \times 4!=\textbf{2880 （通り）} \text{答}$$

① ② ③ ④ ⑤ ⑥
大　　　　　　　大
5　　　　　　　　4
子どもたち，残りの大人 3 人を並べる
$_5\mathrm{P}_2$

(3)　1, 3, 5, 7 すべてを 1 列に並べてできる順列の総数は，

4! 通り

1, 3, 5, 7 の両端または間の 5 か所に 2, 4, 6 の 3 つを並べる並べ方が，$_5\mathrm{P}_3$ 通り。　◀

↑ 1 ↑ 3 ↑ 5 ↑ 7 ↑
① ② ③ ④ ⑤

よって，

$$J=4! \times _5\mathrm{P}_3=\textbf{1440} \text{答}$$

奇数 4 つを並べる並べ方は 4! 通り。

一の位でない 3 つの奇数の両端または間にある 4 つの場所に

2, 4, 6 の 3 つを並べてできる順列の個数は $_4\mathrm{P}_3$ 通り。

よって，

↑ 1 ↑ 7 ↑ 5 ↑ 3
① ② ③ ④

$$K=_4\mathrm{C}_1 \times 3! \times _4\mathrm{P}_3=\textbf{576} \text{答}$$

実践問題 042 ｜ 重複順列

3種類の文字 O, U, S を，くり返しを許して1列に6個並べるとき，次のような並べ方はそれぞれ何通りあるか。

(1) O が含まれないように並べる。

(2) O が2個以上含まれるように並べる。

(3) O, U, S がいずれも2個ずつ含まれるように並べる。

(4) どの連続する3文字も「OUS」とならないように並べる。

(岡山理科大)

[▶GOAL = HOW × WHY]ひらめき

(1) **PIECE 610** で解いていきます。

▶ GOAL		HOW		WHY
O が含まれないような並べ方の総数を求める	=	U と S をくり返して並べる	×	U と S しか使わなければ，O は含まれないから

(2) **PIECE 603** が有効です。

▶ GOAL		HOW		WHY
O が2個以上含まれるような並べ方の総数を求める	=	「O が2個以上含まれる」の補集合，すなわち「O が含まれない」または「O が1個だけ含まれる」を除く	×	O が2個以上含まれる場合は (i) O が2個だけ含まれている (ii) O が3個だけ含まれている (iii) O が4個だけ含まれている (iv) O が5個だけ含まれている (v) O が6個含まれている であり，直接求めるのは大変だから

(3) **PIECE 615** を用いて考えていきましょう。

▶ GOAL		HOW		WHY
OOUUSS の並べ方の総数を求める	=	すべてを区別して並べた順列を (同じものの個数)! で割る	×	すべてを区別して並べると， (同じものの個数)! だけ，重複が発生するから

(4) 本問も **PIECE 706** を用います。

= ×

[解 答]

(1) UとSをくり返しを許して6個並べる並べ方は,

$2^6 = 64$ （通り）答 ◀

$$\begin{array}{cccccc} 1 & 2 & 3 & 4 & 5 & 6 \\ 2 \times & 2 \times & 2 \times & 2 \times & 2 \times & 2 \\ U & U & U & U & U & U \\ S & S & S & S & S & S \end{array}$$

(2) Oが2個以上は含まれない場合を考える。

　(ア) Oが含まれない場合

　　　2^6 通り

　(イ) Oが1個だけ含まれる場合

　　Oがどこにくるかが6通りあり，UとSの並べ方がそれぞれ 2^5 通りずつあるので，

　　　6×2^5 通り ◀ UかSを▲とする。

$$\begin{array}{cccccc} 1 & 2 & 3 & 4 & 5 & 6 \\ O & ▲ & ▲ & ▲ & ▲ & ▲ \\ ▲ & O & ▲ & ▲ & ▲ & ▲ \\ ▲ & ▲ & O & ▲ & ▲ & ▲ \\ ▲ & ▲ & ▲ & O & ▲ & ▲ \\ ▲ & ▲ & ▲ & ▲ & O & ▲ \\ ▲ & ▲ & ▲ & ▲ & ▲ & O \end{array}$$

　　よって，求める並べ方は

　　　$3^6 - (2^6 + 6 \times 2^5) = 3^6 - 2^8$

　　　　　　　$= 729 - 256 = 473$ （通り）答

(3) O，U，Sをそれぞれ2個ずつ並べる並べ方は，同じものを含む順列より，

　　　$\dfrac{6!}{2!2!2!} = 90$ （通り）答

(4) 「連続する3文字『OUS』を含む」場合を考える。

　(i) 「OUS」を2個含む並べ方は　OUSOUS　の1通り。

　(ii) 「OUS」を1個だけ含む並べ方は次の4つの場合がある。

　　(a) O U S □ □ □

　　(b) □ O U S □ □

　　(c) □ □ O U S □

　　(d) □ □ □ O U S

　　(a)，(d)は□□□に OUS と入らなければよいから，それぞれ

　　　$3^3 - 1 = 26$ （通り）

　　　　└── OUSOUS と並ぶ場合の1通りを除く

　　(b)，(c)は3つの□にどの文字が入ってもよいから，それぞれ

　　　$3^3 = 27$ （通り）

　　よって，求める並べ方は，

　　　$3^6 - (1 + 26 \times 2 + 27 \times 2) = 622$ （通り）答

実践問題 043 │ 円順列

男の先生 A，男子生徒 B，C，D，女子生徒 E，F，G，H の 8 人が 8 人用の円卓を囲んで座る。

(1) 男性が 3 人以上続いて並ぶ座り方は全部で何通りあるか。

(2) (1)の座り方のうち先生の両隣が男子生徒となる座り方は全部で何通りあるか。 （南山大）

[▶GOAL = ⚙HOW × ❓WHY] ひらめき

(1) PIECE `606` `607` `612` を用いましょう。

▶ GOAL		⚙ HOW		❓ WHY
男性が 3 人以上続いて並ぶ座り方が何通りかわかる	=	男性 3 人だけが並ぶ場合と 4 人並ぶ場合に分け，女子生徒を先に並べてからその間に男性達を入れる	×	男性が 3 人以上続いて並ぶということは 3 人だけ続くまたは 4 人続く場合であり，隣り合わないという条件がついている男子グループは後から入れればよいから

女子 4 人の円順列は，E さんを固定し，E さんから見える風景の種類を数えればよいですね。

男性が 4 人続く場合は，男性 4 人組を右の図の ①〜④ のどこに入れるかを考え，男性が 3 人だけ続く場合は，3 人組と残りの男性 1 人を，右の図の ①〜④ のどこに入れるかを考えればよいですね。

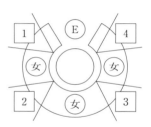

(2) PIECE `605` `612` を活用します。

▶ GOAL		⚙ HOW		❓ WHY
先生の両隣が男子生徒となる座り方は全部で何通りかわかる	=	男の先生を固定し，先生から見える風景の種類を数える。先生の両隣に男子を座らせてから他の 5 人を並べる	×	男の先生の両隣に男子が座れば，男性が 3 人以上続いて並ぶという条件は満たす。先生の両隣が男子という条件が強いので，先生の両隣を先に決めればよいから

先生から見える風景で両隣が男子生徒になるものを数えます。このとき残りの生徒が，右の図の ①〜⑤ にどのように並んだとしても，男性が 3 人以上続けて並ぶという条件を満たすことに注意しましょう。

先生の両隣に男子生徒を並べ，その後に残った 5 人を並べることで，先生から見える風景の種類を数えます。

参考 「(1)の座り方のうち」はなくても，同じ解答となります。

[解 答]

(1)　女子生徒 E を固定して考える。

女子生徒 4 人を円形に並べる並べ方は，

$$(4-1)!=6 （通り）$$

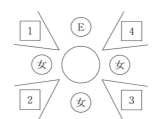

(i)　男性が 4 人続いて並ぶ場合

男性 4 人を 1 列に並べる並べ方は，

$$4! 通り \quad \longleftarrow かたまりの中の並べ方$$

であり，男性 4 人組を女子の間（右の図の $\boxed{1}$〜$\boxed{4}$）に入れる入れ方は，

$$_4C_1=4 （通り）$$

あるので，

$$4! \times 4=96 （通り）$$

(ii)　男性が 3 人だけ続いて並ぶ場合

続いて並ぶ 3 人組の男性の選び方は，

$$_4C_3=4 （通り） \quad \longleftarrow \begin{array}{l}3 人組の男性を選べば \\ 残り 1 人の男性は 1 通りに決まる\end{array}$$

であり，その各々に対して，男性 3 人を 1 列に並べる並べ方は，

$$3! 通り$$

である。男性 3 人組と男性 1 人を女子の間（上の図の $\boxed{1}$〜$\boxed{4}$）に入れる入れ方は，

$$_4P_2 通り$$

であるから，

$$4 \times 3! \times _4P_2=288 （通り）$$

女子生徒を円形に並べた 6 通りのそれぞれに対して(i)，(ii)の並べ方があるので

$$6 \times (96+288)=\mathbf{2304} \textbf{（通り）} 答$$

(2)　先生を固定して考える。

先生の両隣にくる男子生徒の並び方は

$$_3P_2=6 （通り）$$

それぞれに対して，残り 5 人の並び方が 5! 通りあるので

$$6 \times 5!=\mathbf{720} \textbf{（通り）} 答$$

[別 解]

(1)(i)の 96 通りのうち，男の先生が男性 4 人の並びで端以外に並ぶのは，

$$2 \cdot 3! \times 4=48 （通り）$$

(1)(ii)の 288 通りのうち，男の先生が男性 3 人の並びの中央に並ぶのは，

$$3 \cdot 2! \times _4P_2=72 （通り）$$

よって，求める場合の数は，　$\longleftarrow$「6」は女子生徒 4 人を円形に並べる並べ方

$$6 \cdot (48+72)=\mathbf{720} \textbf{（通り）} 答$$

6 章

場合の数

実践問題 044 | 組合せ

n を3以上の整数とする。箱の中に1から n までの数字が1つずつ書かれた n 枚のカードがある。この箱の中から1枚のカードを取り出して，数字を確かめてからもとにもどす。この試行を3回くり返し，1回目，2回目，3回目に取り出したカードの数字をそれぞれ X，Y，Z とするとき，次の各問に答えよ。

(1) $X = Y < Z$ となる (X, Y, Z) の組の個数を求めよ。

(2) X，Y，Z のうち，少なくとも2つが等しい (X, Y, Z) の組の個数を求めよ。

(3) $X < Y < Z$ となる (X, Y, Z) の組の個数を求めよ。

(早稲田大／改)

[▶GOAL = ⚙HOW × ❓WHY] ひらめき

問題の状況を正しく把握することが大切です。n 枚のように枚数が「文字」になっていて把握しづらいと思った人は，この問題に限らず，n を具体数で考えてみるのがおすすめです！

| 1 | 2 | 3 | … | n |

ここでは $n = 6$ として考えてみましょう！

(1) 例えば，$(Y, Z) = (3, 5)$ ならば，X は $X = 3$ の1通りですので，$X = Y < Z$ となる取り出し方の総数は，$Y < Z$ を満たす (Y, Z) の組の総数と等しくなります。$Y < Z$ を満たす (Y, Z) の組の総数は 1 ～ 6 の中から2つを選び，小さい順に Y，Z とすればよいですね。**PIECE** 613 を用いて解きます。

| 1 | 2 | 3 |
| 4 | 5 | 6 |

例 1，4 を取り出した場合，$(Y, Z) = (1, 4)$ （このとき，$X = 1$）

▶ GOAL		⚙ HOW		❓ WHY
$X = Y < Z$ になる場合の数がわかる	$=$	1 ～ 6 から2つ選ぶ選び方を求める	$\times$	求める総数は，$Y < Z$ を満たす (Y, Z) の組の総数と等しいから

(2) X，Y，Z のうち，少なくとも2つが等しい場合は，

$$X = Y \ne Z, \quad Y = Z \ne X, \quad Z = X \ne Y, \quad X = Y = Z$$

の4つの場合が考えられます。

例えば，$X = Y \ne Z$ となる場合は，次のように考えます。用いるのは **PIECE** 604 613 です。

▶ GOAL		⚙ HOW		❓ WHY
$X = Y \ne Z$ となる場合の数がわかる	$=$	1 ～ 6 から2つ選ぶ選び方を求め，X（Y），Z の決め方を考える	$\times$	数の種類としては2種類であり，$X(Y)$，Z がどの数かを考えればよい

$n=6$ として考えると，$\boxed{1}$〜$\boxed{6}$ の中から 2 つを選ぶので，これは ${}_6C_2$ 通りですね！

例えば，$\boxed{2}$ と $\boxed{6}$ を選んだ場合は，X，Y，Z の組は，

$$(X,\ Y,\ Z)=(2,\ 2,\ 6),\ (6,\ 6,\ 2)$$

の 2! 通り考えられます。

よって，$X=Y\neq Z$ となる場合の数は，

$${}_6C_2\times 2!\ \text{通り}\quad\longleftarrow \text{「6」の部分は本当は「}n\text{」なので，【解答】は 6 を }n\text{ として考える}$$

となります。$Y=Z\neq X$，$Z=X\neq Y$ となる場合も同様です。

また，$X=Y=Z$ となる場合は，次のように考えます。このときは **PIECE** 613 です。

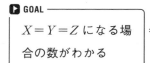 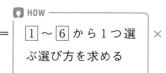

▶ GOAL		🤚 HOW		❓ WHY
$X=Y=Z$ になる場合の数がわかる	$=$	$\boxed{1}$〜$\boxed{6}$ から 1 つ選ぶ選び方を求める	$\times$	$X=Y=Z$ より，選ぶのは 1 種類だから

$\boxed{1}$〜$\boxed{6}$ の中から 1 つを選ぶ選び方は ${}_6C_1$ 通りですね。

(3) こちらも **PIECE** 613 が有効です。

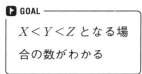 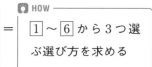

▶ GOAL		🤚 HOW		❓ WHY
$X<Y<Z$ となる場合の数がわかる	$=$	$\boxed{1}$〜$\boxed{6}$ から 3 つ選ぶ選び方を求める	$\times$	小さい順に X，Y，Z とすればよいから

$n=6$ として考えると，$\boxed{1}$〜$\boxed{6}$ の中から 3 つを選ぶので，これは ${}_6C_3$ 通りですね！　例えば，$\boxed{2}$ と $\boxed{3}$ と $\boxed{6}$ を選んだ場合は，$X<Y<Z$ となる X，Y，Z の組は，$(X,\ Y,\ Z)=(2,\ 3,\ 6)$ の 1 通りとなります。

［解 答］

(1) $X=Y<Z$ となる取り出し方の総数は，$Y<Z$ を満たす $(Y,\ Z)$ の組の総数と等しく，

$${}_nC_2=\frac{n(n-1)}{2}\ \text{（通り）}\ \text{答}$$

(2) $X=Y\neq Z$ となる場合の数は，${}_nC_2\times 2!=n(n-1)$ （通り）

$Y=Z\neq X$，$Z=X\neq Y$ も同様より，X，Y，Z のうち，ちょうど 2 つだけが等しくなるのは，$3n(n-1)$ 通り

$X=Y=Z$ となる場合の数は，${}_nC_1=n$ （通り）

よって，X，Y，Z のうち，少なくとも 2 つが等しいのは，

$$3n(n-1)+n=3n^2-2n\ \text{（通り）}\ \text{答}$$

(3) $X<Y<Z$ となる場合の数は，1 から n までの n 個の数のうち，相異なる 3 つの数の組合せの総数だから，

$${}_nC_3=\frac{n(n-1)(n-2)}{6}\ \text{（通り）}\ \text{答}$$

［別 解］

(2) X，Y，Z がすべて異なる場合の補集合と考えて，

$$n^3-{}_nP_3=3n^2-2n\ \text{（通り）}\ \text{答}$$

PIECE

604 **順列**

異なる n 個のものをすべて並べるときは $n!$ 通り

613 **組合せ**

異なる n 個から r 個選ぶ選び方は ${}_nC_r$ 通り

実践問題 045 | 同じものを含む順列

$a, a, a, a, b, b, b, c, c, d$ の 10 文字を 1 列に並べる順列を考える。

(1) このような順列の総数を求めよ。

(2) 2 つの c が隣り合うような順列の総数を求めよ。

(3) c と d が隣り合わないような順列の総数を求めよ。

(信州大)

[▶GOAL = HOW × WHY] ひらめき

(1) **PIECE 615** を活用しましょう。

▶GOAL		HOW		WHY
$a, a, a, a, b, b,$ b, c, c, d の 10 文字を 1 列に並べる順列の総数を求める	=	(すべての個数)! を (同じものの個数)! で割る	×	同じものを含む順列だから

(2) この問題には **PIECE 606** です。

▶GOAL		HOW		WHY
2 つの c が隣り合うような順列の総数を求める	=	2 つの c を 1 つの文字 C として，並べる	×	隣り合う c はセットで動くから

(3) c と d が隣り合わない場合を同時に起こらない 2 つの事象に分けると，

　　㋐ c, c, d がすべて隣り合わない

　　㋑ c と c は隣り合うが，d とは隣り合わない

の 2 つの場合が考えられます。

㋐の場合は次のように考えます。使うのは **PIECE 607** です。

▶GOAL		HOW		WHY
c, c, d がすべて隣り合わない並べ方を求める	=	a と b を並べてから，c, c, d を両端または間に入れる	×	c, d は後から入れれば，隣り合わないように入れることができるから

[step1] a, a, a, a, b, b, b を並べる。

[step2] $a\ a\ a\ a\ b\ b\ b$ の①〜⑧に c, c, d を入れる。
　　　↑　↑　↑　↑　↑　↑　↑　↑
　　　①②③④⑤⑥⑦⑧

2つの c は同じものだから，入れる場所だけ選べばよく，$_8C_2$（通り）。

d は c を入れた場所以外から選べばよいので，$_6C_1=6$（通り）。

(イ)の場合は次のように考えます。**PIECE** 605 606 を用いましょう。

▶ GOAL		✊ HOW		❓ WHY
c と c は隣り合うが，d とは隣り合わない並べ方を求める	=	a と b を並べ，c, c をかたまり C として，a と b を並べた両端と間に，C, d を入れる	×	隣り合う c はセットで動き，C, d を後から入れれば，隣り合わないように入れることができるから

step 1　a, a, a, a, b, b, b を並べる。

step 2　c, c をかたまり C とする。

step 3　$\uparrow a \uparrow a \uparrow a \uparrow a \uparrow b \uparrow b \uparrow b \uparrow$ の①〜⑧に C, d を入れる。
①②③④⑤⑥⑦⑧

C の入れ方は 8 通りであり，d は C を入れた場所以外の 7 通りの入れ方があります。

(ア)，(イ)は同時に起こらないので，それぞれの場合の数を足すことで求めることができます。

［解答］

(1)　a を4個，b を3個，c を2個，d を1個並べる，同じものを含む順列だから

$$\frac{10!}{4!3!2!}=12600 \text{（通り）} 答$$

(2)　2つの c を1つの文字 C とすると，a, a, a, a, b, b, b, C, d の並べ方より

$$\frac{9!}{4!3!}=2520 \text{（通り）} 答$$

(3)(ア)　c, c, d がすべて隣り合わない場合

a, a, a, a, b, b, b を並べ，その間および両端の8か所に c, c, d を入れればよく，

$$\frac{7!}{4!3!}\times_8C_2\times6=5880 \text{（通り）}$$

(イ)　c と c は隣り合うが，d とは隣り合わない場合

a, a, a, a, b, b, b を並べる。c, c を C として，先に並べた7文字の間および両端の8か所に C, d を入れればよく，

$$\frac{7!}{4!3!}\times8\times7=1960 \text{（通り）}$$

(ア)，(イ)は同時に起こらないので，c と d が隣り合わないような順列の総数は，

$$5880+1960=7840 \text{（通り）} 答$$

PIECE

605 **条件がついたときの順列**

606 **隣り合う**
　かたまりとみて考える！

607 **隣り合わない**
　後から入れろ！

615 **同じものを含む順列**
　a を p 個，b を q 個，c を r 個，d を s 個並べる並べ方は，
$$\frac{n!}{p!q!r!s!} \text{通り} \ (p+q+r+s=n)$$

実践問題 046 | 組分け

(1) 6人を2人ずつ3組に分ける方法は何通りあるか。

(2) 7人を2人，2人，3人の3組に分ける方法は何通りあるか。

(3) A，B，C，D，E，F，G，Hの8人から7人を選び，さらにその7人を2人，2人，3人の3組に分ける方法は何通りあるか。またそのうち，A，Bの2人がともに選ばれて，かつ同じ組になる場合の数を求めよ。

(岡山大／改)

[▶GOAL = ❶HOW × ❷WHY] ひらめき

いずれも用いるのは **PIECE 613 614** です。

(1)

▶ GOAL		❶ HOW		❷ WHY
6人を2人ずつ3組に分ける方法は何通りあるかわかる	=	A（2人），B（2人），C（2人）と区別をつけ，3組に分ける方法の数を3!で割る	×	同じ人数の組数が3組であり，組に区別がなくなると，3!通りが同じ分け方として1通りとみなせるから

(2)

▶ GOAL		❶ HOW		❷ WHY
7人を2人，2人，3人の3組に分ける方法は何通りあるかわかる	=	A（2人），B（2人），C（3人）と区別をつけて3組に分ける方法の数を2!で割る	×	同じ人数の組数が2組であり，組に区別がなくなると，2!通りが同じ分け方として1通りとみなせるから

7人を①，②，③，④，⑤，⑥，⑦とすると，

A（2人）　B（2人）　　C（3人）　　　　　　　　区別なし

| ① ② | ③ ④ | ⑤　⑥　⑦ | 　　① ② 　③ ④ 　⑤　⑥　⑦ |

| ③ ④ | ① ② | ⑤　⑥　⑦ |

2!（通り）　　　　　　　　　　　　　　　　1（通り）

◯と▢の並べ方

> 区別をなくすと，区別をつけたときの2!通りを1通りとみなせる。

より，今回の場合，

$$(区別がないときの分け方) = \frac{(区別があるときの分け方)}{2!}$$

となりますね。

(3) A，B，C，D，E，F，G，Hの8人から7人を選び，その7人を2人，2人，3人の3組に分ける分け方は(2)を利用して求めます。

そのうち，A，Bの2人が選ばれて，かつ同じ組になる場合は次のように考えます。

▶ GOAL
A，Bの2人がともに選ばれて，かつ同じ組になる場合の数を求める

＝

👤 HOW
(i)AとBが2人の組に入る場合，(ii)AとBが3人の組に入る場合に分けて考える

×

❓ WHY
同時に起こらない場合として，(i)と(ii)の場合が考えられるから

［ 解 答 ］

PIECE

613 組合せ

異なる n 個から r 個を選ぶ選び方は ${}_nC_r$ 通り

614 組分け

組に区別をつけた分け方を（同じ人数の組数)! で割る

(1) 6人を2人ずつA，B，Cの3組に分ける方法は，

$$\quad {}_6C_2 \times {}_4C_2 \times {}_2C_2 = 90 \text{（通り）}$$

実際は組の区別がないので，3! で割って，

$$\frac{90}{3!} = \mathbf{15} \text{（通り）} 答$$

(2) 7人をA（2人），B（2人），C（3人）の3組に分ける方法は，

$$\quad {}_7C_2 \times {}_5C_2 \times {}_3C_3 = 210 \text{（通り）}$$

実際は人数が同じであるA，Bの組の区別はないので，2! で割って，

$$\frac{210}{2!} = \mathbf{105} \text{（通り）} 答$$

(3) A，B，C，D，E，F，G，Hの8人から7人を選ぶ選び方は，

$$\quad {}_8C_7 = 8 \text{（通り）}$$

7人を2人，2人，3人の3組に分ける分け方は，(2)より，

　　　105通り

よって，A，B，C，D，E，F，G，Hの8人から7人を選び，さらにその7人を2人，2人，3人の3組に分ける分け方は，

　　　$8 \times 105 = \mathbf{840} \text{（通り）} 答$

そのうち，A，Bの2人がともに選ばれて，かつ同じ組になる場合について考える。

(i) AとBが2人の組に入るとき

残りの6人のうち5人を選んで2人，3人の組に分ける方法は

$$\quad {}_6C_5 \times {}_5C_2 \times {}_3C_3 = 60 \text{（通り）}$$

(ii) AとBが3人の組に入るとき

残りの6人のうち5人を選んで，そのうち，A，Bと同じ組に入る1人を選び，さらに残りの4人を2人，2人の組に分ける方法は，

$$\quad {}_6C_5 \times {}_5C_1 \times \frac{{}_4C_2 \times {}_2C_2}{2!} = 90 \text{（通り）}$$

(i)，(ii)は同時に起こらないので，求める場合の数は

　　　$60 + 90 = \mathbf{150} \text{（通り）} 答$

実践問題 047 | 重複組合せ

正の整数 n に対して，

$$x+y+z=n \quad \cdots\cdots(*)$$

を満たす自然数の組 (x, y, z) について，以下の問いに答えよ。

(1)　$n=8$ のとき，$(*)$を満たす自然数の組 (x, y, z) の個数を求めよ。

(2)　$(*)$を満たす自然数の組 (x, y, z) の個数を n を用いて表せ。

（鳥取大）

[▶GOAL = ❶HOW × ❷WHY] ひらめき

PIECE 616 を活用しましょう。

(1)　$n=8$ のとき，$(*)$は，

$$x+y+z=8$$

となり，これを満たす $x \geqq 0$，$y \geqq 0$，$z \geqq 0$ の (x, y, z) の組の個数であれば，

　　　○と｜の並べ方

と対応させることで求められます。しかし，この問題の x, y, z は自然数なので，

$$x \geqq 1, \ y \geqq 1, \ z \geqq 1$$

すなわち

$$x-1 \geqq 0, \ y-1 \geqq 0, \ z-1 \geqq 0$$

です。

よって，$x-1=X$，$y-1=Y$，$z-1=Z$ とおくことで，X，Y，Z は

$$X \geqq 0, \ Y \geqq 0, \ Z \geqq 0$$

を満たす整数となり，$(*)$は，

$$\begin{array}{ll}(x-1)+(y-1)+(z-1)=8-3 & \xleftarrow{\begin{subarray}{l} x-1=X, \\ y-1=Y, \\ z-1=Z \end{subarray}} \\ \qquad\qquad X+Y+Z=5 \end{array}$$

となります。よって

$$x+y+z=8 \quad (x \geqq 1, \ y \geqq 1, \ z \geqq 1) \quad \cdots\cdots①$$

を満たす (x, y, z) の組の個数と

$$X+Y+Z=5 \quad (X \geqq 0, \ Y \geqq 0, \ Z \geqq 0) \quad \cdots\cdots②$$

を満たす (X, Y, Z) の組の個数は一致します。

　　　例　(x, y, z) 　　　　　(X, Y, Z)

　　　　　$(1, 2, 5)$ ⟷ $(0, 1, 4)$

　　　　　$(2, 2, 4)$ ⟷ $(1, 1, 3)$

①を満たす (x, y, z) の組の個数を求める代わりに，②を満たす (X, Y, Z) の組の個数を求めてもよく，②を満たす (X, Y, Z) の組の個数のほうが求めやすいので，こちらを求めます。

▶ GOAL		🙂 HOW		❓ WHY
$x+y+z=8$ …① $(x\geqq1,\ y\geqq1,\ z\geqq1)$ を満たす $(x,\ y,\ z)$ の組の個数を求める	=	$X+Y+Z=5$ …② $(X\geqq0, Y\geqq0, Z\geqq0)$ を満たす $(X,\ Y,\ Z)$ の組の個数を求める	×	①を満たす $(x,\ y,\ z)$ の組の個数と一致し，○と｜の並べ方に対応させて考えられるから

参考 $x\geqq2,\ y\geqq4,\ z\geqq3$ のときは，$x-2=X,\ y-4=Y,\ z-3=Z$ とおくと，同じようにできますね。

(2) (1)で 8 だった部分が n に変わるだけですね！

▶ GOAL		🙂 HOW		❓ WHY
$x+y+z=n$ を満たす $(x,\ y,\ z)$ の組の個数を求める	=	「$n\geqq3$ のとき」と「$n\leqq2$」で場合分けをして考える	×	$n\leqq2$ の場合は $x+y+z=n$ $(x\geqq1,\ y\geqq1,\ z\geqq1)$ を満たす $(x,\ y,\ z)$ は存在しないから

[解 答]

(1) $n=8$ とすると，

$\qquad x+y+z=8 \quad (x\geqq1,\ y\geqq1,\ z\geqq1) \quad \cdots\cdots①$

$x-1=X,\ y-1=Y,\ z-1=Z$ とおくと，$X,\ Y,\ Z$ は 0 以上の整数であり，

$\qquad (x-1)+(y-1)+(z-1)=8-3 \quad (x-1\geqq0,\ y-1\geqq0,\ z-1\geqq0)$

$\qquad X+Y+Z=5 \quad (X\geqq0,\ Y\geqq0,\ Z\geqq0) \quad \cdots\cdots②$

①を満たす $(x,\ y,\ z)$ の個数は，②を満たす $(X,\ Y,\ Z)$ の個数と等しく，②を満たす $(X,\ Y,\ Z)$ の組の個数は，

○ 5 個と｜2 本の並べ方より，

$\qquad \dfrac{7!}{5!2!}=\textbf{21（組）}$ 答

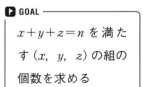

(2) $\qquad x+y+z=n \quad (x\geqq1,\ y\geqq1,\ z\geqq1) \quad \cdots\cdots③$

$n\geqq3$ のとき，$x-1=X,\ y-1=Y,\ z-1=Z$ とおくと，$X,\ Y,\ Z$ は 0 以上の整数であり，

$\qquad (x-1)+(y-1)+(z-1)=n-3 \quad (x-1\geqq0,\ y-1\geqq0,\ z-1\geqq0)$

$\qquad X+Y+Z=n-3 \quad (X\geqq0,\ Y\geqq0,\ Z\geqq0) \quad \cdots\cdots④$

③を満たす $(x,\ y,\ z)$ の個数は，④を満たす $(X,\ Y,\ Z)$ の個数と等しく，④を満たす $(X,\ Y,\ Z)$ の組の個数は，

○ $n-3$ 個と｜2 本の並べ方より，

$\qquad \dfrac{(n-1)!}{(n-3)!2!}=\dfrac{(n-1)(n-2)(n-3)!}{(n-3)!\cdot2\cdot1} \quad\longleftarrow (n-1)!=(n-1)(n-2)(n-3)!$

$\qquad\qquad =\dfrac{1}{2}(n-1)(n-2)\text{（組）} \quad \cdots\cdots⑤$

$n=1,\ 2$ のとき，$x+y+z=n$ となる $(x,\ y,\ z)$ の組は存在しないので，⑤は $n=1,\ 2$ のときも成り立つ。

よって，③を満たす $(x,\ y,\ z)$ の組は，

$\qquad \dfrac{1}{2}\textbf{(n-1)(n-2) 組}$ 答

PIECE 701 試行と事象

[レベル ★★★]

例題

1個のサイコロを投げたとき，3の倍数の目が出る確率を求めよ。

CHECK

試行…くり返すことができる実験や観測など

事象…試行の結果として起こる事柄

例 「サイコロを投げたら，3の目が出た」 場合

「サイコロを投げる」が試行，

「3の目が出た」が事象

全事象…ある試行において起こり得るすべての事象

根元事象…これ以上細かく分けることができない事象

例 「1個のサイコロを投げる」試行において，根元事象は

「1の目が出る」「2の目が出る」

「3の目が出る」「4の目が出る」

「5の目が出る」「6の目が出る」

空事象…根元事象を1つも含まない事象であり，空集合 ϕ で表す。空事象は決して起こらない事象である

すべての場合の起こりやすさが同じであるとき，

$$(A が起こる確率)$$
$$=\frac{(A が起こる場合の数)}{(起こり得るすべての場合の数)}$$

このように，確率は，

場合の数の比

で表すことができる。

[解答]

1個のサイコロを投げたとき，

1の目が出る，2の目が出る，

3の目が出る，4の目が出る，

5の目が出る，6の目が出る

の6通りが考えられる。

このうち，3の倍数の目が出ているのは，

3の目が出る，6の目が出る

の2通りより，3の倍数の目が出る確率は，

$$\frac{2}{6}=\frac{1}{3} \text{答}$$

参考
「3の倍数の目が出る」という事象は，「6回に2回の比率」，つまり，「3回に1回の比率」程度で起こると考えられる，ということ。このように，「確率」というのは，事象の「起こりやすさ」を数値で表したものである。

$$(A が起こる確率)$$
$$=\frac{(A が起こる場合の数)}{(起こり得るすべての場合の数)}$$

POINT

702 同様に確からしい

[レベル ★★★]

例題

赤球2個と白球3個が入った袋から球を1個取り出す。

(1) 取り出し方は何通りか。

(2) 赤球を取り出す確率を求めよ。

CHECK

同様に確からしい

　…事象の起こりやすさがどれも同じである
　こと

起こり得るどの根元事象も同様に確からしい
とき,

　(事象 A が起こる確率)

$=\dfrac{(\text{事象 } A \text{ が起こるような根元事象の数})}{(\text{起こり得るすべての根元事象の数})}$

今回の問題の設定だと, 赤球と白球は個数
が異なるので,

　　「赤球が出る」と「白球が出る」

という根元事象は「同様に確からしい」とい
えないから, (2)においては

　　赤₁, 赤₂, 白₁, 白₂, 白₃

と区別して考える。すると, 根元事象は

　「赤₁が出る」「赤₂が出る」

　「白₁が出る」「白₂が出る」「白₃が出る」

となり, 同様に確からしくなる。
(根元事象の起こりやすさが等しくなる。)

参考
(1)は場合の数の問題であり, 勝手に区別してはいけない。
赤球のような物は, 断りがない限り区別しないで考える。
(2)の問題は確率の問題であり, 起こり得るどの根元事象も
同様に確からしいとき
　　(事象 A が起こる確率)
　$=\dfrac{(\text{事象 } A \text{ が起こるような根元事象の数})}{(\text{起こり得るすべての根元事象の数})}$
で求めることができるから, (2)は区別して考える。

[解 答]

(1) 赤を取り出す, または白を取り出す場合があるから

2通り 答

(2) 赤球を 赤₁, 赤₂, 白球を 白₁, 白₂, 白₃ として, すべて
の球を区別して考えると, 球の取り出し方は全部で5通
りであり, どの場合も同様に確からしい。

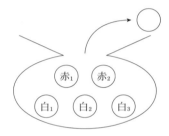

このうち, 赤球を取り出す場合は「赤₁を取り出す」「赤₂
を取り出す」の2通りであるから, 求める確率は,

$\dfrac{2}{5}$ 答

参考
「赤を取り出す」よりも「白を取り出す」事象のほうが起こりや
すい。つまり, 「赤を取り出す」事象と「白を取り出す」事象の2
通りは同様に確からしいとはいえないので, 求める確率は $\dfrac{1}{2}$ と
はならない。

> **確率を求めるときは, 見た目の区別がつかないもの**
> **も, すべて区別して考える**
>
> **POINT**

7章
確率

703 確率の基本性質

[レベル ★ ★ ★]

例 題

x 軸上を動く点 P が原点の位置にある。1 個のサイコロを投げて，奇数の目が出たら P は正の向き
に 1 だけ進み，偶数の目が出たら P は正の向きに出た目の数だけ進む。サイコロを 1 回投げた後，
点 P が次の位置にある確率を求めよ。

(1) 2

(2) 原点

(3) $0 \le x \le 6$

CHECK

全事象 U の中の事象 A について考える。

**$n(A)$ を事象 A の根元事象の個数，$n(U)$
を全事象 U の根元事象の個数とする。**

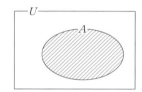

$$0 \le n(A) \le n(U)$$

であり，各辺を $n(U)$（>0）で割ると，

$$\frac{0}{n(U)} \le \frac{n(A)}{n(U)} \le \frac{n(U)}{n(U)}$$

$$0 \le P(A) \le 1$$

「絶対に起こりえない事象」

が起こる確率は 0 より，

$$P(\phi) = 0$$

「必ず起こる事象」

が起こる確率は 1 より，

$$P(U) = 1$$

[解 答]

全事象は 6 通り。

(1) サイコロを 1 回投げた後，点 P が 2 にいるのは，2 の
目が出るときであるから，求める確率は，

$$\frac{1}{6} \text{答}$$

(2) サイコロを 1 回投げた後，点 P が原点にいることは起
こりえないので，求める確率は，

$$\frac{0}{6} = 0 \text{答}$$

(3) サイコロを 1 回投げた後，点 P は，

1，2，4，6

のいずれかにいるので，$0 \le x \le 6$ には必ずいる。よって，
求める確率は，

$$\frac{6}{6} = 1 \text{答}$$

確率は 0 以上 1 以下の値をとり，「起こりえない事
象」が起こる確率は 0，「必ず起こる事象」が起こる
確率は 1 である

POINT

PIECE 704 排反事象

[レベル ★★★]

[例題]

2個のサイコロを同時に投げるとき，目の和が5の倍数となる確率を求めよ。

CHECK

2つの事象 A と B が同時に起こることがないとき，A と B は排反である，または，排反事象であるといい，

$$A \cap B = \phi$$

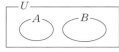

このとき，

$$P(A \cup B) = P(A) + P(B) \quad \cdots\cdots(*)$$

求めたい事象を排反な事象に分けることができるときは，(*)を用いて確率を求めることができる。

[解答]

2個のサイコロの出る目をそれぞれ X，Y とする。2個のサイコロの目の出方は

$6 \times 6 = 36$（通り）

(i) 目の和が5となるのは，
$$(X,\ Y) = (1,\ 4),\ (2,\ 3),\ (3,\ 2),\ (4,\ 1)$$
の4通り。

(ii) 目の和が10となるのは，
$$(X,\ Y) = (4,\ 6),\ (5,\ 5),\ (6,\ 4)$$
の3通り。

目の和が5となる事象と目の和が10となる事象は排反であるから，(i)，(ii)より求める確率は，

$$\frac{4}{36} + \frac{3}{36} = \frac{7}{36}\ \text{答}$$

> **2つの事象 A と B が排反のとき**
> $$P(A \cup B) = P(A) + P(B)$$
> **POINT**

PIECE 705 和事象の確率

[レベル ★★★]

[例題]

サイコロを1個投げるとき，出た目が奇数であるかまたは3以上である確率を求めよ。

CHECK

全事象 U の中に2つの事象 A，B があり，$A \cap B \neq \phi$ のとき，次が成り立つ。

$$P(A \cup B) = P(A) + P(B) - P(A \cap B)$$

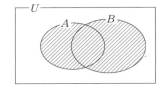

[解答]

「奇数の目が出る」事象を A，「3以上の目が出る」事象を B とすると，

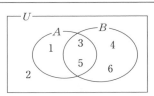

$$P(A \cup B) = P(A) + P(B) - P(A \cap B)$$

$$= \frac{3}{6} + \frac{4}{6} - \frac{2}{6}$$

$$= \frac{5}{6}\ \text{答}$$

> **2つの事象 A，B に対して，次が成り立つ**
> $$P(A \cup B) = P(A) + P(B) - P(A \cap B)$$
> **POINT**

PIECE 706 余事象の確率

[レベル ★★★]

例題

3個のサイコロを同時に投げるとき，出た目の少なくとも1つが偶数である確率を求めよ。

CHECK

全事象を U とする。

事象 A に対して，「A が起こらない」という事象を A の余事象といい，$\overline{A}$ と表す。このとき，

$$P(\overline{A})=1-P(A)$$

また，

$$P(A)=1-P(\overline{A})$$

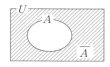

[解答]

「出た目の少なくとも1つが偶数である」という事象を A とすると，その余事象 $\overline{A}$ は「出た目が3つとも奇数である」という事象である。求める確率は，

$$P(A)=1-P(\overline{A})$$
$$=1-\frac{3^3}{6^3}$$
$$=1-\frac{1}{8}$$
$$=\frac{7}{8} \text{ 答}$$

参考

排反な事象に分けると，

(i) 出た目が3つとも偶数 ⎤
(ii) 出た目が偶数2つ，奇数1つ ⎥ 確率を
(iii) 出た目が偶数1つ，奇数2つ ⎦ 求めたい事象
(iv) 出た目が3つとも奇数 ← これを除くほうが楽

$$P(\overline{A})=1-P(A), \quad P(A)=1-P(\overline{A})$$

POINT

PIECE 707 独立試行の確率

[レベル ★★★]

例題

1個のサイコロと1枚のコインを投げるとき，サイコロは3の倍数の目が出て，コインは表が出る確率を求めよ。

CHECK

2つの試行 T_1，T_2 が互いに他方の結果に影響を与えないとき，T_1 と T_2 は独立であるという。

例 T_1：サイコロを投げる，T_2：コインを投げる

2つの試行 T_1 と T_2 が独立なとき，

「T_1 で事象 A が起こり，T_2 で事象 B が起こる」

確率は，

$$P(A) \times P(B)$$

で求めることができる。

今回の問題の場合，

起こり得るすべての場合の数は

サイコロ	コイン	
$\underline{6}$	$\times$	$\underline{2}$ 通り
1	— 表	
2 <	裏	
3 <		
4 <		
5 <		
6 <		

サイコロは3の倍数の目が出て，コインは表が出るのは

サイコロ	コイン	
$\underline{2}$	$\times$	$\underline{1}$ 通り
3	— 表	
6		

よって，求める確率は

$$\frac{2 \times 1}{6 \times 2} = \frac{2}{6} \times \frac{1}{2}$$

$$= \frac{2}{6} \times \frac{1}{2} = P(3\,の倍数の目が出る) \times P(表が出る)$$

このように試行が独立の場合は，それぞれの確率の積で求めることができる。

[解答]

1個のサイコロを投げて3の倍数の目が出る確率は $\dfrac{2}{6}$

1枚のコインを投げて表が出る確率は $\dfrac{1}{2}$

よって，求める確率は

$$\frac{2}{6} \times \frac{1}{2} = \frac{1}{6}\ 答$$

2つの試行が独立な場合，確率を掛けることができる

POINT

7章 確率

708 反復試行の確率

[レベル ★★★]

例題

A さんと B さんがある勝負をするとき，A さんが勝つ確率は $\frac{1}{3}$，B さんが勝つ確率は $\frac{2}{3}$ である。この勝負を 3 回行ったとき，A さんが 1 勝 2 敗となる確率を求めよ。

CHECK

反復試行…同じ条件のもとで，同じ試行を何度もくり返す試行

例 1 個のサイコロをくり返し投げる

今回の問題で A さんが 1 勝 2 敗となるのは次の場合である。

1 回の勝負において，A さんの勝ちを「◎」，B さんの勝ちを「×」と表すと，

次の 3 パターンの事象 X，Y，Z に分けることができる。

	1回目	2回目	3回目		
X	◎	×	×	$\cdots$	$\frac{1}{3} \times \frac{2}{3} \times \frac{2}{3} = \left(\frac{1}{3}\right)\left(\frac{2}{3}\right)^2$
Y	×	◎	×	$\cdots$	$\frac{2}{3} \times \frac{1}{3} \times \frac{2}{3} = \left(\frac{1}{3}\right)\left(\frac{2}{3}\right)^2$
Z	×	×	◎	$\cdots$	$\frac{2}{3} \times \frac{2}{3} \times \frac{1}{3} = \left(\frac{1}{3}\right)\left(\frac{2}{3}\right)^2$

$\left(\frac{1}{3}\right)\left(\frac{2}{3}\right)^2$ を 1 つの場合の確率ということで，「サンプルの確率」と呼ぶことにする

事象 X，Y，Z はそれぞれ排反より，求める確率は，

$$P(X) + P(Y) + P(Z) = \left(\frac{1}{3}\right)\left(\frac{2}{3}\right)^2 + \left(\frac{1}{3}\right)\left(\frac{2}{3}\right)^2 + \left(\frac{1}{3}\right)\left(\frac{2}{3}\right)^2 = 3 \times \left(\frac{1}{3}\right)\left(\frac{2}{3}\right)^2$$

上の式の「3」は「◎，×，×の並べ方」であり，同じものを含む順列の公式より，

$$\frac{3!}{2!} = 3$$

1 2 3
□□□
の中から◎を並べる場所を
1 か所選べばよく，$\frac{3!}{2!}$ の
部分は「$_3C_1$」でも OK

で求められる。つまり，A さんが 1 勝 2 敗となる確率は，

$$\underbrace{\frac{3!}{2!}}_{◎,\ ×,\ ×の並べ方} \times \underbrace{\left(\frac{1}{3}\right)\left(\frac{2}{3}\right)^2}_{サンプルの確率} \left(= {}_3C_1\left(\frac{1}{3}\right)\left(\frac{2}{3}\right)^2\right)$$

このように，反復試行の確率は

（並べ方）×（サンプルの確率）

で求めることができる。

[解答]

求める確率は，

$$\frac{3!}{2!} \times \left(\frac{1}{3}\right)\left(\frac{2}{3}\right)^2 = \frac{4}{9} \ 答$$

> 反復試行の確率は
> 　　（並べ方）×（サンプルの確率）

POINT

PIECE 709 条件付き確率

[例 題]

1，2，3，4，5 の番号のついた赤球が 1 個ずつと，1，2 の番号のついた白球が 1 個ずつ，計 7 個の球が入っている袋がある。この袋から 1 個の球を取り出すとき，取り出した球の番号が奇数であるという事象を A，取り出した球の色が赤であるという事象を B とする。このとき，$P_A(B)$ を求めよ。

CHECK

1 つの試行における 2 つの事象 A，B について，事象 A が起こったという条件のもとで事象 B が起こる確率を，A が起こったときの B が起こる条件付き確率といい，$P_A(B)$ と表す。

全事象を U とする。2 つの事象 A，B について，条件つき確率 $P_A(B)$ は「A を全事象としたときの事象 B が起こる確率」であり，次の式で表される。

ただし，$n(A) \neq 0$ とする。

$$P_A(B) = \frac{n(A \cap B)}{n(A)} = \frac{\dfrac{n(A \cap B)}{n(U)}}{\dfrac{n(A)}{n(U)}}$$

$$= \frac{P(A \cap B)}{P(A)}$$

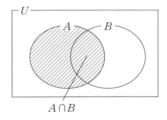

$A \cap B$

[解 答]

全事象を U とする。

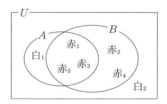

$$P_A(B) = \frac{n(A \cap B)}{n(A)}$$

$$= \frac{3}{4} \text{答}$$

[別 解]

$$P_A(B) = \frac{P(A \cap B)}{P(A)}$$

$$= \frac{\dfrac{3}{7}}{\dfrac{4}{7}}$$

$$= \frac{3}{4} \text{答}$$

参考
問題によっては，確率しか求められない場合もあるので，[別解]の解き方もしっかり押さえておこう。

$$P_A(B) = \frac{n(A \cap B)}{n(A)} = \frac{P(A \cap B)}{P(A)}$$

POINT

7 章

確率

PIECE 710 確率の乗法定理

例題

袋の中に当たりくじが3本，はずれくじが2本入っている。この袋から1本のくじを引き，引いたくじを袋に戻さずにさらに2本目のくじを引く。このとき，1本目も2本目も当たりを引く確率を求めよ。

CHECK

1つの試行における2つの事象 A，B について，A が起こったときの B が起こる条件付き確率 $P_A(B)$ は，次の式で求められる。

$$P_A(B) = \frac{P(A \cap B)}{P(A)}$$

この両辺に $P(A)$ を掛けると，

$$P(A \cap B) = P(A) \times P_A(B)$$

が得られる。

[解 答]

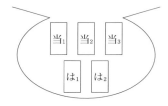

1本目に当たりを引く事象を A，

2本目に当たりを引く事象を B

とする。

$$P(A \cap B) = P(A) \times P_A(B)$$
$$= \frac{3}{5} \times \frac{2}{4}$$
$$= \frac{3}{10} \text{答}$$

参考

$P(A \cap B)$ を求めるとき，$P_A(B)$ が求めやすい場合は，

$$P(A \cap B) = P(A) \times P_A(B)$$

を利用する。今回の問題の $P_A(B)$ は，1本目に当たりを引いた条件のもとで，2本目に当たりを引く確率である。1本目に当たりを引くと，袋の中は

当たり2本，はずれ2本

であり，この中から当たりを引く確率が $P_A(B)$ であるから

$$P_A(B) = \frac{2}{4}$$

と求めやすい。

$$P(A \cap B) = P(A) \times P_A(B)$$

POINT

PIECE 711 期待値

[レベル ★★★]

例題

右のような賞金がもらえる 100 本のくじがある。このくじを 1 本だけ引くとき，賞金の期待値を求めよ。

	賞金(円)	本数(本)
1 等	1000	10
2 等	500	20
3 等	100	70

CHECK

賞金の期待値とは，1 本あたりの賞金の平均のことである。

$$（1 本あたりの賞金の平均）＝\frac{（賞金の合計）}{（くじの本数）}$$

より，今回の問題において

$$（1 本あたりの賞金の平均）＝\frac{1000×10＋500×20＋100×70}{100}$$

$$＝1000×\frac{10}{100}＋500×\frac{20}{100}＋100×\frac{70}{100}$$

1 等の　1 等が出　2 等の　2 等が出　3 等の　3 等が出
賞金　る確率　賞金　る確率　賞金　る確率

それぞれの項をみると

（賞金額）×（それが当たる確率）

になっている。

このような，1 回の試行あたりに期待できる値（平均）を期待値といい，

「（変量の値）×（その値をとる確率）」の総和

で求めることができる。

一般に，変量 X のとり得る値とその確率が次の表のようになっているとき，

X	x_1	x_2	$\cdots$	x_n	計
$P(X=x_i)$	p_1	p_2	$\cdots$	p_n	1

$$x_1p_1＋x_2p_2＋\cdots＋x_np_n$$

を，確率変数 X の平均または期待値といい，$E(X)$ で表す。

[解答]

賞金	1000	500	100	計
確率	$\frac{10}{100}$	$\frac{20}{100}$	$\frac{70}{100}$	1

$$1000×\frac{10}{100}＋500×\frac{20}{100}＋100×\frac{70}{100}$$

$$＝100＋100＋70$$

$$＝270（円）\text{答}$$

X	x_1	x_2	$\cdots$	x_n	計
$P(X=x_i)$	p_1	p_2	$\cdots$	p_n	1

のとき，（期待値）＝$x_1p_1＋x_2p_2＋\cdots＋x_np_n$

POINT

7 章 確率

実践問題 048 │ 確率

赤玉 4 個，青玉 3 個，白玉 2 個の入った袋から，4 つの玉を同時に取り出す。

(1) 取り出した 4 つの玉の中に白玉が入っていない確率を求めよ。

(2) 取り出した 4 つの玉の中に青玉が入っている確率を求めよ。

(3) 取り出した 4 つの玉の中に赤玉，青玉，白玉のどの色の玉も少なくとも 1 つ入っている確率を求めよ。

（学習院大／改）

[▶GOAL = 🖐HOW × ❓WHY] ひらめき

確率の問題は，

　　　起こりやすさをそろえる

ために，

　　　すべて区別して考える

ことが基本です。

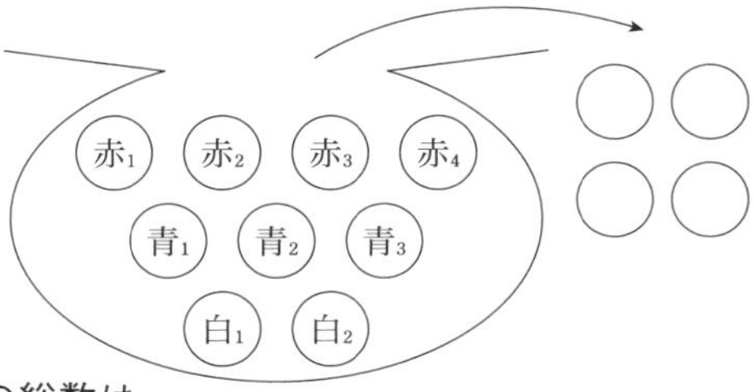

すべて区別すると，右図のようになり，4 つの玉の取り出し方の総数は，

　　　$_9C_4$ 通り

であり，同様に確からしいですね。

(1) 白玉が入っていないということは，赤玉または青玉から選べばよいことになります。**PIECE 613** で解きましょう。

▶ GOAL	🖐 HOW	❓ WHY
4 つの玉の中に白玉が入っていない，すなわち，4 つとも赤玉または青玉の確率が求められる	赤$_1$，赤$_2$，赤$_3$，赤$_4$，青$_1$，青$_2$，青$_3$ の異なる7個の玉から4つを選ぶ選び方を考える	白玉が入っていないということは，赤玉と青玉から選ぶということだから

(2) 青玉が入っているのは，

　　　(i) 青玉がちょうど 1 つだけ入っている場合　　(ii) 青玉がちょうど 2 つだけ入っている場合

　　　(iii) 青玉が 3 つ入っている場合

が考えられますが，3 パターン求めるのは手間がかかりますね。そこで **PIECE 706** です。

▶ GOAL	🖐 HOW	❓ WHY
4 つの玉の中に青玉が入っている確率が求められる	P(青玉が入っている) $=1-P$(青玉が入っていない) と考える	(i)〜(iii)のそれぞれの確率を求めて足すのは手間だから

(3) 4つの玉の中に赤玉，青玉，白玉のどれもが入っている場合を排反な事象に分けると，

  (ア) 赤玉が2個，青玉が1個，白玉が1個の場合

  (イ) 赤玉が1個，青玉が2個，白玉が1個の場合

  (ウ) 赤玉が1個，青玉が1個，白玉が2個の場合

が考えられます。このように，確率の問題では，

  排反な事象に分けて

考えることが基本です。**PIECE** 613 を使いましょう。

▶ GOAL

4つの玉の中に赤玉，青玉，白玉のどの色の玉も少なくとも1つ入っている確率が求められる

$=$

🛠 HOW

(ア)，(イ)，(ウ)のそれぞれの場合の数を求め，足し合わせる

$\times$

❓ WHY

余事象は，「3色が含まれていない」になるが，

 (エ) 赤玉4個，

 (オ) 赤玉3個，青玉1個

 (カ) 赤玉2個，青玉2個

 (キ) 赤玉1個，青玉3個

 (ク) 青玉4個

   $\vdots$

となり，余事象を求めるほうが大変だから。

本問のように，「少なくとも」ときても，余事象を利用する解法が最適とは限りません。

[解 答]

PIECE

613 **組合せ**

異なる n 個から r 個選ぶ選び方は $_nC_r$ 通り

702 **同様に確からしい**

706 **余事象の確率**

(1) 赤玉と青玉をあわせた7個から4個を取り出す場合の確率だから

$$\dfrac{_7C_4}{_9C_4}=\dfrac{\dfrac{7\cdot6\cdot5}{3\cdot2\cdot1}}{\dfrac{9\cdot8\cdot7\cdot6}{4\cdot3\cdot2\cdot1}}=\dfrac{7\cdot5}{9\cdot7\cdot2} \quad\longleftarrow {}_7C_4={}_7C_3$$

$$=\dfrac{\mathbf{5}}{\mathbf{18}}\;\text{答}$$

(2) 余事象は，赤玉と白玉をあわせた6個のうち4個を取り出す事象だから，求める確率は

$$1-\dfrac{_6C_4}{_9C_4}=1-\dfrac{\dfrac{6\cdot5}{2\cdot1}}{\dfrac{9\cdot7\cdot2}{}}=1-\dfrac{3\cdot5}{9\cdot7\cdot2} \quad\longleftarrow {}_6C_4={}_6C_2$$

$$=1-\dfrac{5}{42}=\dfrac{\mathbf{37}}{\mathbf{42}}\;\text{答}$$

(3) 赤玉が2個，青玉が1個，白玉が1個，または赤玉が1個，青玉が2個，白玉が1個，または赤玉が1個，青玉が1個，白玉が2個を取り出す場合の確率だから

$$\dfrac{_4C_2\cdot_3C_1\cdot_2C_1+_4C_1\cdot_3C_2\cdot_2C_1+_4C_1\cdot_3C_1\cdot_2C_2}{_9C_4}=\dfrac{6\cdot3\cdot2+4\cdot3\cdot2+4\cdot3\cdot1}{9\cdot7\cdot2}$$

$\longleftarrow {}_4C_2$：赤玉2個の選び方
$\quad\;\;{}_3C_1$：青玉1個の選び方
$\quad\;\;{}_2C_1$：白玉1個の選び方

$$=\dfrac{6(3\cdot2+4+2)}{9\cdot7\cdot2}$$

$$=\dfrac{\mathbf{4}}{\mathbf{7}}\;\text{答}$$

実践問題 049 │ 復元抽出の確率

1から5までの番号が1つずつ書かれた5枚のカードが箱に入っている。この箱からカードを1枚取り出し，番号を確認してからもとに戻す。この試行を3回続けて行い，取り出したカードの番号を順に a_1，a_2，a_3 とする。次の問いに答えよ。

(1) $a_1 < a_2 < a_3$ となる確率を求めよ。

(2) $(a_1 - a_2)(a_2 - a_3)(a_3 - a_1) = 0$ となる確率を求めよ。

(3) $a_1 a_2 - a_2 a_3 + a_3 a_1 = 0$ となる確率を求めよ。

(秋田大)

[▶GOAL = 🔧HOW × ❓WHY] ひらめき

(1) **実践問題 044**(3)と同じように，3つの数を選び，小さい順に a_1，a_2，a_3 とすればよいですね。

(2) $(a_1 - a_2)(a_2 - a_3)(a_3 - a_1) = 0 \iff a_1 - a_2 = 0$ または $a_2 - a_3 = 0$ または $a_3 - a_1 = 0$

$\iff a_1 = a_2$ または $a_2 = a_3$ または $a_3 = a_1$

となります。つまり，3回のうち少なくとも2回は同じ数が出るということですね！ **PIECE 706** を活かしましょう。

▶ GOAL	🔧 HOW	❓ WHY
$(a_1 - a_2)(a_2 - a_3)$ $(a_3 - a_1) = 0$ となる確率が求められる	$P((a_1 - a_2)(a_2 - a_3)(a_3 - a_1) = 0)$ $= 1 - P(a_1,\ a_2,\ a_3$ が すべて異なる) と考える	$(a_1 - a_2)(a_2 - a_3)(a_3 - a_1) = 0$ の余事象は，「a_1，a_2，a_3 がすべて異なる」であり，確率が求めやすいから

(3) $a_1 a_2 - a_2 a_3 + a_3 a_1 = 0$ において，$a_1 = 2$ の場合を考えてみましょう！

$2a_2 - a_2 a_3 + 2a_3 = 0$ となりますが，$a_2 = x$，$a_3 = y$ とすると，

$2x - xy + 2y = 0 \iff xy - 2x - 2y = 0$

$\iff x(y - 2) - 2(y - 2) - 4 = 0$

$\iff (x - 2)(y - 2) = 4$

となりますね。この式変形をヒントにして，次のように式変形します。**PIECE 807** が役に立ちます。

$a_1 a_2 - a_2 a_3 + a_3 a_1 = 0 \iff a_2(a_1 - a_3) - a_1(a_1 - a_3) + a_1^2 = 0$

$\iff (a_2 - a_1)(a_1 - a_3) = -a_1^2$

$\iff (a_2 - a_1)(a_3 - a_1) = a_1^2 \quad \cdots\cdots(*)$

▶ GOAL	🔧 HOW	❓ WHY
$a_1 a_2 - a_2 a_3 + a_3 a_1 = 0$ となる確率が求められる	$(*)$を (整数)×(整数) =(整数) の形に変形する	a_1，a_2，a_3 は整数であり，絞り込みやすくなるから

㋐ $a_1=1$ のとき，㋑ $a_1=2$ のとき，㋒ $a_1=3$ のとき，㋓ $a_1=4$ のとき，㋔ $a_1=5$ のとき，

の場合の数を求め，足し合わせることで(*)を満たす $(a_1,\ a_2,\ a_3)$ の組の個数を求めます。

［解答］

$a_1,\ a_2,\ a_3$ の選び方は全部で 5^3 通り。

(1) 1～5 から 3 数を選び，小さい順に

$a_1,\ a_2,\ a_3$ とすればよく，求める確率は，

$$\frac{{}_5C_3}{5^3}=\frac{2}{25}\ \text{答}$$

PIECE

706 余事象の確率

807 2 次式の不定方程式

| 1 | 2 | 3 | 4 | 5 |

(2) $(a_1-a_2)(a_2-a_3)(a_3-a_1)=0$

となるのは，

$$a_1-a_2=0 \quad \text{または} \quad a_2-a_3=0 \quad \text{または} \quad a_3-a_1=0$$

すなわち，

$$a_1=a_2 \quad \text{または} \quad a_2=a_3 \quad \text{または} \quad a_3=a_1$$

これは，「$a_1,\ a_2,\ a_3$ がすべて異なる」の余事象であるから，求める確率は，

$$1-\frac{5\cdot4\cdot3}{5^3}=\frac{13}{25}\ \text{答}$$

少なくとも 2 回同じ数が出るのは，
次の(ⅰ)，(ⅱ)の場合であり，
余事象は(ⅲ)
(ⅰ) 2 回同じ数が出る
(ⅱ) 3 回同じ数が出る
(ⅲ) 同じ数が出ない（すべて異なる）

7章

確率

(3) $a_1a_2-a_2a_3+a_3a_1=0 \iff (a_2-a_1)(a_3-a_1)=a_1{}^2$

㋐ $a_1=1$ のとき

$$(a_2-1)(a_3-1)=1 \ \text{より}, \begin{cases} a_2-1=1 \\ a_3-1=1 \end{cases}$$

であるから，$(a_1,\ a_2,\ a_3)=(1,\ 2,\ 2)$ の 1 通り

㋑ $a_1=2$ のとき

$$(a_2-2)(a_3-2)=4 \ \text{より}, \begin{cases} a_2-2=2 \\ a_3-2=2 \end{cases}$$

であるから，$(a_1,\ a_2,\ a_3)=(2,\ 4,\ 4)$ の 1 通り。

$1\leqq a_2\leqq5,\ 1\leqq a_3\leqq5$
より
$\begin{cases} a_2-2=4 \\ a_3-2=1 \end{cases}$
などは起こり得ない

㋒ $a_1=3$ のとき

$(a_2-3)(a_3-3)=9$ を満たす $(a_1,\ a_2,\ a_3)$ は存在しない。

㋓ $a_1=4$ のとき

$(a_2-4)(a_3-4)=16$ を満たす $(a_1,\ a_2,\ a_3)$ は存在しない。

㋔ $a_1=5$ のとき

$(a_2-5)(a_3-5)=25$ を満たす $(a_1,\ a_2,\ a_3)$ は存在しない。

㋐～㋔より，求める確率は，

$$\frac{1+1}{5^3}=\frac{2}{125}\ \text{答}$$

実践問題 050 │ サイコロの色々な確率

次のような 3 つのサイコロがある。

> サイコロ A（正六面体）　：1 から 6 までのどの目が出る確率も等しい
>
> サイコロ B（正八面体）　：1 から 8 までのどの目が出る確率も等しい
>
> サイコロ C（正二十面体）：1 から 20 までのどの目が出る確率も等しい

このとき，次の問いに答えよ。

(1)　サイコロ B とサイコロ C を同時に振ったとき，2 つの出た目の積が 3 の倍数となる確率を求めよ。

(2)　3 つのサイコロ A，B，C を同時に振ったとき，3 つの出た目がすべて 3 以上である確率を求めよ。

(3)　3 つのサイコロ A，B，C を同時に振ったとき，3 つの出た目の最小値が 3 である確率を求めよ。

（岩手大）

[▶GOAL = ⚙HOW × ❓WHY] ひらめき

(1)　2 つの出た目の積が 3 の倍数ということは，少なくとも 1 つの目が 3 の倍数であればよいですね。

B の目だけが 3 の倍数，C の目だけが 3 の倍数，B と C の目が 3 の倍数のときと場合分けして求めてもよいですが，少し大変です。よって，余事象「B の目も C の目も 3 の倍数ではない」の確率を求め，1 から引くことで求めます。

PIECE 706 707 を用いましょう。

▶ GOAL		⚙ HOW		❓ WHY
2 つの出た目の積が 3 の倍数となる確率が求められる	$=$	P(積が 3 の倍数) $=1-P$(積が 3 の倍数でない) $=1-P$(B の目が 3 の倍数でない) $\times P$(C の目が 3 の倍数でない)	$\times$	積が 3 の倍数になるには，少なくとも 1 つが 3 の倍数であればよく，また，「B のサイコロを投げる」という試行と「C のサイコロを投げる」という試行は独立だから

(2)　**PIECE** 707 で考えていきましょう。

▶ GOAL		⚙ HOW		❓ WHY
3 つの出た目がすべて 3 以上である確率が求められる	$=$	P(3 つの出た目がすべて 3 以上) $=P$(A の目が 3 以上) $\times P$(B の目が 3 以上) $\times P$(C の目が 3 以上)	$\times$	「A のサイコロを投げる」という試行と「B のサイコロを投げる」という試行と「C のサイコロを投げる」という試行は独立だから

(3) すべての目が３以上となる場合から，すべての目が４以上となる
場合を除けば，少なくとも１つは３が入っているので最小値は３に
なります（１と２は入っていないので）。**PIECE** `712` が有効です。

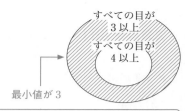

すべての目が
３以上

すべての目が
４以上

最小値が３

▶ GOAL

３つの出た目の最小
値が３である確率が
求められる

=

✿ HOW

$P(最小値が3)=$
$P(すべての目が3以上)$
$-P(すべての目が4以上)$

×

? WHY

「すべての目が３以上」の場合から，３の目
が１つも出ない場合，すなわち，「すべての
目が４以上」の場合を除いた場合が，最小
値が３となる場合だから

[解 答]

(1) １以上８以下の自然数のうち３で割り切れるものは３と６だから，

サイコロ B の出た目が３の倍数でない確率は，$\dfrac{6}{8}=\dfrac{3}{4}$

１以上 20 以下の自然数のうち３で割り切れるものは６個あるから，サイコロ C

の出た目が３の倍数でない確率は，$\dfrac{14}{20}=\dfrac{7}{10}$

よって，サイコロ B，C の出た目の積が３の倍数でない確率は，$\dfrac{3}{4}\times\dfrac{7}{10}=\dfrac{21}{40}$

したがって，２つの出た目の積が３の倍数となる確率は，

$1-\dfrac{21}{40}=\dfrac{\mathbf{19}}{\mathbf{40}}$ 答

(2) サイコロ A の出た目が３以上である確率は，$\dfrac{4}{6}=\dfrac{2}{3}$

サイコロ B の出た目が３以上である確率は，$\dfrac{6}{8}=\dfrac{3}{4}$

サイコロ C の出た目が３以上である確率は，$\dfrac{18}{20}=\dfrac{9}{10}$

であるから，A，B，C の目がすべて３以上である確率は，

$\dfrac{2}{3}\times\dfrac{3}{4}\times\dfrac{9}{10}=\dfrac{\mathbf{9}}{\mathbf{20}}$ 答

(3) サイコロ A の出た目が４以上である確率は，$\dfrac{3}{6}=\dfrac{1}{2}$

サイコロ B の出た目が４以上である確率は，$\dfrac{5}{8}$

サイコロ C の出た目が４以上である確率は，$\dfrac{17}{20}$

であるから，A，B，C の目がすべて４以上である確率は，$\dfrac{1}{2}\times\dfrac{5}{8}\times\dfrac{17}{20}=\dfrac{17}{64}$

A，B，C の３つの出た目の最小値が３となるのは，「すべての目が３以上」の場合から「すべての目が４以上」の場合を除

いたものであるから，求める確率は，$\dfrac{9}{20}-\dfrac{17}{64}=\dfrac{\mathbf{59}}{\mathbf{320}}$ 答

PIECE

`706` 余事象の確率

`707` 独立試行の確率

`712` 最小値の確率

7 章

確率

実践問題 051 | じゃんけんの確率

n を 2 以上の自然数とする。n 人でじゃんけんをする。各人はグー，チョキ，パーをそれぞれ $\dfrac{1}{3}$ の確率で出すものとする。勝者が 1 人に決まるまでじゃんけんをくり返す。ただし，負けた人はその後のじゃんけんには参加しない。

(1) 1 回目のじゃんけんで，勝者がただ 1 人に決まる確率を求めよ。

(2) 1 回目のじゃんけんで，あいこになる確率を求めよ。

(3) $n=5$ のとき，ちょうど 2 回のじゃんけんで，勝者がただ 1 人に決まる確率を求めよ。

(信州大)

[▶GOAL = 🔧HOW × ❓WHY] ひらめき

じゃんけんは 1 人の手の出し方が「グー，チョキ，パー」の 3 通りありますね。よって，分母は，

$$(n \text{ 人の手の出し方}) = \overset{①}{3} \times \overset{②}{3} \times \overset{③}{3} \times \cdots \times \overset{⑥}{3} = 3^n \text{ (通り)}$$

であり，同様に確からしいですね。

(1) **PIECE** `613` を使います。

▶ GOAL		🔧 HOW		❓ WHY
1 回のじゃんけんで勝者がただ 1 人に決まる確率がわかる	=	「誰が」，「何の手」で勝つかに着目する	×	勝つ人の手が決まれば負ける人の手は 1 通りに決まるので，負ける人の手は考えなくてよいから

「誰が」勝つかは，n 人中 1 人を選べばよく，${}_nC_1$ 通り

「何の手」で勝つかは，グー，チョキ，パーのいずれかであり，${}_3C_1 = 3$ （通り）

(2) あいこになる場合は，

      (ア) 全員がグーまたは全員がチョキまたは全員がパーを出す（手が 1 種類）

      (イ) グー，チョキ，パーをそれぞれ少なくとも 1 人が出す（手が 3 種類）

です。これは

      (ウ) グー，チョキ，パーの 3 種類のうち 2 種類だけを出す（手が 2 種類）

の余事象ですね！　**PIECE** `609` `613` で解きましょう。

    例　グーとチョキの 2 種類の場合

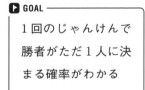
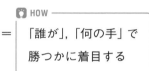

GOAL

あいこになる確率，すなわち，㋑の余事象の確率が求められる

=

HOW

3種類のうちどの2種類の手を出すかと2種類の手の出し方に着目して，㋑の確率を求める

×

WHY

$P(あいこ)=1-P(㋑)$ だから

(3) 5人でじゃんけんをするとき，ちょうど2回のじゃんけんで，勝者がただ1人に決まる確率を求めたいので，2回目の参加人数に着目して場合分けしましょう。使うのは **PIECE** 704 です。

└── 1回目で勝者がいる場合は勝者の人数，あいこの場合は全員

　　　　1回目　　　2回目　　　　　　　　　　誰が── ──何の手で

(a)　あいこ　　1人が勝つ … $P((2)$の n に5を代入$) \times \dfrac{{}_5C_1 \cdot 3}{3^5}$　◀── 2回目の参加人数は5人

(b)　4人が勝つ　1人が勝つ … $\dfrac{{}_5C_4 \cdot 3}{3^5} \times \dfrac{{}_4C_1 \cdot 3}{3^4}$　◀── 2回目の参加人数は4人

(c)　3人が勝つ　1人が勝つ … $\dfrac{{}_5C_3 \cdot 3}{3^5} \times \dfrac{{}_3C_1 \cdot 3}{3^3}$　◀── 2回目の参加人数は3人

(d)　2人が勝つ　1人が勝つ … $\dfrac{{}_5C_2 \cdot 3}{3^5} \times \dfrac{{}_2C_1 \cdot 3}{3^2}$　◀── 2回目の参加人数は2人

GOAL

2回のじゃんけんで勝者がただ1人に決まる確率がわかる

=

HOW

1回目の勝者の人数によって場合分けする

×

WHY

排反な事象に分けたいから

[解 答]

(1) n 人のうちの1人がグー，チョキ，パーのうちどれかの手で勝つ場合だから

$$\dfrac{{}_nC_1 \cdot 3}{3^n} = \dfrac{n}{3^{n-1}} \quad 答$$

(2) あいこになるのは「n 人がグー，チョキ，パーの3種類のうち2種類だけを出す」事象の余事象だから

$$1 - \dfrac{{}_3C_2(2^n - 2)}{3^n} = \dfrac{3^{n-1} - 2^n + 2}{3^{n-1}} \quad 答$$

(3) 1回目のじゃんけんの結果は，あいこ，4人が勝つ，3人が勝つ，2人が勝つ場合の4通りがあるから，求める確率は

$$\dfrac{3^4 - 2^5 + 2}{3^4} \times \dfrac{{}_5C_1 \cdot 3}{3^5} + \dfrac{{}_5C_4 \cdot 3}{3^5} \times \dfrac{{}_4C_1 \cdot 3}{3^4} + \dfrac{{}_5C_3 \cdot 3}{3^5} \times \dfrac{{}_3C_1 \cdot 3}{3^3} + \dfrac{{}_5C_2 \cdot 3}{3^5} \times \dfrac{{}_2C_1 \cdot 3}{3^2}$$

$$= \dfrac{85}{3^7} + \dfrac{20}{3^7} + \dfrac{10}{3^5} + \dfrac{20}{3^5}$$

$$= \dfrac{375}{3^7} = \dfrac{125}{729} \quad 答$$

PIECE

609 重複順列

n 個の中から r 個並べる重複順列は n^r 通り

613 組合せ

異なる n 個から r 個選ぶ選び方は ${}_nC_r$ 通り

704 排反事象

排反な事象に分けて考える

実践問題 052 | 積が倍数の確率

袋の中に 2, 3, 5, 7 の数字が書かれた球が 1 つずつ入っている。この袋から無作為に 1 つの球を取り出し袋の中に戻す操作を 4 回行う。この 4 回の試行のうち k 回目に取り出された球に書かれた数字を A_k とし，$X = A_1 \times A_2 \times A_3 \times A_4$ とする。例えば，取り出された球に書かれた数字が順に 7, 2, 2, 5 であったとき，X は $7 \times 2 \times 2 \times 5 = 140$ になる。この X について次の問いに答えよ。

(1) X が奇数になる確率を求めよ。

(2) X が 5 の倍数になる確率を求めよ。

(3) X が 10 の倍数になる確率を求めよ。

(津田塾大)

[▶ GOAL = 🖐 HOW × ❓ WHY] ひらめき

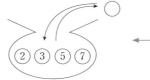

◀── 今回の問題がどのような状況かを
図にかいておくと
状況が把握しやすい

(1) **PIECE 707** を用います。

▶ GOAL	🖐 HOW	❓ WHY
$X = A_1 \times A_2 \times A_3 \times A_4$ が奇数になる確率を求める	$= \begin{aligned} &P(A_1 \text{ が奇数}) \\ &\times P(A_2 \text{ が奇数}) \\ &\times P(A_3 \text{ が奇数}) \\ &\times P(A_4 \text{ が奇数}) \end{aligned}$	$\times$ X が奇数となるのは A_1, A_2, A_3, A_4 がすべて奇数であり，また，各回の試行は独立だから

(2) 積が素数 p の倍数の場合は，次のように余事象を使うとよいでしょう！ 今回は，5 は素数であり，5 の倍数は 5 しかないことに注意しましょう。**PIECE 706** の出番ですね。

▶ GOAL	🖐 HOW	❓ WHY
$X = A_1 \times A_2 \times A_3 \times A_4$ が 5 の倍数となる確率を求める	$= 1 - P(A_1, A_2, A_3, A_4 \text{ がすべて 5 の倍数でない})$	$\times$ A_1, A_2, A_3, A_4 の少なくとも 1 つが 5 の倍数であればよく，直接求めるのは大変だから

(3) $10 = 2 \times 5$ は偶数かつ 5 の倍数ですね。

▶ GOAL	🖐 HOW	❓ WHY
X が 10 の倍数となる確率を求める	$=$ 集合を利用する	$\times$ 2 つの事柄が関係する場合は，関係性を整理しやすいから

X が偶数でない事象を E,

—— 奇数

X が 5 の倍数でない事象を F

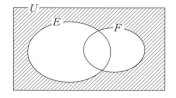

直接求めやすいものを集合でおくことがおススメです。偶数や 5 の倍数などは，直接求めるのは大変です！

とすると，

$\overline{E} \cap \overline{F}$：偶数かつ 5 の倍数すなわち 10 の倍数

より，求める確率は $P(\overline{E} \cap \overline{F})$ となります。

$$P(\overline{E} \cap \overline{F}) = 1 - P(E \cup F)$$
$$= 1 - \{P(E) + P(F) - P(E \cap F)\}$$

と求めることができます。

よって，$P(E)$，$P(F)$，$P(E \cap F)$ が求められればよいですね。**PIECE** 705 706 を用います。

[解 答]

(1) X が奇数になるのは，4 回の試行のすべてにおいて球の数字が奇数のときである。

1 回の試行で，球の数字が奇数である確率は $\frac{3}{4}$ であるから，求める確率は

$$\frac{3}{4} \times \frac{3}{4} \times \frac{3}{4} \times \frac{3}{4} = \frac{81}{256} \text{答}$$

PIECE

705 **和事象の確率**

$$P(E \cup F) = P(E) + P(F) - P(E \cap F)$$

706 **余事象の確率**

707 **独立試行の確率**

(2) 1 回の試行で球の数字が 5 の倍数でない確率は $\frac{3}{4}$ である。

「X が 5 の倍数」は「A_1，A_2，A_3，A_4 がすべて 5 の倍数でない」の余事象であるから，求める確率は，

$$1 - \frac{3}{4} \times \frac{3}{4} \times \frac{3}{4} \times \frac{3}{4} = 1 - \frac{81}{256}$$
$$= \frac{175}{256} \text{答}$$

(3) X が 10 の倍数になるのは，X が偶数かつ 5 の倍数のときである。

X が偶数でない事象を E，X が 5 の倍数でない事象を F とすると，

$\overline{E} \cap \overline{F}$：偶数かつ 5 の倍数，すなわち，10 の倍数

であり，$P(\overline{E} \cap \overline{F})$ が求める確率である。

$$P(\overline{E} \cap \overline{F}) = P(\overline{E \cup F}) = 1 - P(E \cup F)$$
$$= 1 - \{P(E) + P(F) - P(E \cap F)\}$$

(1)，(2)より，

$$P(E) = \frac{81}{256}, \ P(F) = \frac{81}{256}$$

また，$E \cap F$ はどの回も 3 または 7 が出る事象であるから，

$$P(E \cap F) = \frac{2}{4} \times \frac{2}{4} \times \frac{2}{4} \times \frac{2}{4} = \frac{16}{256}$$

よって，求める確率は，

$$P(\overline{E} \cap \overline{F}) = 1 - \left(\frac{81}{256} + \frac{81}{256} - \frac{16}{256}\right)$$
$$= \frac{55}{128} \text{答}$$

$\frac{16}{256}$ を約分して $\frac{1}{16}$ としてしまうと通分することになり，二度手間

実践問題 053 │ 確率の最大値

n を自然数とする。袋 A には赤球 7 個と白球 n 個が入っている。中身をよくかき混ぜた後で，袋 A から球を同時に 2 個取り出す。袋 A から取り出した 2 個の球の色が異なる確率を p_n とするとき，以下の問いに答えよ。

(1) p_n を n の式で表せ。

(2) p_n が最大となる n の値を求めよ。またそのときの p_n の値を求めよ。

（福井大）

[▶GOAL = ⚙HOW × ❓WHY] ひらめき

(1) **PIECE 613** が有効です。

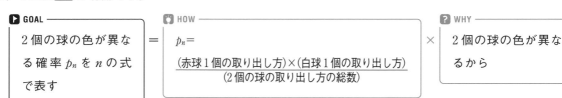

▶GOAL
2 個の球の色が異なる確率 p_n を n の式で表す

⚙HOW
$p_n = \dfrac{（赤球 1 個の取り出し方）×（白球 1 個の取り出し方）}{（2 個の球の取り出し方の総数）}$

❓WHY
2 個の球の色が異なるから

また，p_n を求めるのに必要な球の取り出し方は，次の表のようになります。

球 2 個の取り出し方の総数	赤球 1 個の取り出し方	白球 1 個の取り出し方
$_{n+7}C_2$ 通り	$_7C_1$ 通り	$_nC_1$ 通り

(2) 今回の場合は **PIECE 107** を用います。

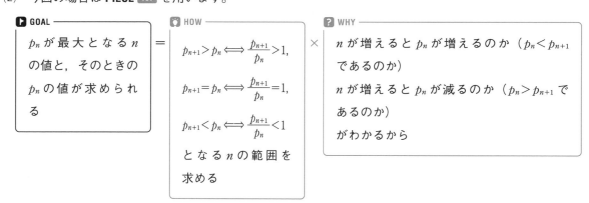

▶GOAL
p_n が最大となる n の値と，そのときの p_n の値が求められる

⚙HOW
$p_{n+1} > p_n \Longleftrightarrow \dfrac{p_{n+1}}{p_n} > 1,$

$p_{n+1} = p_n \Longleftrightarrow \dfrac{p_{n+1}}{p_n} = 1,$

$p_{n+1} < p_n \Longleftrightarrow \dfrac{p_{n+1}}{p_n} < 1$

となる n の範囲を求める

❓WHY
n が増えると p_n が増えるのか（$p_n < p_{n+1}$ であるのか）

n が増えると p_n が減るのか（$p_n > p_{n+1}$ であるのか）

がわかるから

例えば，$p_n < p_{n+1}$ となる n の範囲が $1 \leqq n \leqq 5$ となったとしましょう。

$n = 1$ を $p_n < p_{n+1}$ に代入して，$p_1 < p_2$

$n = 2$ を $p_n < p_{n+1}$ に代入して，$p_2 < p_3$

$\vdots$

$n = 5$ を $p_n < p_{n+1}$ に代入して，$p_5 < p_6$

よって，

$p_1 < p_2 < p_3 < p_4 < p_5 < p_6$ ……①

そして，$p_n=p_{n+1}$ となる n の値が $n=6$ だとすると，

$$p_6=p_7 \qquad\qquad \cdots\cdots②$$

さらに，$p_n>p_{n+1}$ となる n の範囲が $n\geqq7$ だとすると，

　　　$n=7$ を $p_n>p_{n+1}$ に代入して，$p_7>p_8$

　　　$n=8$ を $p_n>p_{n+1}$ に代入して，$p_8>p_9$

　　　　　　　　　　　$\vdots$

よって，

$$p_7>p_8>p_9>\cdots \qquad\qquad \cdots\cdots③$$

①，②，③より，

$$p_1<p_2<\cdots<p_5<p_6=p_7>p_8>\cdots$$

これから

　　　p_1 よりも p_2 が大きい，$\cdots$，p_5 よりも p_6 が大きい，

　　　p_6 と p_7 が等しい，p_7 よりも p_8 が小さい，$\cdots$

とわかるので，p_n が最大になるのは $n=6$，7 のときであることがわかります。

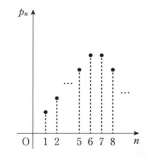

［解 答］

(1) p_n は袋 A から赤球 1 個と白球 1 個を取り出す確率であるから，

$$p_n=\frac{{}_7\mathrm{C}_1\cdot{}_n\mathrm{C}_1}{{}_{n+7}\mathrm{C}_2}=\boldsymbol{\frac{14n}{(n+7)(n+6)}}\ \text{答}$$

$$\longleftarrow \quad {}_{n+7}\mathrm{C}_2=\frac{(n+7)(n+6)}{2\cdot1}$$
$$=\frac{(n+7)(n+6)}{2}$$

> **PIECE**
>
> **107** 1次不等式，連立不等式
>
> **613** 組合せ
>
> 異なる n 個から r 個選ぶ選び方は ${}_n\mathrm{C}_r$ 通り

(2) $\dfrac{p_{n+1}}{p_n}=\dfrac{\dfrac{14(n+1)}{(n+8)(n+7)}}{\dfrac{14n}{(n+7)(n+6)}}$

$\longleftarrow\ p_n=\dfrac{14n}{(n+7)(n+6)}$ の

n を $n+1$ に変えたものが p_{n+1}

$\qquad=\dfrac{14(n+1)}{(n+8)(n+7)}\times\dfrac{(n+7)(n+6)}{14n}$

$\qquad=\dfrac{(n+1)(n+6)}{n(n+8)}$

$$p_{n+1}>p_n \iff \frac{p_{n+1}}{p_n}>1$$

$$\iff \frac{(n+1)(n+6)}{n(n+8)}>1$$

$$\iff (n+1)(n+6)>n(n+8)$$

$$\iff 6>n$$

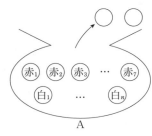

$p_n=p_{n+1}$，$p_n>p_{n+1}$ となる範囲も同様に考えると

　　　$1\leqq n\leqq5$ のとき，$p_n<p_{n+1}$

　　　$n=6$ のとき，　　　$p_n=p_{n+1}$

　　　$n\geqq7$ のとき，　　$p_n>p_{n+1}$

これより，

$$p_1<p_2<\cdots<p_5<p_6=p_7>p_8>\cdots$$

よって，p_n が最大となる n の値は，**6，7** 答

また，このときの p_n の値は，$p_6=p_7=\boldsymbol{\dfrac{7}{13}}$ 答

$\longleftarrow\ p_n=\dfrac{14n}{(n+7)(n+6)}$

に $n=6$（もしくは 7）を代入

実践問題 054 | 反復試行の確率

コインが5枚ある。サイコロを振って出た目によって，これらのコインを1枚ずつ3つの箱A，B，Cのいずれかに入れていく。出た目が1であればコインを1枚，箱Aに入れる。出た目が2か3であればコインを1枚，箱Bに入れる。出た目が4か5か6であればコインを1枚，箱Cに入れる。サイコロを5回振ったとき，次の問いに答えよ。

(1) 箱Aと箱Bにコインがそれぞれちょうど2枚ずつ入っている確率を求めよ。

(2) A，B，Cいずれの箱にもコインが1枚以上入っている確率を求めよ。

(千葉大)

[▶GOAL = ❶HOW × ❷WHY] ひらめき

A：1の目が出る　　B：2，3の目が出る　　C：4，5，6の目が出る

とすると，

$$P(A)=\frac{1}{6},\ P(B)=\frac{2}{6}=\frac{1}{3},\ P(C)=\frac{3}{6}=\frac{1}{2}$$

であり，(2)の条件を満たすのは，Aが2回，Bが2回，Cが1回起こった場合ですね。

(1) **PIECE 708** を活用します。

▶ GOAL		❶ HOW		❷ WHY
箱Aと箱Bにコインがそれぞれちょうど2枚ずつ入っている確率が求まる	=	$(AABBC$の並べ方$)$ $\times \{P(A)\}^2\{P(B)\}^2P(C)$	×	$\{P(A)\}^2\{P(B)\}^2P(C)$ を $AABBC$ の並べ方個分だけ足したものだから

詳しく見ていきましょう！

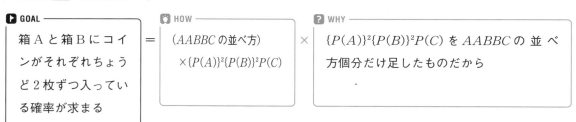

よって，求める確率は $\left(\dfrac{1}{6}\right)^2\left(\dfrac{1}{3}\right)^2\dfrac{1}{2}$ を $\dfrac{5!}{2!2!}$ 個分だけ足したものですから，

└→ サンプルの確率　　　$AABBC$ の並べ方 ←┘

$$\frac{5!}{2!2!}\times\left(\frac{1}{6}\right)^2\left(\frac{1}{3}\right)^2\frac{1}{2}$$

(2) サイコロを 5 回振ったとき，A，B，C の箱に入っているコインの枚数をそれぞれ a, b, c とすれば，条件を満たすのは，

$$(a,\ b,\ c) = (2,\ 2,\ 1),\ (2,\ 1,\ 2),\ (1,\ 2,\ 2),\ (1,\ 1,\ 3),\ (1,\ 3,\ 1),\ (3,\ 1,\ 1)$$

であり，(1)と同様にしてそれぞれの確率を求め，足し合わせることで確率を求めることができます。

別解として，「$1 - P$（空の箱が存在する）」で求めることもできます。空の箱が存在する確率は，

$P(A \ と \ B \ と \ C \ が空) = 0$ より

$$P(空の箱が存在する) = P(A \ が空) + P(B \ が空) + P(C \ が空)$$
$$- P(A \ と \ B \ が空) - P(B \ と \ C \ が空) - P(A \ と \ C \ が空)$$

で求めることができます。

[解 答]

サイコロを 1 回振ったときに，1 の目が出る事象を A とし，2，3 の目が出る事象を B とし，4，5，6 の目が出る事象を C とすると，

PIECE

708 反復試行の確率

（反復試行の確率）
＝（並べ方）×（サンプルの確率）

$$P(A) = \frac{1}{6},\ P(B) = \frac{1}{3},\ P(C) = \frac{1}{2}$$

(1) サイコロを 5 回振ったとき，箱 A と箱 B にコインがちょうど 2 枚ずつ入っているのは，A が 2 回，B が 2 回，C が 1 回起こった場合であるから，求める確率は，

$$\frac{5!}{2!2!}\left(\frac{1}{6}\right)^2\left(\frac{1}{3}\right)^2\frac{1}{2} = \frac{5}{108} \ 答$$

(2) サイコロを 5 回振ったとき，A，B，C の箱に入っているコインの枚数をそれぞれ a, b, c とすると，条件を満たすのは，

$$(a,\ b,\ c) = (2,\ 2,\ 1),\ (2,\ 1,\ 2),\ (1,\ 2,\ 2),\ (1,\ 1,\ 3),\ (1,\ 3,\ 1),\ (3,\ 1,\ 1)$$

のいずれかの場合であるから，求める確率は，

$$\frac{5!}{2!2!}\left(\frac{1}{6}\right)^2\left(\frac{1}{3}\right)^2\frac{1}{2} + \frac{5!}{2!2!}\left(\frac{1}{6}\right)^2\frac{1}{3}\left(\frac{1}{2}\right)^2 + \frac{5!}{2!2!}\cdot\frac{1}{6}\left(\frac{1}{3}\right)^2\left(\frac{1}{2}\right)^2 + \frac{5!}{3!}\cdot\frac{1}{6}\cdot\frac{1}{3}\left(\frac{1}{2}\right)^3 + \frac{5!}{3!}\cdot\frac{1}{6}\left(\frac{1}{3}\right)^3\frac{1}{2} + \frac{5!}{3!}\left(\frac{1}{6}\right)^3\frac{1}{3}\cdot\frac{1}{2}$$

$$= \frac{30}{648} + \frac{45}{648} + \frac{90}{648} + \frac{90}{648} + \frac{40}{648} + \frac{10}{648} = \frac{305}{648} \ 答$$

[別 解]

(2) A が空になる確率，B が空になる確率，C が空になる確率はそれぞれ

$$\{1 - P(A)\}^5 = \left(\frac{5}{6}\right)^5,\ \{1 - P(B)\}^5 = \left(\frac{2}{3}\right)^5,\ \{1 - P(C)\}^5 = \left(\frac{1}{2}\right)^5$$

A と B が空になる確率，B と C が空になる確率，A と C が空になる確率はそれぞれ

$$\{P(C)\}^5 = \left(\frac{1}{2}\right)^5,\ \{P(A)\}^5 = \left(\frac{1}{6}\right)^5,\ \{P(B)\}^5 = \left(\frac{1}{3}\right)^5$$

である。

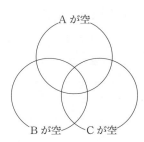

A，B，C すべてが空になることはないので，空の箱が存在する確率は，

$$\left(\frac{5}{6}\right)^5 + \left(\frac{2}{3}\right)^5 + \left(\frac{1}{2}\right)^5 - \left(\frac{1}{2}\right)^5 - \left(\frac{1}{6}\right)^5 - \left(\frac{1}{3}\right)^5 = \frac{5^5 + 4^5 - 1^5 - 2^5}{6^5} = \frac{343}{648}$$

よって，A，B，C いずれの箱にもコインが 1 枚以上入っている確率は，

$$1 - \frac{343}{648} = \frac{305}{648} \ 答$$

実践問題 055 │ 優勝する確率

A，Bの2チームが試合をくり返し行い，先に3勝したチームを優勝とする。1回の試合でAチームが勝つ確率は $\dfrac{2}{3}$，Bチームが勝つ確率は $\dfrac{1}{3}$ で，引き分けはないものとする。

(1) 優勝が決まるまでにBチームが少なくとも1勝する確率を求めよ。

(2) 3試合目または4試合目で優勝が決まる確率を求めよ。

(3) 1試合目でAチームが勝ち，Aチームが優勝する確率を求めよ。

(山形大)

[▶GOAL = 👆HOW × ❓WHY] ひらめき

(1) 優勝が決まる場合を排反な事象に分けると，次のようになります。

| (ア) Aが3勝 | (イ) Aが3勝，Bが1勝 | (ウ) Aが3勝，Bが2勝 |
| (エ) Bが3勝 | (オ) Aが1勝，Bが3勝 | (カ) Aが2勝，Bが3勝 |

求める場合は(イ)〜(カ)であり，5パターンを求めるのは手間ですね。**PIECE 706** の出番です。

▶ GOAL	👆 HOW	❓ WHY
優勝が決まるまでにBチームが少なくとも1勝する確率が求められる	$=$ $P(\text{Bが少なくとも1勝})$ $=1-P(\text{Aが3連勝})$	$\times$ 余事象である，Aが3連勝のほうが求めやすいから

(2)

| (ア) Aが3勝 | (イ) Aが3勝，Bが1勝 | (ウ) Aが3勝，Bが2勝 |
| (エ) Bが3勝 | (オ) Aが1勝，Bが3勝 | (カ) Aが2勝，Bが3勝 |

求める場合は(ア)，(イ)，(エ)，(オ)であり，これら4パターンを求めるのは大変ですね。**PIECE 706 708** で考えていきましょう。

▶ GOAL	👆 HOW	❓ WHY
3試合目または4試合目で優勝が決まる確率が求められる	$=$ $P(3,\ 4\text{試合目で優勝が決定})$ $=1-P(5\text{試合目で優勝が決定})$	$\times$ 優勝が決まるまでの試合数は3，4，5であり，余事象の確率のほうが求めやすいから

Aが5試合目で優勝する場合を，Aの勝ちを「◎」，Bの勝ちを「×」で表します。

$$
\begin{array}{ccccc}
1 & 2 & 3 & 4 & 5 \\
◎ & ◎ & × & × & | \ ◎ \\
× & ◎ & × & ◎ & | \ ◎ \\
& & \vdots & & | \ \vdots
\end{array}
$$

$\left(\dfrac{2}{3}\right)^2\left(\dfrac{1}{3}\right)^2\cdot\dfrac{2}{3}$ ← 5試合目にAが優勝するのは，4試合目の時点でAは2勝2敗で5試合目はAが勝つ場合

$\left(\dfrac{2}{3}\right)^2\left(\dfrac{1}{3}\right)^2\cdot\dfrac{2}{3}$ を $\dfrac{4!}{2!2!}$ 個分だけ足したものですから，Aが5試合目で優勝する確率は，

$$\dfrac{4!}{2!2!}\times\left(\dfrac{2}{3}\right)^2\left(\dfrac{1}{3}\right)^2\cdot\dfrac{2}{3}$$

——◯◯××の並べ方

Bが5試合目で優勝する確率も同じように求めることができます。

(3) この問題には **PIECE** 707 です。

▶ **GOAL**
1試合目でAチームが勝ち，Aチームが優勝する確率が求められる

🔧 **HOW**
条件を満たす場合をすべて書き出す

❓ **WHY**
最大で5試合であり，1試合目はAが勝ちと決まっているので，条件を満たす場合は多くはないから

(I)　A→A→A　…確率は，$\left(\dfrac{2}{3}\right)^3$ ←2試合目以降が2連勝

(II)　A→A→B→A，A→B→A→A　…どちらも確率は，$\left(\dfrac{2}{3}\right)^3\left(\dfrac{1}{3}\right)$ ←2試合目以降が1勝1敗で4試合目はAが勝つ

(III)　A→A→B→B→A，A→B→A→B→A，A→B→B→A→A

…どれも確率は $\left(\dfrac{2}{3}\right)^3\left(\dfrac{1}{3}\right)^2$ ←2試合目以降は1勝2敗で5試合目はAが勝つ

[解 答]

PIECE
706 余事象の確率
707 独立試行の確率
708 反復試行の確率

(1)　「優勝が決まるまでにBチームが少なくとも1勝する」のは，

「Aチームが3連勝する」の余事象より，

$$1-\left(\dfrac{2}{3}\right)^3=\dfrac{19}{27}　答$$

(2)　優勝が決まるまでに行われる試合数は3，4，5のいずれかである。

したがって，求める事象の余事象は「5試合目で優勝が決まる」ことであり，次の(i)または(ii)が起こることである。

(i)　4試合目までにAチームがちょうど2勝し，5試合目はAチームが勝つ。

(ii)　4試合目までにBチームがちょうど2勝し，5試合目はBチームが勝つ。

これらは互いに排反だから，求める確率は，

$$1-\left\{\dfrac{4!}{2!2!}\times\left(\dfrac{2}{3}\right)^2\left(\dfrac{1}{3}\right)^2\cdot\dfrac{2}{3}+\dfrac{4!}{2!2!}\left(\dfrac{1}{3}\right)^2\left(\dfrac{2}{3}\right)^2\cdot\dfrac{1}{3}\right\}=1-\left(\dfrac{8}{27}\cdot\dfrac{2}{3}+\dfrac{8}{27}\cdot\dfrac{1}{3}\right)=\dfrac{19}{27}　答$$

(3)　求める確率は，各試合で勝つチームが次のいずれかの順になって優勝が決まる確率である。

A→A→A，

A→A→B→A，A→B→A→A

A→A→B→B→A，A→B→A→B→A，A→B→B→A→A

したがって，求める確率は，

$$\left(\dfrac{2}{3}\right)^3+2\cdot\left(\dfrac{2}{3}\right)^3\cdot\dfrac{1}{3}+3\cdot\left(\dfrac{2}{3}\right)^3\cdot\left(\dfrac{1}{3}\right)^2=\dfrac{24+16+8}{81}=\dfrac{16}{27}　答$$

実践問題 056 │ くじ引きの確率

袋の中に3本の当たりくじを含む計10本のくじが入っている。この箱の中から1回に1本ずつくじを引いていく。ただし，引いたくじは箱には戻さない。

(1) 1回目と2回目と3回目に当たりを引く確率を求めよ。

(2) 3回目に当たりを引く確率を求めよ。

[▶GOAL = 🔧HOW × ❓WHY] ひらめき

確率の問題ですので，くじはすべて区別して考えましょう。

(1)　　　A：1回目に当たりくじを引く

　　　B：2回目に当たりくじを引く

　　　C：3回目に当たりくじを引く

とします。PIECE 710 の考え方を用います。

┌ ▶ GOAL ─────────
│ 3回とも当たる，
│ すなわち
│ 　　$A \cap B \cap C$
│ の確率が求められる
└─────────────

＝

┌ 🔧 HOW ─────────
│ (1回目に当たりを
│ 引く確率)×(1回目
│ に当たりを引いた条
│ 件のもとで2回目に
│ 　当たりを引く確率)
│ ×(1回目と2回目
│ に当たりを引いた条
│ 件のもとで3回目に
│ 　当たりを引く確率)
└─────────────

×

┌ ❓ WHY ─────────
│ $P(A \cap B \cap C) = P(A) \times P_A(B) \times P_{A \cap B}(C)$
│ だから
└─────────────

(2) PIECE 710 に加え，PIECE 704 を用いましょう。当たりくじを引くことを「○」，はずれくじを引くことを「×」と表すことにします。

┌ ▶ GOAL ─────────
│ 3回目に当たりを引
│ く確率が求められる
└─────────────

＝

┌ 🔧 HOW ─────────
│ 3回目が当たる場合
│ は，次の4パターン
│ あることに着目する
│ 「○○○」，「○×○」，
│ 「×○○」，「××○」
└─────────────

×

┌ ❓ WHY ─────────
│ 3回目に当たる場合を排反な事象に分ける
│ と，この4パターンだから
└─────────────

次の(ア)～(エ)の確率を足し合わせたものが本問の答えになります。

	1回目	2回目	3回目	確率
(ア)	○	○	○	$\dfrac{3}{10}\times\dfrac{2}{9}\times\dfrac{1}{8}$
(イ)	○	×	○	$\dfrac{3}{10}\times\dfrac{7}{9}\times\dfrac{2}{8}$
(ウ)	×	○	○	$\dfrac{7}{10}\times\dfrac{3}{9}\times\dfrac{2}{8}$
(エ)	×	×	○	$\dfrac{7}{10}\times\dfrac{6}{9}\times\dfrac{3}{8}$

←今回は，引いたくじは元に戻さないから，袋の中に入っているくじは1本ずつ減っていくことに注意

別解として，すべてのくじを引き，左から順に並べることを考えれば，

$$(3回目に当たりを引く確率)＝\frac{(3回目に当たりくじが並んでいる並べ方)}{(10本すべての並べ方)}$$

で求めることができます。

当たりを「当」，何でもよいを「□」とすると，3回目に当たりが並んでいるのは，

1　2　3　4　5　6　7　8　9　10
□　□　当　□　□　□　□　□　□　□

のようになる場合ですね！

　　「当」へのくじの並べ方は，当$_1$，当$_2$，当$_3$の3通り，

　　□は残りの9本のうち，何でもよいので，□へのくじの並べ方は，9!通り

となります。

[解答]

(1) 1回目も当たりを引き，2回目も当たりを引き，3回目も当たりを引く確率は，

$$\frac{3}{10}\times\frac{2}{9}\times\frac{1}{8}=\textbf{\frac{1}{120}}　\boxed{答}$$

(2) 3回目に当たりを引く確率は，

$$\frac{3}{10}\times\frac{2}{9}\times\frac{1}{8}+\frac{3}{10}\times\frac{7}{9}\times\frac{2}{8}+\frac{7}{10}\times\frac{3}{9}\times\frac{2}{8}+\frac{7}{10}\times\frac{6}{9}\times\frac{3}{8}$$

$$=\frac{3\cdot2\cdot1+3\cdot7\cdot2+7\cdot3\cdot2+7\cdot6\cdot3}{10\cdot9\cdot8}=\frac{6(1+7+7+21)}{10\cdot9\cdot8}=\textbf{\frac{3}{10}}　\boxed{答}$$

PIECE

704 排反事象
　　排反な事象に分ける

710 確率の乗法定理

[別解]

(2) すべてのくじを引き，左から順に並べることを考える。

　10本のくじをすべて並べる並べ方は，

　　　10!通り

　このうち，3回目に当たりが並んでいる並べ方は，

　　　3×9!通り

　よって，3回目に当たりを引く確率は，

$$\frac{3\times9!}{10!}=\textbf{\frac{3}{10}}　\boxed{答}$$

$\boxed{参考}$ この考え方を使えば，何回目に当たりを引く確率も同様に，
$$\frac{3\times9!}{10!}=\frac{3}{10}$$
と求めることができる。

実践問題 **057** ｜ 条件付き確率

胎児の性別を判定するための検査法がある。この検査法は，

　　　・生まれてくる子どもの性別が男の場合，男と判定する確率が $\dfrac{17}{20}$

　　　・生まれてくる子どもの性別が女の場合，女と判定する確率が $\dfrac{3}{4}$

　　　・検査結果は，男か女かのいずれか

であるとする。以下の問いに答えよ。ただし，生まれてくる子どもの性別が男である確率と女である確率は等しいとする。

(1)　生まれてくる子どもの性別が女であるとき，誤って男と判定される確率を求めよ。

(2)　検査結果が男である確率を求めよ。

(3)　検査結果が男である場合と女である場合とでは，どちらがより高い確率で正しいか答えよ。

(福井大)

[▶GOAL ＝ 🖐HOW × ❓WHY]ひらめき

　　　　E：生まれてくる子どもの性別が男　　　F：検査結果が男

とすると，

　　　　$\overline{E}$：生まれてくるこどもの性別が女　　　$\overline{F}$：検査結果が女

であり，与えられた確率は次のように表されます。

$$P(E)=\frac{1}{2},\ \ P(\overline{E})=\frac{1}{2},\ \ P_E(F)=\frac{17}{20},\ \ P_{\overline{E}}(\overline{F})=\frac{3}{4}$$

(1)　**PIECE 706** を使いましょう。

$$P_{\overline{E}}(F)=\frac{P(\overline{E}\cap F)}{P(\overline{E})}=\frac{P(\overline{E})-P(\overline{E}\cap\overline{F})}{P(\overline{E})}=1-\frac{P(\overline{E}\cap\overline{F})}{P(\overline{E})}=1-P_{\overline{E}}(\overline{F})$$

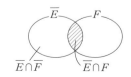

▶ GOAL		🖐 HOW		❓ WHY
生まれてくる子どもの性別が女であるとき，誤って男と判定される確率が求められる	＝	$P_{\overline{E}}(F)=1-P_{\overline{E}}(\overline{F})$	×	「生まれてくる子どもの性別が女である」を全事象とみると，「男と判定される」事象は，「女と判定される」事象の余事象だから

(2)　**PIECE 710** を活用します。

▶ GOAL		🖐 HOW		❓ WHY
検査結果が男である確率が求められる	＝	$P(F)=P(E\cap F)$ $+P(\overline{E}\cap F)$	×	検査結果が男であるのは，「性別が男で検査結果が男」である場合と，「性別が女で検査結果が男」である場合があるから

(3) 何と何を比べればよいかを正しく判断することが大切です。今回は,

　㋐　検査結果が男のとき，生まれてくる子どもの性別が男である条件付き確率 $\left(P_F(E)=\dfrac{P(E\cap F)}{P(F)}\right)$

　㋑　検査結果が女のとき，生まれてくる子どもの性別が女である条件付き確率 $\left(P_{\overline{F}}(\overline{E})=\dfrac{P(\overline{E}\cap\overline{F})}{P(\overline{F})}\right)$

を比べればよいですね。用いるのは **PIECE** `706` `709` です。

▶ GOAL		🖐 HOW		? WHY
検査結果が男の場合と女の場合とでは，どちらがより高い確率で正しいかわかる	=	㋐の確率 $P_F(E)$ と ㋑の確率 $P_{\overline{F}}(\overline{E})$ を比べる	×	検査結果と実際の性別が一致している確率が男女のどちらが高いか（どちらの精度が高いか）を知りたいから

▼

[解 答]

生まれてくる子どもの性別が男という事象を E，検査結果が男となる事象を F とする。

PIECE

`706` 余事象の確率

`709` 条件付き確率

`710` 確率の乗法定理

$$P(E\cap F)=P(E)\times P_E(F),$$
$$P(\overline{E}\cap F)=P(\overline{E})\times P_{\overline{E}}(F)$$

(1) 生まれてくる子どもの性別が女であるとき，女と判定する確率が $\dfrac{3}{4}$ である

　から，誤って男と判定される確率は，$P_{\overline{E}}(F)=1-\dfrac{3}{4}=\dfrac{1}{4}$ 答

(2) 検査結果が男であるのは，次の 2 つの場合がある。

　(ⅰ) 生まれてくる子どもの性別が男であり，検査結果が男である場合

　(ⅱ) 生まれてくる子どもの性別が女であり，検査結果が男である場合

　よって，求める確率は，

$$P(F)=P(E\cap F)+P(\overline{E}\cap F)=\frac{1}{2}\times\frac{17}{20}+\frac{1}{2}\times\frac{1}{4}=\frac{11}{20}\ \text{答}$$

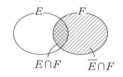

$E\cap F$　　$\overline{E}\cap F$

(3) 検査結果が男であるとき，生まれてくる子どもの性別が男である条件付き確率は，

$$P_F(E)=\frac{P(E\cap F)}{P(F)}=\frac{\dfrac{1}{2}\times\dfrac{17}{20}}{\dfrac{11}{20}}=\frac{17}{22}\left(=\frac{51}{66}\right)\quad\cdots\cdots①$$

また，検査結果が女である確率は，

$$P(\overline{F})=1-P(F)=1-\frac{11}{20}=\frac{9}{20}$$

であるから，検査結果が女であるとき，生まれてくる子どもの性別が女である条件付き確率は，

$$P_{\overline{F}}(\overline{E})=\frac{P(\overline{E}\cap\overline{F})}{P(\overline{F})}=\frac{\dfrac{1}{2}\times\dfrac{3}{4}}{\dfrac{9}{20}}=\frac{5}{6}\left(=\frac{55}{66}\right)\quad\cdots\cdots②$$

よって，①，②より，**検査結果が女である場合のほうが，高い確率で正しい。** 答

実践問題 058 | 期待値

1から4までの番号を書いた玉が2個ずつ，合計8個の玉が入った袋があり，この袋から玉を1個取り出すという操作を続けて行う。ただし，取り出した玉は袋に戻さず，また，すでに取り出した玉と同じ番号の玉が出てきた時点で一連の操作を終了するものとする。玉をちょうど n 個取り出した時点で操作が終わる確率を $P(n)$ とおく。

(1) $P(2)$，$P(3)$ を求めよ。

(2) 6以上の k に対し，$P(k)=0$ が成り立つことを示せ。

(3) 一連の操作が終了するまでに取り出された玉の個数の期待値を求めよ。

(金沢大)

[▶GOAL = ◉HOW × ❓WHY] ひらめき

今回は，「確率」の問題ですので，同じ番号の玉が2つずつありますが，右の図のように区別して考えます。

また，今回の問題は「非復元抽出」であり，取り出した玉は元には戻さないことに注意しましょう！

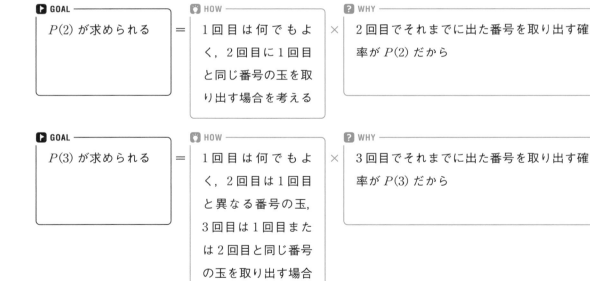

(1) $P(2)$，$P(3)$ は **PIECE 710** で求めます。

▶ GOAL		◉ HOW		❓ WHY
$P(2)$ が求められる	=	1回目は何でもよく，2回目に1回目と同じ番号の玉を取り出す場合を考える	×	2回目でそれまでに出た番号を取り出す確率が $P(2)$ だから

▶ GOAL		◉ HOW		❓ WHY
$P(3)$ が求められる	=	1回目は何でもよく，2回目は1回目と異なる番号の玉，3回目は1回目または2回目と同じ番号の玉を取り出す場合を考える	×	3回目でそれまでに出た番号を取り出す確率が $P(3)$ だから

(2) 本問では番号は「1，2，3，4」の4種類しかないので，1回目から4回目まですべて異なる番号を出したとしても，5回目には，これまでに取り出した番号と同じ番号の玉を取り出すことになります。使うのは **PIECE 703** です。

	GOAL		HOW		WHY
▶	$P(6)$, $P(7)$, $P(8)$ が求められる	=	「6, 7, 8回目に操作が終了することはない」ことに着目	×	玉の番号の種類は 4 種類であるため，5 回目までに同じ番号の玉が取り出されてしまうから

(3) (1)，(2)で $P(2)$，$P(3)$，$P(6)$，$P(7)$，$P(8)$ を求めたので，それ以外を求めましょう！

その上で **PIECE 711** で期待値を求めます。

	GOAL		HOW		WHY
▶	玉の個数の期待値を求めることができる	=	$P(1)$，$P(4)$，$P(5)$ を求める	×	期待値を求めるためには，$P(1)$〜$P(8)$ までのすべての確率が必要だから

[解 答]

(1) 2 個の玉を取り出した時点で操作が終了するためには，1 回目はどの玉を取り出してもよく，2 回目は 1 回目と同じ番号の玉を取り出せばよいから，

$$P(2)=1\cdot\frac{1}{7}=\frac{1}{7}\text{ 答}$$

PIECE

703 確率の基本性質

710 確率の乗法定理

711 期待値

3 個の玉を取り出した時点で操作が終了するためには，1 回目はどの玉を取り出してもよく，2 回目は 1 回目と異なる番号の玉を取り出し，3 回目に 1 回目または 2 回目と同じ番号の玉を取り出せばよいから

$$P(3)=1\cdot\frac{6}{7}\cdot\frac{2}{6}=\frac{2}{7}\text{ 答}$$

(2) 玉に書かれた数字は 4 種類であるから，2 回目から 5 回目の操作までに必ず，すでに取り出した玉の番号と同じ番号の玉が取り出される。

よって，この操作は最大でも 5 回しか行われないので，6 以上の k に対して，ちょうど k 個の玉を取り出した時点で操作が終わることはない。

したがって，6 以上の k に対し，

$$P(k)=0 \text{ （証明終わり）} \text{ 答} \quad \longleftarrow P(6)=P(7)=P(8)=0$$

(3) (1)と同様に考えて，$P(4)$ と $P(5)$ を求めると

$$P(4)=1\cdot\frac{6}{7}\cdot\frac{4}{6}\cdot\frac{3}{5}=\frac{12}{35}$$

$$P(5)=1\cdot\frac{6}{7}\cdot\frac{4}{6}\cdot\frac{2}{5}\cdot1=\frac{8}{35}$$

また，1 個の玉を取り出した時点で操作が終了することはないから

$$P(1)=0$$

以上の結果を表にまとめると右のようになる。

よって，求める期待値は

$$1\cdot0+2\cdot\frac{1}{7}+3\cdot\frac{2}{7}+4\cdot\frac{12}{35}+5\cdot\frac{8}{35}+6\cdot0+7\cdot0+8\cdot0=\frac{128}{35}\text{ 答}$$

n	1	2	3	4	5	6	7	8	計
$P(n)$	0	$\frac{1}{7}$	$\frac{2}{7}$	$\frac{12}{35}$	$\frac{8}{35}$	0	0	0	1

PIECE 801 約数の個数と総和

[例 題]

360 の正の約数の個数を求めよ。また，それらの約数の和を求めよ。

CHECK

約数の個数と約数の和は，素因数分解すると求めることができる。

例えば，24 の約数の個数や和については，約数は，1，2，3，4，6，8，12，24 の 8 個あり，約数の和は，

$$1+2+3+4+6+8+12+24=60$$

となる。数が小さい場合はこのように書き出せばよいが，数が大きいときは素因数分解の形から考えるとよい。例えば，200 の場合は，$200=2^3 \times 5^2$ より

2 の個数は 0〜3 の 4 通り，

それぞれに対して 5 の個数は

0〜2 の 3 通りより，

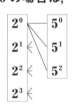

$$4 \times 3 = 12 \text{（個）}$$

となる。表で表すと次のようになる。

	1	5^1	5^2
1	$1 \cdot 1$	$1 \cdot 5^1$	$1 \cdot 5^2$
2^1	$2^1 \cdot 1$	$2^1 \cdot 5^1$	$2^1 \cdot 5^2$
2^2	$2^2 \cdot 1$	$2^2 \cdot 5^1$	$2^2 \cdot 5^2$
2^3	$2^3 \cdot 1$	$2^3 \cdot 5^1$	$2^3 \cdot 5^2$

この表のマスの数 $4 \times 3 = 12$（個）が約数の個数となっている。

また，約数の総和は

$$1 \cdot 1 + 2^1 \cdot 1 + 2^2 \cdot 1 + 2^3 \cdot 1$$
$$+ 1 \cdot 5^1 + 2^1 \cdot 5^1 + 2^2 \cdot 5^1 + 2^3 \cdot 5^1$$
$$+ 1 \cdot 5^2 + 2^1 \cdot 5^2 + 2^2 \cdot 5^2 + 2^3 \cdot 5^2$$
$$= (1 + 2 + 2^2 + 2^3)$$
$$+ 5(1 + 2 + 2^2 + 2^3)$$
$$+ 5^2(1 + 2 + 2^2 + 2^3)$$
$$= \underbrace{(1 + 2 + 2^2 + 2^3)}_{2^3 \text{ の約数の和}} \cdot \underbrace{(1 + 5 + 5^2)}_{5^2 \text{ の約数の和}} = 465$$

が成り立つ。

よって，ある数が $a^p \times b^q \times c^r \times \cdots$ と素因数分解されるとき，その数の

① 約数の個数は
$$(p+1)(q+1)(r+1)\cdots$$

② 約数の総和は
$$(1 + a + a^2 + \cdots + a^p)$$
$$\times (1 + b + b^2 + \cdots + b^q)$$
$$(1 + c + c^2 + \cdots + c^r)\cdots$$

で求めることができる。

[解 答]

$360 = 2^3 \times 3^2 \times 5^1$ より

約数の個数は
$$(3+1) \cdot (2+1) \cdot (1+1) = 24 \text{（個）} \boxed{答}$$

約数の総和は
$$(1 + 2 + 2^2 + 2^3) \cdot (1 + 3 + 3^2) \cdot (1 + 5) = 1170 \boxed{答}$$

約数の個数は，素因数分解して，それぞれの指数に1 足したものの積
約数の総和は，それぞれの約数の和の積

POINT

PIECE 802 最大公約数，最小公倍数

例題

(1) 360 と 756 の最大公約数と最小公倍数を求めよ。

(2) 最大公約数が 6，最小公倍数が 300 となる 2 つの自然数の組をすべて求めよ。

CHECK

いま，120 と 100 の最大公約数と最小公倍数を考えてみよう。

$$120 = 2^3 \times 3 \times 5 = 2 \times 2 \times 5 \times 2 \times 3$$
$$100 = 2^2 \times 5^2 \quad = 2 \times 2 \times 5 \times 5$$

より，最大公約数は $2 \times 2 \times 5 = 20$

最小公倍数は $2 \times 2 \times 5 \times (2 \times 3) \times 5 = 600$

となっている。ここで，

$$120 = 20 \times 6, \quad 100 = 20 \times 5$$
$$600 = 20 \times 5 \times 6$$

が成り立っている。一般に最大公約数，最小公倍数を求めるには，まずは，それぞれの数を素因数分解することから始まる。

最大公約数は 2 数に共通する因数すべての積である。

最小公倍数は 2 数のうち，少なくとも一方に含まれる素因数のうち，指数の大きいものをすべて選んで掛け合わせた数となる。

2 つの自然数 A，B の最大公約数（G.C.D）を G，最小公倍数（L.C.M）を L とおくと，次のように表せる。

$$A = aG$$
$$B = bG$$
$$L = abG$$
$$AB = LG \quad (a, b は互いに素)$$

が成り立つ。先の例では $A = 120$，$B = 100$ とすると，$G = 20$，$L = 600$ となり，

$$A = 20 \times 6$$
$$B = 20 \times 5$$
$$LG = 12000 = AB$$

となっている。

[解答]

(1) $360 = 2^3 \times 3^2 \times 5$

$756 = 2^2 \times 3^3 \times 7$

よって，

$$\begin{cases} 最大公約数 \quad 2^2 \times 3^2 = \textbf{36} \ 答 \\ 最小公倍数 \quad 2^3 \times 3^3 \times 5 \times 7 = \textbf{7560} \ 答 \end{cases}$$

(2) 求める 2 つの自然数を A，B $(A \le B)$ とおく。

A，B の最大公約数が 6 より，

$$\begin{cases} A = 6a \\ B = 6b \end{cases} \quad (a, b は互いに素)$$

とおける $(a \le b)$。

また，A，B の最小公倍数が 300 より，

$$6ab = 300 \quad すなわち，ab = 50 \ (a \le b)$$

この式を満たす (a, b) は $a \le b$ より

$$(a, b) = (1, 50), (2, 25)$$

よって，$(A, B) = \textbf{(6, 300), (12, 150)}$ 答

(注) $(a, b) = (5, 10)$ は互いに素でないので不適。

素因数分解および，問題に合わせて最大公約数・最小公倍数を利用する。

2 つの自然数 A，B の最大公約数を G，最小公倍数を L とすると

$$A = aG$$
$$B = bG$$
$$L = abG$$
$$AB = LG \quad (a, b は互いに素)$$

POINT

PIECE 803　$n!$ の素因数分解

[レベル ★★★]

例題

(1) 10! を素因数分解したとき，素因数 2 の指数を求めよ。

(2) 1000! を計算したとき，末尾に現れる 0 の個数を求めよ。

CHECK

10! の中に含まれる素因数 2 の個数は，次のように求めることができる。

$10!= 10\times 9 \times 8 \times 7 \times 6 \times 5 \times 4 \times 3 \times 2 \times 1$

2		2		2		2		2		←2 の倍数
2				2						←4 の倍数
2										←8 の倍数

よって，素因数 2 の個数は，表より

$$5+2+1=8（個）$$

となる。

この計算はガウス記号 [ ]（[x] は x を超えない最大の整数）を用いると

$$\left[\frac{10}{2^1}\right]+\left[\frac{10}{2^2}\right]+\left[\frac{10}{2^3}\right]=\left[\frac{10}{2}\right]+\left[\frac{10}{4}\right]+\left[\frac{10}{8}\right]$$
$$=5+2+1$$

と求めることができる。

$\left[\dfrac{10}{2^n}\right]$ **は 10 を 2^n で割ったときの商を表す。**

$$\left[\frac{10}{2^1}\right]\cdots 10\div 2=\boxed{5}\cdots 0$$

$$\left[\frac{10}{2^2}\right]\cdots 10\div 4=\boxed{2}\cdots 2$$

$$\left[\frac{10}{2^3}\right]\cdots 10\div 8=\boxed{1}\cdots 2$$

[解答]

x を超えない最大の整数を [x] とすると，求める素因数 2 の個数は

(1) $\left[\dfrac{10}{2}\right]+\left[\dfrac{10}{2^2}\right]+\left[\dfrac{10}{2^3}\right]=\left[\dfrac{10}{2}\right]+\left[\dfrac{10}{4}\right]+\left[\dfrac{10}{8}\right]$

$\qquad\qquad =5+2+1$ ◀── 表の各段の数と一致する

$\qquad\qquad =8$

よって，2 の指数は **8** 答

(2) 1000! が 10（$=2\times 5$）で何回割り切れるかを考えればよい。このとき，1000! を素因数分解すると，2^p を因数に含む数より 5^p を因数に含む数のほうが少ないので（p は自然数），1000! が 5 で何回割り切れるかを求めればよい。

よって，(1)と同様に考えて

$$\left[\frac{1000}{5}\right]+\left[\frac{1000}{5^2}\right]+\left[\frac{1000}{5^3}\right]+\left[\frac{1000}{5^4}\right]$$
$$=\left[\frac{1000}{5}\right]+\left[\frac{1000}{25}\right]+\left[\frac{1000}{125}\right]+\left[\frac{1000}{625}\right]$$
$$=200+40+8+1=249$$

よって，求める 0 の個数は，**249 個** 答

参考
(1)について 10! を素因数分解すると
素因数 2, 3, 5, 7 より

$$3 の指数=\left[\frac{10}{3}\right]+\left[\frac{10}{3^2}\right]=3+1=4$$

$$5 の指数=\left[\frac{10}{5}\right]=2$$

$$7 の指数=\left[\frac{10}{7}\right]=1$$

よって，
$$10!=2^8\times 3^4\times 5^2\times 7$$

$n!$ の素因数分解はガウス記号を用いて求める

POINT

PIECE 804 分数式が整数になる条件

[レベル ★★★]

例題

(1) n を自然数とする。

このとき, $\dfrac{6n+3}{3n-1}$ が整数値となるような n の値を求めよ。

(2) n を $n \neq -2$ である整数とする。

このとき, $\dfrac{n^2-5}{n+2}$ の値が整数となるような n の個数を求めよ。

CHECK

文字を含む分数式については, まずは

（分子の次数）＜（分母の次数）

の形にする。

そして, 文字が整数の場合,

分数式＝整数

となるのは, 分母が分子の約数になる場合である。

[解 答]

(1) $\dfrac{6n+3}{3n-1} = \dfrac{6n-2+5}{3n-1}$

$= 2 + \dfrac{5}{3n-1}$

2 は整数より, これが整数となるのは, $\dfrac{5}{3n-1}$ が整数と

なるとき。

つまり, $3n-1$ が 5 の約数のとき。

よって

$3n-1 = \pm 1, \ \pm 5$

$3n = 2, \ 0, \ 6, \ -4$

$n = \dfrac{2}{3}, \ 0, \ 2, \ -\dfrac{4}{3}$

このうち n が自然数となるのは

$n=2$ 答

(2) $\dfrac{n^2-5}{n+2} = \dfrac{n^2-4-1}{n+2}$

$= n-2 - \dfrac{1}{n+2}$

$n-2$ は整数より, これが整数となるのは, $n+2$ が 1 の

約数のとき。

よって,

$n+2 = \pm 1$ より $n = -1, \ -3$

よって, n の個数は **2 個** 答

参考

今回の(1), (2)については, 分母の次数が 1 次より, 割り算すると
分子が定数（文字を含まない数）になることより, 分母はその定
数の約数になるので, 候補が絞りやすくなっている。
分母が 2 次以上のときは, 割り算しても分子が 1 次以上になる
ので, 考え方は変わってくる（**実践問題 061**）。

POINT

整数を含む分数式は
① （分子の次数）＜（分母の次数）
② 分母は分子の約数

PIECE 805 ユークリッドの互除法

[レベル ★★★]

例題

(1) ユークリッドの互除法を用いて，2072 と 4847 の最大公約数を求めよ。

(2) n を自然数とするとき，n と $n+1$ は互いに素であることを示せ。

CHECK

ユークリッドの互除法は，最大公約数を求めるときに，公約数が見つけにくい場合に利用する。

x，y の最大公約数を $\mathrm{GCD}(x, y)$ と表すことにする。ここでは 377 と 435 の最大公約数を考えてみる。

$$435 = 377 \cdot 1 + 58 \quad \cdots\cdots ①$$

が成り立ち，435 と 377 が公約数 m をもつとき

$$435 - 377 \cdot 1 = 58$$

より左辺は m で割り切れるので，右辺の 58 も m で割り切れる。

よって，m は 377 と 58 の公約数となる。

同様に考えると①より，377 と 58 の公約数は 435 と 377 の公約数となる。

よって，

$$\mathrm{GCD}(435, 377) = g$$

$$\mathrm{GCD}(377, 58) = g'$$

とすると，$g \leqq g'$ かつ $g' \leqq g$

より，$g = g'$

以上より

$$\mathrm{GCD}(435, 377) = \mathrm{GCD}(377, 58)$$

$$\cdots\cdots ②$$

が成り立つ。

また，$377 = 58 \cdot 6 + 29$ より

$$\mathrm{GCD}(377, 58) = \mathrm{GCD}(58, 29)$$

$$\cdots\cdots ③$$

$58 = 29 \cdot 2$ より $\mathrm{GCD}(58, 29) = 29$ $\cdots\cdots ④$

以上②，③，④より，$\mathrm{GCD}(435, 377) = 29$

このように最大公約数を求める方法を「ユークリッドの互除法」という。

つまり，$a = bq + r$ のとき

$\mathrm{GCD}(a, b) = \mathrm{GCD}(b, r)$ が成り立っていることを用いて，商を余りで割り続け，余りが 0 になるまで続けたとき，最後の商を m とすると，$\mathrm{GCD}(a, b) = m$ となる。

[解答]

(1) $4847 = 2072 \times 2 + 703$
$2072 = 703 \times 2 + 666$
$703 = 666 \times 1 + \boxed{37}$
$666 = 37 \times 18$

666 と 37 の最大公約数は 37

よって，最大公約数は **37** 答

(注) この結果を GCD を用いて表すと
$$\begin{aligned}\mathrm{GCD}(4847, 2027) &= \mathrm{GCD}(2027, 703) \\ &= \mathrm{GCD}(703, 666) \\ &= \mathrm{GCD}(666, 37) \\ &= 37\end{aligned}$$
となる。

(2) $n+1 = n \cdot 1 + 1$ より
$$\begin{aligned}\mathrm{GCD}(n+1, n) &= \mathrm{GCD}(n, 1) \\ &= 1\end{aligned}$$

よって，$n+1$，n の最大公約数は 1 より，$n+1$ と n は互いに素である。答

ユークリッドの互除法
$a = bq + r$ のとき，$\mathrm{GCD}(a, b) = \mathrm{GCD}(b, r)$ をくり返して，a，b の最大公約数を求める

POINT

PIECE 806　1次不定方程式

例題

$5x+8y=28$ をみたす $x,\ y$ の整数解をすべて求めよ。

CHECK

a と b が互いに素な自然数で
$$aX=bY \quad (X,\ Y は整数)$$
が成り立つとき，X は b の倍数，Y は a の倍数となる。

$x,\ y$ の1次不定方程式
$$ax+by=c \quad \cdots\cdots①$$
$$(a,\ b は互いに素)$$
を満たす整数解は，①を満たす1組の解 $(x_0,\ y_0)$ を1組見つけることができれば（x_0，y_0 は整数）
$$ax_0+by_0=c \quad \cdots\cdots②$$
が成り立ち，①－②より
$$a(x-x_0)+b(y-y_0)=0$$
$$a(x-x_0)=b(y_0-y)$$
と変形できる。ここで上の考え方を用いると，$x-x_0$ は b の倍数，y_0-y は a の倍数より，
$$\begin{cases} x-x_0=bk \\ y_0-y=ak \end{cases} \quad (k は整数)$$
が成り立ち，解は次のように表される。
$$x=x_0+bk,\ y=y_0-ak \quad \cdots\cdots③$$
$$(k は整数)$$
x_0，y_0 のことを「特殊解」といい，③の形を「一般解」という。

解答

$$5x+8y=28 \quad \cdots\cdots①$$
$$5\cdot4+8\cdot1=28 \quad \cdots\cdots②$$
①－②より
$$5(x-4)+8(y-1)=0$$
$$5(x-4)=8(1-y)$$
5と8は互いに素より，
$$\begin{cases} x-4=8k \\ 1-y=5k \end{cases} \quad (k は整数)$$
とおけるので，
$$\begin{cases} x=8k+4 \\ y=-5k+1 \end{cases} \quad (k は整数) 答$$

(注) 特殊解によって，一般解の形は変わってくるが，表している解は等しい。
　例　特殊解を $(-4,\ 6)$ とする。
$$5(-4)+8\cdot6=28 \quad \cdots\cdots③$$
①－③より，
$$5(x+4)=8(6-y)$$
$$\begin{cases} x+4=8k \\ 6-y=5k \end{cases} \quad (k は整数)$$
ゆえに，$\begin{cases} x=8k-4 \\ y=-5k+6 \end{cases}$ （k は整数）
となり，上の 答 と形は異なるが解集合として一致する。

$$ax=by$$
a と b は互いに素のとき，x は b の倍数 かつ y は a の倍数

POINT

807　2次式の不定方程式

例 題

次の方程式を満たす整数の組 $(x,\ y)$ をすべて求めよ。

(1)　$x^2+2xy-3y^2=5$

(2)　$xy-2x+4y=12$

CHECK

2次式の不定方程式については

$$（1次式）×（1次式）＝整数$$

の形に変形し，倍数，約数に注目して絞り込む。

[解 答]

(1)　　　　　$x^2+2xy-3y^2=5$

　　　　　$(x-y)(x+3y)=5$

$x-y,\ x+3y$ は整数より $(x-y,\ x+3y)$ の組は

　　　$(x-y,\ x+3y)$

　$=(1,\ 5),\ (5,\ 1),\ (-1,\ -5),\ (-5,\ -1)$

よって，それぞれ連立方程式を解くと

　　$(\boldsymbol{x},\ \boldsymbol{y})=(\mathbf{2,\ 1}),\ (\mathbf{4,\ -1}),\ (\mathbf{-2,\ -1}),\ (\mathbf{-4,\ 1})$

　　　　　　　　　　　　　　　　　　　　答

(2)　　　　　　$xy-2x+4y=12$

　　　　$x(y-2)+4(y-2)+8=12$

　　　　　　$(y-2)(x+4)=4$

　　　　　　　$(x+4)(y-2)=4$

$x+4,\ y-4$ は整数より $(x+4,\ y-2)$ の組は

　　$(x+4,\ y-2)=(1,\ 4),\ (4,\ 1),\ (2,\ 2),$

　　　　　　　　　　　$(-1,\ -4),\ (-4,\ -1),$

　　　　　　　　　　　$(-2,\ -2)$

よって，それぞれ連立方程式を解くと

　　$(\boldsymbol{x},\ \boldsymbol{y})=(\mathbf{-3,\ 6}),\ (\mathbf{0,\ 3}),\ (\mathbf{-2,\ 4}),$

　　　　　　　$(\mathbf{-5,\ -2}),\ (\mathbf{-8,\ 1}),\ (\mathbf{-6,\ 0})$ 答

[別 解]

(2)　（**PIECE 804** の考え方を利用する）

　　　　$x(y-2)=-4(y-3)$

　　　　　$x=-4\left(\dfrac{y-3}{y-2}\right)$ $(y≠2)$

　　　　　　$=-4\left(1-\dfrac{1}{y-2}\right)$

　　　　　　$=-4+\dfrac{4}{y-2}$

$\dfrac{4}{y-2}$ は整数より，$y-2$ は4の約数。よって

　　　　$y-2=±1,\ ±2,\ ±4$

　　　　$y=1,\ 3,\ 0,\ 4,\ -2,\ 6$（以下略）

2次式の不定方程式
$$（1次式）×（1次式）＝定数$$
の形にして絞り込む

POINT

PIECE 808 分数型の不定方程式

例題

方程式

$$\frac{1}{x} + \frac{1}{y} = \frac{1}{2}$$

を満たす自然数の組 $(x,\ y)$ をすべて求めよ。

CHECK

$\frac{1}{x} + \frac{1}{y} = \frac{1}{k}$ の整数解は k を整数とするとき次の2つの考え方がある。

① $x,\ y$ に大小関係を導入して，不等式で1文字の範囲を絞り込む。

例えば，$x > y$ のとき，$\frac{1}{x} < \frac{1}{y}$ から

$$\frac{1}{x} + \frac{1}{y} < \frac{1}{y} + \frac{1}{y} = \frac{2}{y}$$

$\frac{1}{x} + \frac{1}{y} = \frac{1}{k}$ より

$$\frac{1}{k} < \frac{2}{y}$$

$$y < 2k$$

と，y の範囲を絞り込むことができる。

② 分母を払って $xy - kx - ky = 0$ と変形して，PIECE 807 の考え方を利用する。

[解答]

$x \geqq y$ とすると，$\frac{1}{x} \leqq \frac{1}{y}$ より

$$\frac{1}{x} + \frac{1}{y} \leqq \frac{1}{y} + \frac{1}{y}$$

$\frac{1}{x} + \frac{1}{y} = 2$ より，

$$\frac{1}{2} \leqq \frac{2}{y}$$

$$y \leqq 4$$

y は自然数より，$y = 1,\ 2,\ 3,\ 4$

$y = 1,\ 2$ のときは，$\frac{1}{x} + 1 = \frac{1}{2}$，$\frac{1}{x} + \frac{1}{2} = \frac{1}{2}$ となり，元の式を満たす自然数 x は存在しない。

よって，

$$y = 3,\ 4$$

このとき，

$$(x,\ y) = (6,\ 3),\ (4,\ 4)$$

$x < y$ のときも同様に考えると

$$(x,\ y) = (3,\ 6)$$

以上より

$$(x,\ y) = (3,\ 6),\ (4,\ 4),\ (6,\ 3) \boxed{答}$$

(注) $\frac{1}{x} + \frac{1}{y} \geqq \frac{1}{x} + \frac{1}{x}$ より，$\frac{1}{2} \geqq \frac{2}{x}$ とすると，$x \geqq 4$ となり範囲が絞れない。

[別解]

$\frac{1}{x} + \frac{1}{y} = \frac{1}{2}$ の両辺に xy を掛けると

$$y + x = \frac{1}{2}xy$$

$$xy = 2x + 2y$$

$$xy - 2x - 2y = 0$$

$$(x-2)(y-2) = 4$$

$x - 2,\ y - 2$ は整数より

$$(x-2,\ y-2) = (1,\ 4),\ (2,\ 2),\ (4,\ 1),\ (-1,\ -4),$$
$$(-4,\ -1),\ (-2,\ -2)$$

$$(x,\ y) = (3,\ 6),\ (4,\ 4),\ (6,\ 3),\ (1,\ -2),\ (-2,\ 1),$$
$$(0,\ 0)$$

$x,\ y$ は自然数より

$$(x,\ y) = (3,\ 6),\ (4,\ 4),\ (6,\ 3) \boxed{答}$$

分数式を含む不定不等式は，分母を払って積型の不定方程式に持ち込む。または，$x,\ y$ に大小関係を導入し，不等式で1文字の範囲を絞る

POINT

PIECE 809 余りによる整数の分類（剰余類）

例題

次のことを示せ。

(1) n を整数とする。n^2 を 4 で割ると，割り切れるか 1 余る。

(2) 整数 n に対して，$2n^3-3n^2+n$ は 6 の倍数であることを示せ。

CHECK

ある整数を，整数 p で割ったときの余りを調べるときは，p で割った余りで分類する。

例えば，ある数 n を

2 で割ったときの余りを求めたい

$$\to n=2k,\ n=2k+1$$

3 で割ったときの余りを求めたい

$$\to n=3k,\ n=3k+1,\ n=3k+2$$

4 で割ったときの余りを求めたい

$$\to n=4k,\ n=4k+1,\ n=4k+2,\ n=4k+3$$

と分類するとよい（ただし k は整数）。

この分類を「p による剰余類」という。

[解 答]

(1) 整数 n はある整数 k を用いて $n=4k,\ 4k\pm1,\ 4k+2$
と表せる。

(i) $n=4k$ のとき

$$n^2=(4k)^2=16k^2=4\cdot4k^2=4 \text{ の倍数}$$

より，n^2 は 4 で割り切れる

(ii) $n=4k\pm1$ のとき

$$n^2=(4k\pm1)^2$$
$$=16k^2\pm8k+1=4(4k^2\pm2k)+1=(4 \text{ の倍数})+1$$

↳ この部分は整数

より，n^2 は 4 で割ると 1 余る

(iii) $n=4k+2$ のとき

$$n^2=(4k+2)^2$$
$$=16k^2+16k+4=4(4k^2+4k+1)=4 \text{ の倍数}$$

より，n^2 は 4 で割り切れる

よって，(i)，(ii)，(iii)より，n^2 を 4 で割ると，割り切れるか余りが 1 である。

(注)
$4k+3=4(k+1)-1=4k'-1$（k'：整数）と表せるので，(1)では
$$n=4k,\ 4k\pm1,\ 4k+2$$
と表した。同様に
$$n=3k+2=3(k+1)-1=3k'-1$$
と表せるので
$$n=3k,\ 3k+1,\ 3k-1 \text{ は } n=3k,\ 3k\pm1$$
と表すことができる。

(2) $2n^3-3n^2+n=n(2n^2-3n+1)$
$$=n(n-1)(2n-1)$$

ここで，$n(n-1)$ は連続する 2 数の積より偶数 ……①

整数 n は，ある整数 k を用いて $n=3k, 3k\pm1$ と表せる。

(i) $n=3k$ のとき

n は 3 の倍数。

(ii) $n=3k+1$ のとき

$$n-1=(3k+1)-1=3k$$

よって，$n-1$ は 3 の倍数。

(iii) $n=3k-1$ のとき

$$2n-1=2(3k-1)-1$$
$$=6k-3=3(2k-1)$$

よって，$2n-1$ は 3 の倍数。

(i)，(ii)，(iii)より　$n(n-1)(2n-1)$ は 3 の倍数 ……②

①，②より，$n(n-1)(2n-1)$ は 2 の倍数かつ 3 の倍数であり，2，3 は互いに素より $2n^3-3n^2+n$ は 6 の倍数。

ある整数で割った余りを調べるときは，割った余りで分類する

POINT

PIECE 810 倍数であることの証明

例題

n が整数であるとき，$2n^3+3n^2+n$ は 6 の倍数であることを示せ。

CHECK

連続する 2 整数 n, $n+1$ については，どちらかは偶数になるので，その積 $n(n+1)$ は 2 の倍数になる。

連続する 3 整数 n, $n+1$, $n+2$ については，この中に少なくとも 1 つは偶数と 3 の倍数が含まれるので，その積 $n(n+1)(n+2)$ は 2 の倍数，かつ 3 の倍数となり，その結果，6 の倍数となる。

PIECE 809(2)の方法と合わせて理解しておくとよい。

さらに，n を自然数とし，組合せの公式を利用すると

$$_{n+2}C_3=\frac{(n+2)(n+1)n}{3!}$$

となり，左辺は異なる $(n+2)$ 個のものから 3 個選ぶ選び方の総数より整数。また，右辺も整数。

よって，$n(n+1)(n+2)$ は，6 の倍数となる。

[解答]

$$2n^3+3n^2+n$$
$$=n(2n^2+3n+1)$$
$$=n(n+1)(2n+1)$$
$$=n(n+1)\{(n-1)+(n+2)\}$$
$$=\underline{(n-1)n(n+1)}+\underline{n(n+1)(n+2)}$$

$(n-1)n(n+1)$, $n(n+1)(n+2)$ は，ともに連続する 3 整数の積より 6 の倍数である。

6 の倍数どうしの和は 6 の倍数より，

$2n^3+3n^2+n$ は 6 の倍数になる。

参考

次のように考えることもできる。
$$2n^3+3n^2+n$$
$$=n(n+1)(2n+1)$$
$$=n(n+1)\{2(n-1)+3\}$$
$$=2(n-1)n(n+1)+3n(n+1)$$
$(n-1)n(n+1)$ は 6 の倍数，$n(n+1)$ は偶数より，
$3n(n+1)$ は 6 の倍数
よって，$2n^3+3n^n+n$ は 6 の倍数。

$$n(n+1)(2n+1)=n(n+1)\{2(n+2)-3\}$$
としても同じである。
また数学 B で学ぶ「数列」の知識を用いれば
$$n(n+1)(2n+1)=6\sum_{k=1}^{n}k^2$$
$$=6\times 整数$$
$$=6 の倍数$$

となる。

連続する 2 整数の積は偶数
連続する 3 整数の積は 6 の倍数

POINT

実践問題 **059** │ 約数の個数と総和

2016 の正の約数の中で，偶数であるものの個数を求めよ。また，これらすべての和を求めよ。

（福岡大）

[▶GOAL ＝ 🖐HOW × ❓WHY] ひらめき

PIECE `801` で解いていきます。

正の約数の中で偶数であるものの個数と総和を求める前に，まずは奇数も含めた約数全体の個数と総和を求めましょう。偶数であるものとは約数の中に少なくとも 1 つ，2 を因数にもつ場合ですね。2 をいくつ含むかで場合分けします。

例として，72 について考えてみます。72 を素因数分解すると

$$72 = 2^3 \times 3^2$$

となります。よって，72 の約数は次の表で表せます。

	1	2^1	2^2	2^3	和
1	$1 \cdot 1$	$1 \cdot 2^1$	$1 \cdot 2^2$	$1 \cdot 2^3$	$1 \cdot 1 + 1 \cdot 2^1 + 1 \cdot 2^2 + 1 \cdot 2^3$
3^1	$3^1 \cdot 1$	$3^1 \cdot 2^1$	$3^1 \cdot 2^2$	$3^1 \cdot 2^3$	$3^1(1 + 2^1 + 2^2 + 2^3)$
3^2	$3^2 \cdot 1$	$3^2 \cdot 2^1$	$3^2 \cdot 2^2$	$3^2 \cdot 2^3$	$3^2(1 + 2^1 + 2^2 + 2^3)$

約数のうち偶数になるのは ◯ の部分ですので偶数である約数の個数は

$$3 \times 3 = (3 \text{ の指数} + 1) \times (2 \text{ の指数})$$
$$= (2 + 1) \times 3 = 9 \ (\text{個})$$

となります。

▶ GOAL	🖐 HOW	❓ WHY
2016 の正の約数のうち偶数であるものの個数を求めたい	素因数分解する	2016 の約数全体の個数と，そのうちの偶数の約数が何か，わかるから

この考え方で 2016 の偶数の約数を求めていけばよいのですが，偶数の約数の個数を直接求めるよりも

（正の約数の個数）−（正の奇数の約数の個数）＝（正の偶数の約数の個数）

として，求めたほうが手間がかからなさそうです。

次に，先ほどの表を使って偶数である約数の和を求めてみましょう。

◯ の部分をすべて足せばよいですが，表にある 1 列（縦）ごとにまとめて足していくとこれらの総和は

$$2^1(1 + 3^1 + 3^2) + 2^2(1 + 3^1 + 3^2) + 2^3(1 + 3^1 + 3^2) = (2^1 + 2^2 + 2^3)(1 + 3^1 + 3^2)$$
$$= 14 \times 13 = 182$$

となります。この考え方で 2016 の偶数の約数の総和を求めましょう。今回も正の約数の中で，偶数・奇数どちらに注目すると楽か考えるとよいです。

▶ **GOAL**

2016 の正の約数の中で偶数であるものの総和を求める

=

🧩 **HOW**

奇数の約数の総和を求める

×

❓ **WHY**

奇数の素因数は 3, 7 であり，指数が小さいので，奇数の約数の和は単純に計算ができ，全体（すべての約数）の和から引けば，偶数の約数の和が出るから

[解 答]

$2016=2^5\cdot3^2\cdot7$ より

2016 の約数の個数は

$\qquad(5+1)\cdot(2+1)\cdot(1+1)$

$\quad=6\cdot3\cdot2=36$（個）

また，約数の総和は

$\qquad(1+2+2^2+2^3+2^4+2^5)\cdot(1+3+3^2)\cdot(1+7)=63\cdot13\cdot8$

$$=6552$$

```
2) 2016
2) 1008
2)  504
2)  252
2)  126
3)   63
3)   21
      7
```

PIECE

801 約数の個数と総和

このうち，奇数の約数となるのは $(1+3+3^2)\cdot(1+7)$ を展開したときに現れる各項である。

よって，奇数の約数は

$\qquad1\cdot(2+1)\cdot(1+1)=6$（個）

奇数の約数の総和は

$\qquad(1+3+3^2)\cdot(1+7)=13\cdot8$

$$=104 \quad\longleftarrow \text{右の表参照}$$

$$2^0 \begin{cases} 3^0 \begin{cases} 7^0 \\ 7^1 \end{cases} \\ 3^1 \begin{cases} 7^0 \\ 7^1 \end{cases} \\ 3^2 \begin{cases} 7^0 \\ 7^1 \end{cases} \end{cases} 6\text{個}$$

よって，2016 の約数のうち，偶数の約数の個数は

$\qquad36-6=$ **30（個）** 答

また，それらの和は

$\qquad6552-104=$ **6448** 答

	1	3	3^2
1	1	3	3^2
7	7	$7\cdot3$	$7\cdot3^2$

総和は
$(1+3+3^2)+7(1+3+3^2)$
$=(1+3+3^2)\cdot(1+7)$
$=104$

(注)　数学 B で学ぶ次の知識を利用して求めることもできる。

$r\neq1$ のとき

$\qquad1+r+r^2+\cdots+r^{n-1}=\dfrac{1-r^n}{1-r}$

$$=\dfrac{r^n-1}{r-1}$$

例　$1+2+2^2+2^3+2^4+2^5=\dfrac{2^6-1}{2-1}$

$$=63$$

実践問題 060 │ 最大公約数，最小公倍数

(1) 和が 22，最小公倍数が 60 となる 2 つの自然数を求めよ。

(2) 2 つの自然数 m，n の最大公約数を G，最小公倍数を L とする。

$$\frac{L}{G}=72 \quad かつ \quad LG=10368 \quad かつ \quad G<m<n<L$$

が成り立つとき，G，L，m，n を求めよ。 ((1) 東京電機大)

[▶GOAL = 🔧HOW × ❓WHY] ひらめき

PIECE 802 が有効です。

(1)の最大公約数，最小公倍数は，次のような「筆算形式」で求めることができます。

例 120 と 180 の最大公約数，最小公倍数は共通の素因数でどん

どん割っていき，互いに素になるまで割り続けます。

すると，120 と 180 の最大公約数，最小公倍数は，右の(A)となります。このとき，もとの 2 数と最大公約数，最小公倍数には，右の(B)の関係式が成り立ちます。

一般的に，2 数 a，b を共通因数で割り続け，右の筆算のようになったとき a，b の最大公約数 G，最小公倍数 L は下のようになります。

(A)
$$\begin{cases} 最大公約数=2^2\times3\times5=60 \\ 最小公倍数=(2^2\times3\times5)\times②\times3=360 \end{cases}$$

(B)
$$\begin{cases} 120=60\times② \\ 180=60\times3 \\ 360=60\times②\times3 \end{cases}$$

$$○)\underline{\quad a \qquad b \quad} \quad (a>b とする)$$
$$△)\underline{\qquad\qquad\qquad}$$
$$☆)\underline{\qquad\qquad\qquad}$$
$$\qquad ◎ \qquad □ \quad (◎>□ とする。◎と□は互いに素)$$

a，b の最大公約数 $=○\times△\times☆=G$

a，b の最小公倍数 $=(○\times△\times☆)\times◎\times□=G\times◎\times□=L$

よって，a，b，L，G については，以下の関係式が成り立ちます。

$$\begin{cases} a=(○\times△\times☆)\times◎=G\times◎ \\ b=(○\times△\times☆)\times□=G\times□ \end{cases} \Rightarrow \begin{cases} a=a'G \quad (◎=a') \\ b=b'G \quad (□=b') \\ L=a'b'G \end{cases} \Rightarrow \quad ab=LG$$

(1)

▶ GOAL		🔧 HOW		❓ WHY
和が 22，最小公倍数が 60 となる 2 つの自然数を求める	=	2 数を a，b，最大公約数を G とおく	×	$a=a'G$，$b=b'G$（a'，b' は互いに素）と表せ，和と最小公倍数の条件より G の候補が絞れるから

(2) $\begin{cases} m=m'G \\ n=n'G \qquad (m'，n' は互いに素) \\ L=m'n'G \end{cases}$ で表されるので，これを与えられた条件に代入してみましょう。

$\dfrac{L}{G}=72$ かつ

$GL=10368$ かつ

$G<m<n<L$ を満たす

2数 m, n を求める

$=$

$m=m'G$

$n=n'G$

$L=m'n'G$

を利用する

$\times$

条件式が3つで，文字が m'，n'，G の3つ あるので代入すれば m'，n'，G の条件にな るから

［解答］

(1) 求める2数を a, b $(a\geqq b)$，最大公約数を G，最小公倍数を L とすると，

$$a=a'G,\quad b=b'G,\quad L=a'b'G$$

と表せる。(a', b' は互いに素な整数 $a'\geqq b'$)

条件より，$\begin{cases} a+b=a'G+b'G=(a'+b')G=22 & \cdots\cdots① \\ L=a'b'G=60 & \cdots\cdots② \end{cases}$

①，②より G は22と60の公約数である。$22=2\times11$，$60=2^2\times3\times5$ より，$G=1$ または 2

・$G=1$ のとき

①，②より，$a'+b'=22$，$a'b'=60$

であり，この2式を満たす a', b' は存在しない。◀── $a'\geqq b'$ より

　　　　　　　　　　　　　　　　　　　　　　　$(a',\ b')=(12,\ 5),\ (15,\ 4),\ (20,\ 3)$
　　　　　　　　　　　　　　　　　　　　　　　より，いずれも $a'+b'\neq22$

・$G=2$ のとき

①，②より，$a'+b'=11$，$a'b'=30$ であり，これを満たす a', b' は，$(a',\ b')=(6,\ 5)$

よって，求める2数は $(\boldsymbol{a,\ b})=(\boldsymbol{12,\ 10})$ 答

(2) 条件より，$\begin{cases} \dfrac{L}{G}=2^3\times3^2 & \cdots\cdots① \\ LG=2^7\times3^4 & \cdots\cdots② \\ G<m<n<L & \cdots\cdots③ \end{cases}$

ここで，$\begin{cases} m=m'G & \cdots\cdots④ \\ n=n'G & \cdots\cdots⑤ \end{cases}$ $(m'$，n' は互いに素，$m'<n')$

とおける。このとき，$L=m'n'G$ $\cdots\cdots⑥$ が成り立つ。

①×②から，$L^2=2^{10}\times3^6$

$L>0$ より，$L=2^5\times3^3=864$ $\cdots\cdots⑦$

②÷①から，$G^2=2^4\times3^2$

$G>0$ より，$G=2^2\times3=12$ $\cdots\cdots⑧$

⑥，⑦，⑧より，$864=12m'n'$ よって $m'n'=72=2^3\times3^2$ $\cdots\cdots⑨$

$m'<n'$，$m'\geqq n'$ は互いに素より，$(m',\ n')=(2^3,\ 3^2)$

よって，④，⑤，⑧より，$\begin{cases} m=2^3\cdot12=96 \\ n=3^2\cdot12=108 \end{cases}$

以上より，$\boldsymbol{G=12}$，$\boldsymbol{L=864}$，$\boldsymbol{m=96}$，$\boldsymbol{n=108}$ 答

PIECE
802 最大公約数，最小公倍数

$a=a'G$
$b=b'G$
$L=a'b'G$

実践問題 061 | $n!$ の素因数分解

(1) 1 から 125 までの整数の中に含まれる 5 の倍数の個数，25 の倍数の個数を求めよ。

また，125! は 5 で最大何回割り切ることができるか。

(2) $(5^n)!$ を 10 進法で表すと，末尾に 0 が何個並ぶか答えよ。ただし n は自然数とする。

(専修大)

[▶GOAL ＝ ▶HOW × ❓WHY] ひらめき

PIECE 803 で解いていきましょう。

(1) 125! の中に含まれる 5 の倍数は次の通りです。

5, 10, 15, 20, 25, 30, …, 50, …, 75, …, 100, …, 120, …, 125　の 25 個

このうち，5 の因数を 2 つ以上含むものは 5^2，すなわち 25 の倍数である

25, 50, 75, 100, 125

の 5 つであり，5 の因数を 3 つ含むものは，5^3 すなわち 125 の倍数である 125 のみです。

よって，125! の中に含まれる 5 の個数は

$25+5+1=31$ （個）

これをガウス記号を用いて表すと

$$\left[\frac{125}{5}\right]+\left[\frac{125}{5^2}\right]+\left[\frac{125}{5^3}\right]=25+5+1=31 \text{（個）}$$

となります。ここで $[a]$ は a を超えない最大の整数を表します（a 以下の最大の整数）。

▶ GOAL		🖐 HOW		❓ WHY
125! が 5 で何回割れるか求める	＝	ガウス記号を利用して計算する	×	125! の中に 5 が何個含まれているか知りたいから

(2) 数字の末尾の 0 の個数は 10 で何回割り切れるかの回数です。つまり，自然数 A の末尾に 0 が k 個ついていたら，次のように表せます。

$$A=10^k\cdot M=(2\times5)^k\cdot M$$
$$=2^k\cdot5^k\cdot M \text{（M は自然数）}$$

いま，600 で考えてみましょう。

$$600=3\times2^3\times5^2=2^2\times5^2\times2\times3=(2\times5)^2\times2\times3=10^2\times2\times3$$

2 の個数は 3 個，5 の個数は 2 個より，結局 10 は 2 個しかつくれません。よって，600 は 10 で 2 回割り切れるので，末尾に並ぶ 0 は 2 個となります。つまり，因数 2 の個数と因数 5 の個数の多くないほうの個数だけ末尾に 0 が並びます。

$(5^k)!$ を素因数分解すると因数 2 の個数より因数 5 の個数のほうが多くないことは，600 の例からもわかりますね。

よって，本問は「$(5^n)!$ は 5 で何回割り切れるか」を求める問題だと考えることができます。

=

×

[解 答]

(1) 1 から 125 までの中にある 5 の倍数は

$$\frac{125}{5}＝25（個）答$$

また，25 の倍数は

$$\frac{125}{25}＝5（個）答$$

$$\left[\frac{125}{5}\right]+\left[\frac{125}{5^2}\right]+\left[\frac{125}{5^3}\right]＝25+5+1＝31$$

よって，125! を 5 で割ることができる最大の回数は，**31 回** 答

PIECE

803 $n!$ の素因数分解

n が素数 a で p 回割り切れるとき
$$p＝\left[\frac{n}{a}\right]+\left[\frac{n}{a^2}\right]+\left[\frac{n}{a^3}\right]$$
$$+\cdots\cdots+\left[\frac{n}{a^k}\right]$$

(2) $(5^n)!$ の末尾に 0 が何個続くかを求めるためには，$(5^n)!$ が 10 で何回割れるのかを考えればよい。

$10＝5×2$ より，5 と 2 で何回割れるかを考えればよいが

（2 の倍数の個数）＞（5 の倍数の個数）

より，結局，$(5^n)!$ が 5 で何回割れるかを考えればよい。

よって，(1)と同じ考えを用いると

$$\left[\frac{5^n}{5}\right]+\left[\frac{5^n}{5^2}\right]+\left[\frac{5^n}{5^3}\right]+\cdots\cdots+\left[\frac{5^n}{5^{n-1}}\right]+\left[\frac{5^n}{5^n}\right]＝5^{n-1}+5^{n-2}+5^{n-3}+\cdots\cdots+5+1$$

$$＝1+5+5^2+\cdots\cdots+5^{n-2}+5^{n-1}$$

$$＝\frac{1-5^n}{1-5}＝\frac{5^n-1}{5-1}＝\frac{5^n-1}{4}$$

したがって，$(5^n)!$ の末尾に 0 が並ぶ個数は

$$\frac{5^n-1}{4}（個）答$$

(注) 数学Bで学ぶ次の知識を利用している。
　$r\neq1$ のとき
$$1+r+r^2+\cdots+r^{n-1}＝\frac{1-r^n}{1-r}＝\frac{r^n-1}{r-1}$$

参考
　一般的に $n!$ に含まれる素因数 p の個数は
$p^k\leqq n<p^{k+1}$ を満たす自然数 k に対し
$$\left[\frac{n}{p}\right]+\left[\frac{n}{p^2}\right]+\left[\frac{n}{p^3}\right]+\cdots+\left[\frac{n}{p^k}\right]$$
で求めることができる。

実践問題 062 │ 分数式が整数になる条件

$x,\ y$ を自然数とする。

(1) $\dfrac{3x}{x^2+2}$ が自然数であるような x をすべて求めよ。

(2) $\dfrac{3x}{x^2+2}+\dfrac{1}{y}$ が自然数であるような組 $(x,\ y)$ をすべて求めよ。

(北海道大)

[▶GOAL = 🖐HOW × ❓WHY] ひらめき

(1) 「分数の式が自然数になる」ことは，読みかえれば「分数の式の値が 1 以上の整数になる」ことです。

分数の形のままでは扱いにくいので，

$$\frac{3x}{x^2+2}\geqq 1 \iff 3x\geqq x^2+2$$

とすれば，2 次不等式によって x の範囲を絞ることができます。

▶ GOAL	🖐 HOW	❓ WHY
$\dfrac{3x}{x^2+2}$ が自然数であるような自然数 x をすべて求める	=	$\dfrac{3x}{x^2+2}\geqq 1$ を解く	×	分母を払えば x の 2 次不等式となり，x の範囲が絞れるから

(2) (1)の式と似ていることに気づくと思います。しかし，(1)の結果を直接用いることはできません。なぜなら $\dfrac{3x}{x^2+2}$，$\dfrac{1}{y}$ がともに分数の場合でも $\dfrac{3x}{x^2+2}+\dfrac{1}{y}$ が自然数になる場合があるからです。

例えば，$x=4$，$y=3$ のとき，$\dfrac{3x}{x^2+2}=\dfrac{2}{3}$，$\dfrac{1}{y}=\dfrac{1}{3}$ となり

$$\frac{3x}{x^2+2}+\frac{1}{y}=\frac{2}{3}+\frac{1}{3}=1$$

そこで，まずは簡単な式である $\dfrac{1}{y}$ に注目しましょう。$\dfrac{1}{y}$ が自然数かどうかで場合分けをします。その後は(1)と同じ手順です。

▶ GOAL	🖐 HOW	❓ WHY
$\dfrac{3x}{x^2+2}+\dfrac{1}{y}$ が自然数であるような自然数 $(x,\ y)$ の組をすべて求める	=	$\dfrac{1}{y}$ が自然数か，自然数ではないかで場合分けする	×	次の 2 パターンがあるから（自然数）＋（自然数）＝（自然数）（分数）＋（分数）＝（自然数）

[解答]

(1) $N(x)=\dfrac{3x}{x^2+2}$ とおくと，$N(x)$ が自然数より，$N(x)\geqq1$

よって，$\dfrac{3x}{x^2+2}\geqq1$，$x^2-3x+2\leqq0$，$(x-1)(x-2)\leqq0$

つまり，$1\leqq x\leqq2$ が必要。x は自然数より $x=1$，2 であることが必要。

$x=1$，2 のとき，$N(1)=1$，$N(2)=1$ となり，いずれも自然数より

$\boldsymbol{x=1}$，$\boldsymbol{2}$ 答

PIECE

208 必要条件・十分条件
必要条件から絞り込む

318 2次不等式

804 分数式が整数になる条件

(2) $\dfrac{1}{y}$ が自然数のときと，自然数でないときで場合分け。

(ア) $y=1$ のとき

$\dfrac{1}{y}=1=$自然数。よって，$\dfrac{3x}{x^2+2}+\dfrac{1}{y}=\dfrac{3x}{x^2+2}+1$ が自然数となるには $\dfrac{3x}{x^2+2}$ も自然数。

(1)の結果より，$x=1$，2　よって　$(x,\ y)=(1,\ 1)$，$(2,\ 1)$

(イ) $y\neq1$ のとき

$\dfrac{1}{y}\neq$自然数　よって，$y\geqq2$ より　$\dfrac{3x}{x^2+2}+\dfrac{1}{y}$ が自然数になるためには，

$\dfrac{3x}{x^2+2}\neq$自然数

このとき，(1)の結果から，$x\geqq3$ で考えればよい。◀───────── (1)より，$\dfrac{3x}{x^2+2}$ が自然数ならば

このとき，両辺×x　　$x^2\geqq3x$　　　　　　　　　　　　　$1\leqq x\leqq2$ であることが必要

よって，$x^2+2>3x$　　$\dfrac{3x}{x^2+2}<1$ ◀── 両辺÷(x^2+2)　　$x\geqq3$ ならば

$\dfrac{3x}{x^2+2}$ は自然数にならない（対偶）

以上より，$y\geqq2$，$x\geqq3$ において

$\dfrac{3x}{x^2+2}<1$，$\dfrac{1}{y}\leqq\dfrac{1}{2}$　より　$\dfrac{3x}{x^2+2}+\dfrac{1}{y}<1+\dfrac{1}{2}=\dfrac{3}{2}$

よって，$\dfrac{3x}{x^2+2}+\dfrac{1}{y}$ が自然数であることから，$\dfrac{3x}{x^2+2}+\dfrac{1}{y}=1$

よって，$\dfrac{3x}{x^2+2}=1-\dfrac{1}{y}\geqq1-\dfrac{1}{2}=\dfrac{1}{2}$　より　$\dfrac{3x}{x^2+2}\geqq\dfrac{1}{2}$

整理すると，$x^2-6x+2\leqq0$

これを解くと，$3-\sqrt{7}\leqq x\leqq3+\sqrt{7}$

$x\geqq3$ より，$3\leqq x\leqq3+\sqrt{7}$　よって　$x=3$，4，5

(i) $x=3$ のとき

$\dfrac{1}{y}=1-N(3)=1-\dfrac{9}{11}=\dfrac{2}{11}$　より　$y=\dfrac{11}{2}$（不適）

(ii) $x=4$ のとき

$\dfrac{1}{y}=1-N(4)=1-\dfrac{2}{3}=\dfrac{1}{3}$　より　$y=3$（適）

(iii) $x=5$ のとき

$\dfrac{1}{y}=1-N(5)=1-\dfrac{5}{9}=\dfrac{4}{9}$　より　$y=\dfrac{9}{4}$（不適）

以上(ア)，(イ)より，$(\boldsymbol{x},\ \boldsymbol{y})=(\boldsymbol{1},\ \boldsymbol{1})$，$(\boldsymbol{2},\ \boldsymbol{1})$，$(\boldsymbol{4},\ \boldsymbol{3})$ 答

実践問題 **063** │ ユークリッドの互除法

自然数 n に対して，$3n^3+n$ と n^3+1 の最大公約数を g とする。

(1) すべての n について，$g \neq 5$ であることを示せ。

(2) $g=14$ となるような n の最小値を求めよ。

(学習院大)

[▶ GOAL = ① HOW × ❷ WHY] ひらめき

(1) 2数が文字で表されているので，素因数分解ができず最大公約数について，具体的にはわかりません。そこで，ユークリッドの互除法で形式的に表しましょう。**PIECE** 805 が役立ちます。

ユークリッドの互除法で一方が定数（文字を含まない数）になるまでくり返し，その定数に注目します。その定数が5で割り切れなければ，g も5で割り切れず，$g \neq 5$ が示せます。

▶ GOAL	① HOW	❷ WHY
n を自然数とするとき，$3n^3+n$ と n^3+1 の最大公約数が5ではないことを示す	ユークリッドの互除法を使う	2数が文字で示されているので，ユークリッドの互除法を余りが定数になるまでくり返せば，具体的な約数が見えてくるから

(2) $P=3n^2+n$

$Q=n^3+1$

とします。

また，P，Q の最大公約数を $G(P, Q)$ とします。

$g=G(P, Q)$ をこのまま考えるのではなく，(1)で求めた

$$g=G(P, Q)=G(n-3, 28)$$

を利用しましょう。すると，$g=14$ より $n-3$ と 28 の関係から，n の最小値を求めることができます。用いるのは **PIECE** 802 805 です。

▶ GOAL	① HOW	❷ WHY
$3n^3+n$ と n^3+1 の最大公約数が14となるような n の最小値を求める	(1)で求めた $g=G(n-3, 28)$ を利用する	$\begin{cases} n-3=14k \\ 28=14\cdot2 \end{cases}$ （k と 2 は互いに素）と表せ，$n-3$ が 14 の倍数になることがわかるから

[解 答]

(1) $P=3n^3+n$，$Q=n^3+1$ とおく。

$n=1$ のとき，$P=4$，$Q=2$ より，$g=2$，$n=2$ のとき，$P=26$，$Q=9$ より，$g=1$

PIECE
802 最大公約数，最小公倍数
805 ユークリッドの互除法

$n \geqq 3$ のとき，$n-3 \geqq 0$ であり

$$P = 3Q + n - 3 \quad \longleftarrow P を Q で割ると商が 3，余りが n-3$$

より，$G(x, y)$ を (x, y) の最大公約数とすると

$$g = G(P, Q) = G(Q, n-3) \quad \longleftarrow \text{ユークリッドの互除法の原理}$$

$Q = n^3 + 1 = (n-3)(n^2 + 3n + 9) + 28$ より　　$\longleftarrow$ 次の計算結果より，n^3+1 を $n-3$ で割ると
商が n^2+3n+9，余りが 28

$$G(Q, n-3) = G(n-3, 28)$$

$$
\begin{array}{r}
n^2+3n+9 \\
n-3\,)\overline{\,n^3 \qquad\quad +\ 1} \\
-)\,\underline{n^2-3n^2} \\
3n^2 \\
-)\,\underline{3n^2-9n} \\
9n+\ 1 \\
-)\,\underline{9n-27} \\
28
\end{array}
$$

ここで

$$28 = 2^2 \times 7$$

より，28 が 5 の倍数になることはない。

よって，

$$G(n-3, 28) \neq 5$$

$$G(P, Q) \neq 5$$

よって，$g \neq 5$ である。答

(2)　(1)より

$$g = G(P, Q) = G(n-3, 28)$$

よって，

$$G(n-3, 28) = 14$$

よって，

$$
\begin{cases}
n-3 = 14k \\
28 = 14 \cdot 2
\end{cases}
\quad (k は整数，k と 2 は互いに素)
$$

k は奇数 より $n = 14k + 3$ を最小にする k は 1 である。

$$\boldsymbol{n = 14 \cdot 1 + 3 = \textbf{17}}\ \text{答}$$

参考　(1)の別解

ある n に対して $3n^3 + n$，$n^3 + 1$ の最大公約数が 5 であると仮定すると

$$
\begin{cases}
3n^3 + n = 5k & \cdots\cdots ① \\
n^3 + 1 = 5\ell & \cdots\cdots ②
\end{cases}
$$

②×3　$3n^3 + 3 = 15\ell$　……③

①−③　$n - 3 = 5(k - 3\ell)$

よって，$n = 5m + 3$ とおける $(m = k - 3\ell)$。

このとき，$n^3 = (5m+3)^3 \equiv 3^3 \equiv 2 \pmod 5$

よって，$n^3 + 1 \equiv 3 \pmod 5$

これは②に矛盾。

よって，すべての n で $3n^3 + n$，$n^3 + 1$ の最大公約数 g は $g \neq 5$

実践問題 064 | 不定方程式①

次の問いに答えよ。

(1) 方程式 $25x+9y=33$ の整数解をすべて求めよ。さらに，これらの整数解のうち，$|x+y|$ の値が最小となるものを求めよ。

(2) 2つの方程式 $25x+9y=33$，$xy=-570$ を同時に満たす整数解をすべて求めよ。

(金沢大)

[▶GOAL = ⚙HOW × ❓WHY] ひらめき

(1) 一般解（すべての解）を求める前に，まずは $25x+9y=33$ を満たす解を1つ求めましょう。しかし，このままでは係数が大きいので，まずは $25x+9y=1$ の解を求めてから，それを33倍するとよいです。1つの解が求められれば，あとはお決まりの手順です。**PIECE** `806` で解いていきます。

後半はグラフを用いて考えましょう。**PIECE** `109` で考えます。

▶ GOAL	⚙ HOW	❓ WHY
$25x+9y=33$ の整数解（一般解）を求め，その (x, y) に対して $|x+y|$ が最小となる (x, y) を求める	$=$ $25x+9y=33$ の特殊解を求める	$\times$ 特殊解が求められれば，そこから一般解がわかり，x, y が1変数の1次式で表すことができ，$x+y$ を1変数の関数と見ることができるから

(2) (1)で求めた $25x+9y=33$ の一般解 $x=9\ell'+6$，$y=-25\ell'-13$ を，$xy=-570$ へ代入してみましょう。あとは **PIECE** `315` です。

▶ GOAL	⚙ HOW	❓ WHY
$25x+9y=33$，$xy=-570$ を同時に満たす整数解 (x, y) をすべて求める	$=$ $\begin{cases} x=9\ell'+6 \\ y=-25\ell'-13 \end{cases}$ を $xy=-570$ へ代入する	$\times$ 1つの文字 ℓ' だけの式になり（ℓ' の1次式）×（ℓ' の1次式）＝定数の形になるから

[解答]

(1) $25\cdot4+9\cdot(-11)=1$ より，両辺に33をかけて

$$25\cdot132+9(-363)=33 \quad \cdots\cdots①$$
$$25x+9y=33 \quad\quad\quad\quad \cdots\cdots②$$

とする。

②－①より

PIECE	
`109`	絶対値を含む方程式
`315`	2次方程式
`806`	1次不定方程式
`807`	2次式の不定方程式

$$25(x-132)+9(y+363)=0$$

$$25(x-132)=9(-y-363)$$

ここで 25 と 9 は互いに素より,

$$\begin{cases} x-132=9\ell \\ -y-363=25\ell \end{cases} \quad (\ell \text{ は整数})$$

とおける。

$$\begin{cases} x=9\ell+132=9(\ell+14)+6 \\ y=-25\ell-363=-25(\ell+14)-13 \end{cases}$$

← このままだと x, y の定数が 132, -363 と絶対値が大きく, 計算が大変

ここで, $\ell+14=\ell'$ とおくと

$$\begin{cases} x=9\ell'+6 \\ y=-25\ell'-13 \end{cases} \quad (\ell' \text{ は整数})$$

と表せる。よって

$$|x+y|=|(9\ell'+6)+(-25\ell'-13)|$$

$$=|-16\ell'-7| \quad \longleftarrow \quad y=|-16\ell'-7| \text{ のグラフ}$$

これが最小となるのは $\ell'=0$ のとき。

よって, $x=6$, $y=-13$ のとき最小値 7 をとる 答

(2) $25x+9y=33$ より, (1)から

$$\begin{cases} x=9\ell'+6 \\ y=-25\ell'-13 \end{cases} \quad (\ell' \text{ は整数}) \quad \cdots\cdots ③$$

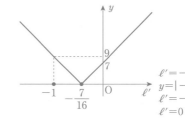

$\ell'=-1$ か 0 で $y=|-16\ell'-7|$ は最小
$\ell'=-1$ のとき, $y=9$
$\ell'=0$ のとき, $y=7$

とおける。これを $xy=-570$ へ代入すると,

$$(9\ell'+6)(-25\ell'-13)=-570$$

$$75\ell'^2+89\ell'-164=0 \quad \longleftarrow \quad \begin{array}{c} 1 \\ 75 \end{array} \times \begin{array}{c} -1 \\ 164 \end{array}$$

$$(\ell'-1)(75\ell'+164)=0$$

ℓ' は整数より,

$$\ell'=1$$

このとき, ③へ代入して

$$(x,\ y)=(15,\ -38) \text{ 答}$$

参考

(2)は普通に

$$\begin{cases} 25x+9y=33 \\ xy=-570 \end{cases}$$

の連立方程式を解くことによって, x, y の値を求めることができるが, そのまま x, y を消去すると分数が生じ, 係数も大きいため計算が複雑になる。そのため, まずは(1)より $25x+9y=33$ の一般解を求めることで計算を楽にした。

実践問題 065 | 不定方程式②

以下の問いに答えよ。

(1) 等式 $mn=4m-3n+24$ を満たす自然数 m, n の組の総数を求めよ。

(2) 等式 $m^2n-2mn+3n-36=0$ を満たす自然数 m, n の組の総数を求めよ。

（東京理科大）

[▶GOAL = ✪HOW × ❓WHY] ひらめき

(1) m, n, mn の形を見たら，まず，因数分解ができないか試してみましょう。**PIECE** 807 の発想です。

▶GOAL		✪HOW		❓WHY
$mn=4m-3n+24$ を満たす自然数 (m, n) の組の総数を求める	=	因数分解の形にして（1 次式）×（1 次式）＝整数 の形にする	×	積の形に直すことによって，約数，倍数の関係から，m, n の候補が絞れるから

(2) (1)と同じように式変形を試みても，なかなか糸口が見つかりません。そこで次数の低い n に注目し，$n=\boxed{}$ のように，n を分数の形で表してみましょう。n が自然数であることから，m の条件を絞り込むことができます。**PIECE** 804 を活用します。

▶GOAL		✪HOW		❓WHY
$m^2n-2mn+3n-36$ $=0$ を満たす自然数 (m, n) の組を求める	=	n について整理し，$n=\boxed{}$ の形に直す	×	n は 1 次式，m は 2 次式より，n についてのほうが解きやすいから

▼

[解 答]

PIECE
804 分数式が整数になる条件
807 2 次式の不定方程式

(1) $mn=4m-3n+24$ より，

$$(m+3)(n-4)=12$$

m, n は自然数より，$m+3$, $n-4$ は整数で，$m+3 \geqq 4$ より，

$$(m+3, n-4)=(4, 3), (6, 2), (12, 1)$$

$$(m, n)=(1, 7), (3, 6), (9, 5)$$

よって，**3 組** 答

(2) $m^2n-2mn+3n-36=0$

$$n(m^2-2m+3)=36 \quad \longleftarrow \quad \begin{array}{l} m^2-2m+3=(m-1)^2+2\neq0 \\ \text{より，両辺を } m^2-2m+3 \text{ で割る} \end{array}$$

$m^2-2m+3=(m-1)^2+2>0$ より，

$$n = \frac{36}{m^2 - 2m + 3} \quad \cdots\cdots ①$$

$$= \frac{36}{(m-1)^2 + 2}$$

n は自然数より，$(m-1)^2 + 2$ は 36 の正の約数。

また，$m^2 - 2m + 3 = (m-1)^2 + 2 \geqq 2$ より

$$(m-1)^2 + 2 = 2, \ 3, \ 4, \ 6, \ 9, \ 12, \ 18, \ 36$$

$$(m-1)^2 = 0, \ 1, \ 2, \ 4, \ 7, \ 10, \ 16, \ 34$$

$$m - 1 = 0, \ \pm 1, \ \pm\sqrt{2}, \ \pm 2, \ \pm\sqrt{7}, \ \pm\sqrt{10}, \ \pm 4, \ \pm\sqrt{34}$$

m は自然数より，$m - 1 \geqq 0$

よって

$$m - 1 = 0, \ 1, \ 2, \ 4$$

$$m = 1, \ 2, \ 3, \ 5$$

これらを①に代入して

$$(m, \ n) = (1, \ 18), \ (2, \ 12), \ (3, \ 6), \ (5, \ 2) \ の \textbf{4 組} \ 答$$

参考 (1)の別解

$$mn = 4m - 3n + 24$$

$$(m + 3)n = 4m + 24$$

$m \neq -3$ より

$$n = \frac{4m + 24}{m + 3} = 4 + \frac{12}{m + 3}$$

n は自然数より $m + 3$ が 12 の倍数であることが必要。m は自然数より，$m + 3 \geqq 4$
よって，

$$m + 3 = 4, \ 6, \ 12$$

$$m = 1, \ 3, \ 9$$

このとき n は，

$$n = 7, \ 6, \ 5$$

以上より

$$(m, \ n) = (1, \ 7), \ (3, \ 6), \ (9, \ 5) \ の \ 3 \ 組$$

実践問題 066 | 不定方程式③

整数 $\ell,\ m,\ n$ は次の条件を満たすとする。

$$\frac{1}{\ell}+\frac{1}{m}-\frac{1}{3}=\frac{1}{n},\ \ \ell\geqq 5,\ \ m\geqq 5,\ \ n\geqq 1$$

(1) 整数 ℓ と m のうち，少なくとも一方は 5 であることを示せ。

(2) 条件を満たす整数の組 $(\ell,\ m,\ n)$ をすべて求めよ。

（弘前大）

[▶GOAL = ⚙HOW × ❓WHY] ひらめき

(1) 「少なくとも〜」とある証明問題については，背理法が有効です。**PIECE 211** を用いましょう。

　今回は $\ell\geqq 5,\ m\geqq 5$ において $\ell,\ m$ のうち少なくとも一方が 5 であることを示すので，整数 $\ell,\ m$ がいずれも 6 以上と仮定して解きましょう。そうすると

$$\ell\geqq 6,\ m\geqq 6\ \ \text{より}\ \ 0<\frac{1}{\ell}\leqq\frac{1}{6},\ 0<\frac{1}{m}\leqq\frac{1}{6}$$

であることがいえますので，これと $\dfrac{1}{\ell}+\dfrac{1}{m}-\dfrac{1}{3}=\dfrac{1}{n}$ を用いて文字の範囲を絞り込みましょう。

▶GOAL	⚙HOW	❓WHY
条件をみたす整数 $\ell,\ m$ のうち，少なくとも一方は 5 であることを示す	背理法を利用する	$\ell,\ m$ のうち，少なくとも一方が 5 であるとは，次の 3 通りの場合があり，場合分けが面倒だから ㋐ $\ell=5,\ m\neq 5$ ㋑ $\ell\neq 5,\ m=5$ ㋒ $\ell=m=5$

(2) (1)から，$\ell=5$ または $m=5$ であることがわかりました。この結果を用いて解きましょう。$\ell=5$ を代入すると

$$\frac{1}{5}+\frac{1}{m}-\frac{1}{3}=\frac{1}{n}\ \ \text{より}\ \ \frac{1}{m}-\frac{1}{n}=\frac{2}{15}$$

よって

$$\frac{n-m}{mn}=\frac{2}{15}$$

$$2mn=15(n-m)$$

$$2mn-15n+15m=0$$

となり，積型の不定方程式となりました。

あとは(1)と同様に解いていきましょう。用いるのは **PIECE 807 808** です。

▶ GOAL
条件を満たす整数の組 $(\ell,\ m,\ n)$ をすべて求める

$=$

👤 HOW
$\ell=5$ を代入して m，n の 2 文字の方程式にする

$\times$

❓ WHY
$\ell,\ m$ については対称なので，まずは $\ell=5$ を代入しても一般性を失わず m，n のみの方程式にすると次の形にもち込めるから
（文字式）×（文字式）＝定数

[解 答]

(1) $\ell\geqq6$，$m\geqq6$ と仮定すると

$$0<\frac{1}{\ell}\leqq\frac{1}{6},\quad 0<\frac{1}{m}\leqq\frac{1}{6}$$

よって

$$\frac{1}{\ell}+\frac{1}{m}-\frac{1}{3}\leqq\frac{1}{6}+\frac{1}{6}-\frac{1}{3}=0$$

となるが，条件より，

$$\frac{1}{\ell}+\frac{1}{m}-\frac{1}{3}=\frac{1}{n}>0\quad(n\geqq1\ \text{より})$$

と矛盾する。よって，$\ell,\ m$ のうち，少なくとも一方は5である。（証明終わり）答

(2) (1)から，$\ell=5$ または $m=5$ である。

(ア) $\ell=5$ のとき

$$\frac{1}{5}+\frac{1}{m}-\frac{1}{3}=\frac{1}{n}\quad\text{より}\quad\frac{1}{m}-\frac{1}{n}=\frac{2}{15}$$

よって，

$$\frac{n-m}{mn}=\frac{2}{15}$$

$$2mn=15(n-m)$$

$$2mn-15n+15m=0 \quad\longleftarrow\quad\text{両辺を 2 で割って}$$

$$4mn-30n+30m=0$$

$$(2m-15)(2n+15)+225=0$$

$$(2m-15)(2n+15)=-225$$

$$(2m-15)(2n+15)=-3^2\cdot5^2$$

両辺を 2 で割って
$$mn-\frac{15}{2}n+\frac{15}{2}m=0$$
$$\left(m-\frac{15}{2}\right)\left(n+\frac{15}{2}\right)+\frac{225}{4}=0$$
$$\left(m-\frac{15}{2}\right)\left(n+\frac{15}{2}\right)=-\frac{225}{4}$$
両辺に 4 を掛けて
$$(2m-15)(2n+15)=-225$$

$n\geqq1$ より，$2n+15\geqq17$

よって，$2n+15=5^2,\ 3\cdot5^2,\ 3^2\cdot5,\ 3^2\cdot5^2$

$$n=5,\ 30,\ 15,\ 105$$

それぞれの n に対し，$m=3,\ 6,\ 5,\ 7$

$m\geqq5$ より，$m=3$ は不適。

よって，$(\ell,\ m,\ n)=(5,\ 6,\ 30),\ (5,\ 5,\ 15),\ (5,\ 7,\ 105)$

(イ) $m=5$ のときも同様に考えると，$\ell,\ m$ の対称性より

$$(\ell,\ m,\ n)=(5,\ 5,\ 15),\ (6,\ 5,\ 30),\ (7,\ 5,\ 105)$$

以上(ア)，(イ)より，$(\boldsymbol{\ell,\ m,\ n})=(\mathbf{5,\ 6,\ 30}),\ (\mathbf{5,\ 5,\ 15}),\ (\mathbf{5,\ 7,\ 105}),\ (\mathbf{6,\ 5,\ 30}),\ (\mathbf{7,\ 5,\ 105})$ 答

実践問題 **067** │ 余りによる整数の分類（剰余類）

N は十進法で表された4桁の自然数であり，千の位の数が a，百の位の数が b，十の位の数が c，そして一の位の数が d である。

(1) $a-b+c-d$ が11の倍数ならば，N は11の倍数であることを示せ。

(2) N が11の倍数ならば，N^5-N は55の倍数であることを示せ。

（茨城大）

[▶GOAL = 🔧HOW × ❓WHY] ひらめき

(1) 4桁の数は次のように表せます。

$$N = 10^3 a + 10^2 b + 10c + d = 1000a + 100b + 10c + d \quad (a は 1〜9, \ b, \ c, \ d は 0〜9)$$

ここから11の倍数をつくり出すために，まずは N の式の中に条件にある $a-b+c-d$ を強引につくってみましょう。

$$N = 1000a + 100b + 10c + d$$
$$= 1001a + 99b + 11c - \underset{\sim\sim\sim\sim\sim}{(a-b+c-d)}$$

〜〜〜は条件より11の倍数なので，あとは $1001a + 99b + 11c$ が11の倍数であることを示せばよいわけですね。**PIECE** 810 を用いましょう。

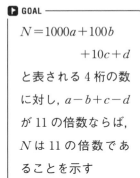

▶ GOAL

$N = 1000a + 100b + 10c + d$ と表される4桁の数に対し，$a-b+c-d$ が11の倍数ならば，N は11の倍数であることを示す

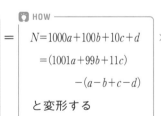

🔧 HOW

$N = 1000a + 100b + 10c + d$
$= (1001a + 99b + 11c)$
$\quad - (a-b+c-d)$
と変形する

❓ WHY

条件である「$a-b+c-d$ は11の倍数」を使いたいから

(2) N^5-N を因数分解すると

$$N^5 - N = N(N^4-1) = N(N^2+1)(N^2-1) = (N-1)N(N+1)(N^2+1)$$

条件より，N は11の倍数なので，$N-1, N, N+1, N^2+1$ のいずれかが5の倍数であれば，55の倍数といえますね。そこで，N を5で割った余りで分類してみましょう。**PIECE** 809 が有効です。

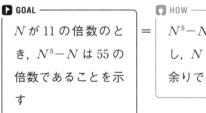

▶ GOAL

N が11の倍数のとき，N^5-N は55の倍数であることを示す

🔧 HOW

N^5-N を因数分解し，N を5で割った余りで分類する

❓ WHY

$N^5-N = (N-1)N(N+1)(N^2+1)$ となり，N が11の倍数より，あとは $N-1, N, N+1, N^2+1$ のいずれかが5の倍数になればよいから

[解 答]

PIECE

809 余りによる整数の分類

810 倍数であることの証明

(1)　$N=10^3a+10^2b+10c+d$　（a は 1〜9，b，c，d は 0〜9）と表される。

$$=1001a+99b+11c-(a-b+c-d)$$

$$=11\cdot91a+11\cdot9b+11c-(a-b+c-d)$$

$$=11(91a+9b+c)-(a-b+c-d)$$

ここで $a-b+c-d$ は 11 の倍数より，$a-b+c-d=11k$（k は整数）

よって，$N=11(91a+9b+c)-11k$

$$=11\underline{(91a+9b+c-k)}$$

└──────── 整数

$91a+9b+c-k$ は整数より，N は 11 の倍数。（証明終わり）答

(2)　$N^5-N=N(N^4-1)=N(N^2+1)(N^2-1)=(N-1)N(N+1)(N^2+1)$

N は 11 の倍数より，N^5-N が 55 の倍数であることを示すには，$55=11\times5$ で 5 と 11 は互いに素より

$$(N-1)N(N+1)(N^2+1)$$

が 5 の倍数であることを示せばよい。

(ア)　$N=5k$ のとき（k は整数）

N は 5 の倍数

(イ)　$N=5k+1$ のとき

$N-1=5k$ より 5 の倍数

(ウ)　$N=5k-1$ のとき

$N+1=5k$ より 5 の倍数

(エ)　$N=5k\pm2$ のとき

$N^2+1=25k^2\pm20k+5=5(5k^2\pm4k+1)$ より 5 の倍数。

(ア)，(イ)，(ウ)，(エ)より N^5-N は 5 の倍数。

よって，N^5-N は 55 の倍数である。（証明終わり）答

参考　(2)は次のように考えてもよい

$$N^5-N=(N-1)N(N+1)(N^2+1)$$
$$=(N-1)N(N+1)\{(N^2-4)+5\}$$
$$=(N-2)(N-1)N(N+1)(N+2)+5(N-1)N(N+1)$$

ここで，N は 11 の倍数より，＝＝は 55 の倍数。

また，〜〜は 11 の倍数

さらに，〜〜は連続する 5 整数の積より必ず 5 の倍数

よって，〜〜は 55 の倍数

よって，N^5-N は 55 の倍数

[別 解]

(1)　$N=10^3a+10^2b+10c+d=a(11-1)^3+(11-1)^2b+(11-1)c+d$

$$=a(11^3-3\cdot11^2+3\cdot11-1^3)+b(11^2-2\cdot11+1)+c(11-1)+d$$

$$=a(11^3-3\cdot11^2+3\cdot11)+b(11^2-2\cdot11)+c\cdot11-a+b-c+d$$

$$=11M-(a-b+c-d)\quad(M \text{ は整数})$$

よって，$a-b+c-d$ が 11 の倍数ならば，N は 11 の倍数である。（証明終わり）答

正の整数の組 (a, b, c) が次の式を満たすとする。

$$a^2 + b^2 = c^2$$

(1) a, b, c のうち少なくとも 1 つは偶数であることを示せ。

(2) a, b, c のうちに素数ではないものがあることを示せ。

(東北大)

[▶GOAL = 🔧HOW × ❓WHY] ひらめき

PIECE 211 の背理法を用いて考えていきましょう。

(1) 「a, b, c のうち少なくとも 1 つは偶数」は色々な場合があるので，すべての場合を示すのは大変です。ここでは背理法を利用すると，考える場合が大幅に減り，楽です。一般に背理法には，大きく分けて次の 2 つのパターンがあります。

〈背理法の 2 パターン〉

(ア)	「p であることを示せ」（「である」命題）	$\overline{p}$（p でない）と仮定して矛盾を導く。この場合，条件や数学的な事実に矛盾する。
(イ)	「$p \implies q$ であることを示せ」（「ならば」命題）	$p \cap \overline{q}$（p かつ q でない）と仮定して矛盾を導く。この場合，p に矛盾することが多い。

本問は

a, b, c が自然数で $a^2 + b^2 = c^2$ を満たす $\implies$ a, b, c のうち少なくとも 1 つは偶数

ですから，上記の(イ)のパターンです。よって，「a, b, c がすべて自然数」または「$a^2 + b^2 = c^2$」に矛盾が生じると予想して解きましょう。

▶ GOAL		🔧 HOW		❓ WHY
正の整数 a, b, c が $a^2 + b^2 = c^2$ を満たすとき，a, b, c のうち，少なくとも 1 つは偶数であることを示す	=	背理法を用いて証明する	×	「少なくとも〜」とあるときには，直接考えると色々な場合があり大変なので，その余事象を考える。つまり結論の逆（否定）を考えるとよいから

(2) (1)の結果を利用しましょう。(1)より

a, b, c のうち，少なくとも 1 つは偶数　……(*)

本問で示すべきことは，「a, b, c のうち，素数でないものがある」です。「〜でない」という否定命題についても，直接考えると色々な場合があるので，余事象である「〜である」と仮定して背理法を用います。つまり，a, b, c がすべて素数であると仮定したとき，(*)より a, b, c の中に「偶数の素数」があることになります。偶数かつ素数は 2 しかありません。すなわち，a, b, c のうち，少なくとも 1 つは，2 です。

■ GOAL

$a,\ b,\ c$ のうち，少なくとも1つ素数でないものがあることを示す

＝

● HOW

背理法を利用する

×

？ WHY

「素数ではない」という表現は，このままでは表現しにくく，「すべて素数」と仮定すると(1)の結果と合わせて，$a,\ b,\ c$ のうちどれかが2とわかるから

［解 答］

(1) $a,\ b,\ c$ がすべて奇数と仮定すると ◀────── 直接考えると，$a,\ b,\ c$ がそれぞれ偶数または奇数より $2 \times 2 \times 2 = 8$（通り）あり，大変です

$$a^2 + b^2 = 奇数 + 奇数 = 偶数,\quad c^2 = 奇数$$

となるが，これは $a^2 + b^2 = c^2$ に矛盾。

よって，$a,\ b,\ c$ のうち少なくとも1つは偶数である。（証明終わり）答

PIECE

211 背理法

(2) $a,\ b,\ c$ がすべて素数であると仮定すると，(1)より，$a,\ b,\ c$ のうち，少なくとも1つは偶数より，$a,\ b,\ c$ のいずれかは2である。 ◀────── 偶数かつ素数は2のみ

(ア) $c = 2$ のとき

$a^2 + b^2 = 2^2$ より，これを満たす素数 $a,\ b$ は存在しない。

(イ) $a = 2$ のとき

$$2^2 + b^2 = c^2$$
$$c^2 - b^2 = 4$$
$$(c+b)(c-b) = 4$$

$c+b,\ c-b$ は自然数であり，$c+b > c-b > 0$ より，$(c+b,\ c-b) = (4,\ 1)$

よって，$(c,\ b) = \left(\dfrac{5}{2},\ \dfrac{3}{2}\right)$ より，不適。 ◀──── $b,\ c$ は素数より

(ウ) $b = 2$ のとき

(イ)と同様に不適。

以上(ア)，(イ)，(ウ)より，いずれの場合も矛盾するので $a,\ b,\ c$ のうち素数でないものが存在する。（証明終わり）答

［別 解］

(2) (ア)までは同じ

(ア)より，$c \neq 2$ であるから c は奇素数であり，c^2 は奇数。よって，$a^2 + b^2 = c^2$（奇数）より $a,\ b$ の偶奇は異なる。今，a を偶数，b を奇数としても，一般性は失われない。すると a は素数より $a = 2$

よって，$a = 2,\ b = 2k+1,\ c = 2\ell+1$（$k,\ \ell$ は整数。$\ell > k \geq 0$）とおける。$a^2 + b^2 = c^2$ に代入して

$$2^2 + (2k+1)^2 = (2\ell+1)^2$$
$$(2\ell+1)^2 - (2k+1)^2 = 4$$
$$(\ell+k+1)(\ell-k) = 1$$

$\ell+k+1,\ \ell-k$ は整数で，$\ell+k+1 > 0,\ \ell-k > 0$ より

$$\ell+k+1 = \ell-k = 1$$

よって，$\ell = \dfrac{1}{2},\ k = -\dfrac{1}{2}$ となり，$k,\ \ell$ は整数であることに反する。

参考
ピタゴラス数には他にも色々な性質がある。
$a,\ b,\ c$ のうち
(i) 少なくとも1つは4の倍数
(ii) 少なくとも1つは3の倍数
(iii) 少なくとも1つは5の倍数
3, 4, 5 は互いに素より，abc は $3 \cdot 4 \cdot 5 = 60$ の倍数となる。

PIECE 901 角の二等分線

例題

次の図において，次の比および線分の長さを求めよ。

(1) AI : ID

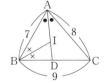

(2) CP

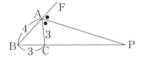

CHECK

△ABC の ∠BAC の二等分線を AD，
∠BAC の外角 ∠FAC の二等分線を AE
とすると，次のことが成り立つ。

① ∠BAD＝∠CAD のとき

AB : AC＝BD : DC

② ∠FAE＝∠CAE のとき

AB : AC＝BE : EC

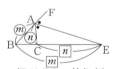

（AD は∠A の二等分線） （E は BC の外分点）

[解答]

(1) AD は ∠BAC の二等分線より

$$BD : DC＝AB : AC$$

AB＝7，AC＝8 より

$$BD : DC＝7 : 8$$

よって

$$BD＝\frac{7}{15}BC$$
$$＝\frac{7}{15}\cdot 9$$
$$＝\frac{21}{5}$$

BI は ∠ABD の二等分線より

$$AI : ID＝BA : BD$$
$$＝7 : \frac{21}{5}$$
$$＝\frac{35}{5} : \frac{21}{5}$$
$$＝5 : 3 \ 答$$

(2) AP は ∠FAC の外角の二等分線より

$$BP : CP＝AB : AC$$
$$＝4 : 3$$

よって

$$BC : CP＝1 : 3$$

であるから

$$CP＝3BC$$
$$＝3\cdot 3$$
$$＝9 \ 答$$

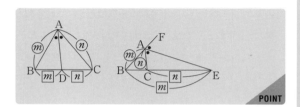

POINT

PIECE 902 底辺の比と面積比

例題

右の図のような △ABC において（ただし P≠A，P≠D），

BD：DC＝m：n のとき，

(1) △ABD：△ACD＝m：n を示せ。

(2) △APB：△APC＝m：n を示せ。

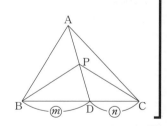

CHECK

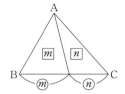

△ABC において，BC を m：n に内分する点を D とするとき，△ABD と △ACDの面積比については次が成り立つ。

$$△ABD：△ACD＝m：n$$

［解答］

(1) BD：DC＝m：n より，

a を正の数として

$$BD＝ma，\quad DC＝na$$

とおける。

A から BC に下ろした垂線の

足を H とし，AH＝h とすると

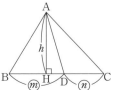

$$△ABD＝\frac{1}{2}×BD×AH$$

$$＝\frac{1}{2}ma・h$$

$$＝\frac{1}{2}mah \quad ……①$$

$$△ACD＝\frac{1}{2}×DC×AH$$

$$＝\frac{1}{2}na・h$$

$$＝\frac{1}{2}nah \quad ……②$$

①，②より

$$△ABD：△ACD＝\frac{1}{2}mah：\frac{1}{2}nah$$

$$＝m：n \text{ 答}$$

(2) AP＝ℓ とおく。また B から AD に下ろした垂線の足を H，C から AD の延長に下ろした垂線の交点を K とすると

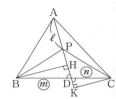

$$△BHD∽△CKD \quad \longrightarrow 2\text{組の角がそれぞれ等しい}$$

対応する辺の比は等しいので

$$BH：CK＝BD：CD＝m：n$$

したがって，d を正の数として

BH＝md，CK＝nd とおけて

$$△APB＝\frac{1}{2}×AP×BH＝\frac{1}{2}\ell・md＝\frac{1}{2}\ell md$$

$$△APC＝\frac{1}{2}×AP×CK＝\frac{1}{2}\ell・nd＝\frac{1}{2}\ell nd$$

よって △APB：APC＝$\frac{1}{2}\ell md：\frac{1}{2}\ell nd$

$$＝m：n \text{ 答}$$

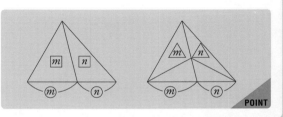

POINT

9章

図形の性質

PIECE 903 重心

例 題

右の図において，△PMD の面積が 2 のとき，
平行四辺形 ABCD の面積 S を求めよ。

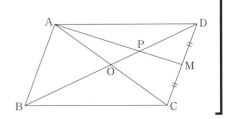

CHECK

三角形の 3 本の中線（頂点と対辺の中点を
結ぶ線分）は 1 点で交わり，その点を「重心」
という。

三角形 ABC の重心を G，線分 BC の中点
を L，線分 CA の中点を M，線分 AB の中
点を N とすると，次のことが成り立つ。

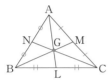

$$AG : GL = BG : GM$$
$$= CG : GN$$
$$= 2 : 1$$

また

$$\triangle ABG : \triangle BCG : \triangle CAG = 1 : 1 : 1$$

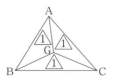

[解 答]

△ACD で AM は中線であり，平行四辺形の対角線は互い
の中点で交わるので，DO も中線である。

よって，点 P は △ACD の重心より

$$AP : PM = 2 : 1$$

したがって

$$\begin{aligned}
\triangle PMD &= \frac{1}{3}\triangle AMD \\
&= \frac{1}{3} \cdot \left(\frac{1}{2}\triangle ACD\right) \\
&= \frac{1}{3} \cdot \frac{1}{2} \cdot \frac{1}{2}S \\
&= \frac{1}{12}S
\end{aligned}$$

以上より

$$\begin{aligned}
S &= 12\triangle PMD \\
&= 12 \cdot 2 \\
&= \mathbf{24} \ 答
\end{aligned}$$

「重心」は三角形の中線の交点で，中線を 2 : 1 に内
分

POINT

PIECE 904 内心

例題

I は △ABC の内心とする。∠BIC の大きさを求めよ。

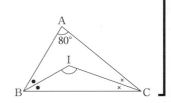

CHECK

三角形のそれぞれの角の二等分線は1点で交わる。この交点を「内心」という。

内心は三角形に内接する円の中心である。

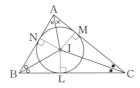

また, 内接円と各辺の接点を L, M, N とする。

$$BL = BN = x$$
$$AM = AN = y$$
$$CL = CM = z$$

とおくと

$$AB + AC = 2y + (x + z) = 2y + BC$$

より

$$y = \frac{AB + CA - BC}{2}$$

同様に,

$$x = \frac{AB + BC - CA}{2}$$

$$z = \frac{BC + CA - AB}{2}$$

と表される。

[解答]

∠ABI = ∠IBC = α, ∠ACI = ∠ICB = β とおくと

$$\angle A + \angle B + \angle C = 80° + 2\alpha + 2\beta = 180°$$

よって, $\alpha + \beta = 50°$

したがって

$$\angle BIC = 180° - (\angle IBC + \angle ICB)$$
$$= 180° - (\alpha + \beta)$$
$$= 180° - 50°$$
$$= 130° \ 答$$

[別解]

$\angle BIC = \angle A + \dfrac{\angle B + \angle C}{2}$ を

利用すると

$$\angle BIC = 80° + \frac{\angle B + \angle C}{2}$$
$$= 80° + \frac{100°}{2} \quad \leftarrow \ ○ ○ + (\bullet + \times)$$
$$= 80° + 50°$$
$$= 130° \ 答$$

> 「内心」は三角形のそれぞれの角の二等分線の交点で, 内接円の中心
>
> **POINT**

PIECE 905 外心

例題

O は △ABC の外心とする。∠BOC の大きさを求めよ。

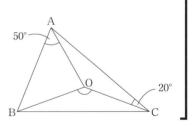

CHECK

三角形の各辺の垂直二等分線は１点で交わる。その点を「外心」という。

外心は三角形に外接する円の中心である。

三角形 ABC の外心を O とすると，

$$OA = OB = OC$$

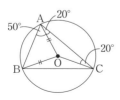

参考

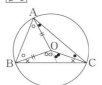

$$\angle BOC = 2(\bullet + \circ)$$
$$= 2\angle BAC$$

(注)
△ABC が鈍角三角形の場合は，外心 O は三角形の外部にある。

[解 答]

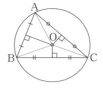

O は △ABC の外心より

$$OA = OB = OC$$

よって，△OAC は二等辺三角形より

$$\angle OAC = \angle OCA = 20°$$

したがって

$$\angle BAC = 50° + 20°$$
$$= 70°$$

O は △ABC の外接円の中心より

$$\angle BOC = 2\angle BAC = \mathbf{140°} \text{ 答}$$

└── $\overarc{BC}$ に対する中心角
    ＝$\overarc{BC}$ に対する円周角の２倍

「外心」は三角形の各辺の垂直二等分線の交点で，外接円の中心

POINT

PIECE 906 垂心

例題

H は △ABC の垂心とする。∠BAC の大きさを求めよ。

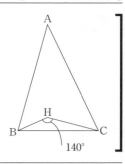

CHECK

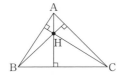

三角形の各頂点から対辺へ下ろした垂線は1点で交わる。

この点を「垂心」という。

三角形 ABC 内に垂心 H が与えられたときは，各頂点と H を結んだ直線を延長し，対辺との直角をつくる。

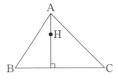

(注)
△ABC が鈍角三角形の場合は，垂心 H は三角形の外部にある。

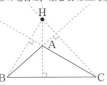

[解答]

H は垂心より，CH，BH の延長線と AB，AC の交点を K，L とすると，

$$∠HKA＝∠HLA＝90°$$

が成り立つ。

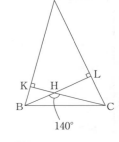

四角形 AKHL の内角の和は 360° より

$$∠KAL＋∠KHL＋90°＋90°＝360°$$
$$∠KAL＋∠KHL＝180°$$

よって

$$∠BAC＝∠KAL$$
$$＝180°－∠KHL$$
$$＝180°－∠BHC$$
$$＝180°－140°$$
$$＝40°　答$$

「垂心」は三角形の各頂点から対辺に下ろした垂線の交点

POINT

PIECE 907 チェバの定理，メネラウスの定理

例題

それぞれの三角形に対して，次の長さを求めよ。

(1) AR

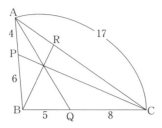

(2) CR

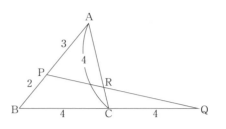

CHECK

〈チェバの定理〉

$\triangle ABC$ において，辺 BC，CA，AB 上にそれぞれ点 P，Q，R があり，3 直線 AP，BQ，CR が 1 点で交わるとき

$$\frac{AR}{RB} \cdot \frac{BP}{PC} \cdot \frac{CQ}{QA} = 1$$

が成り立つ。

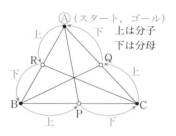

〈メネラウスの定理〉

ある直線が $\triangle ABC$ の辺 BC，CA，AB，またはその延長上と，それぞれの点 P，Q，R で交わるとき

$$\frac{AR}{RB} \cdot \frac{BP}{PC} \cdot \frac{CQ}{QA} = 1$$

が成り立つ。

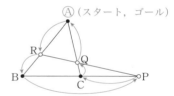

[解 答]

(1) $AR=x$ とおくと $CR=17-x$ から，チェバの定理より

$$\frac{AP}{PB} \cdot \frac{BQ}{QC} \cdot \frac{CR}{RA} = 1$$

$$\frac{4}{6} \cdot \frac{5}{8} \cdot \frac{17-x}{x} = 1$$

$$48x = 340 - 20x$$

$$x = 5$$

よって，**AR＝5** 答

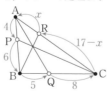

(2) $CR=y$，$AR=z$ とおくと メネラウスの定理より

$$\frac{AP}{PB} \cdot \frac{BQ}{QC} \cdot \frac{CR}{RA} = 1$$

$$\frac{y}{z} \cdot \frac{3}{2} \cdot \frac{8}{4} = 1 \quad \leftarrow \text{C をスタート}$$

$$（Ⓒ \rightarrow R \rightarrow A \rightarrow P \rightarrow B \rightarrow Q \rightarrow Ⓒ）$$

$$z = 3y$$

$AC = y + z = 4$ より

$$4y = 4$$

$$y = 1$$

よって，

CR＝1 答

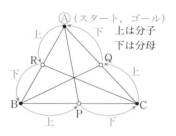

〈チェバの定理の覚え方〉
　三角形の頂点からスタートし，
　三角形の周りを一周り

〈メネラウスの定理の覚え方〉
・スタート＝ゴール
・求めたい比を含む辺
　　＋2 辺（3 辺利用）
・1 辺につき 2 回とぶ

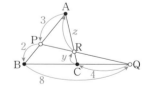

POINT

PIECE 908 円周角の定理とその逆

[レベル ★★★]

例 題

(1) 次の図における x の値を求めよ。

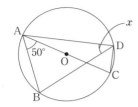

(2) B, C, D, E のうち △APQ の外接円上にある点を
すべてあげよ。

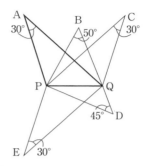

CHECK

次の 4 つが成り立つ。

① $∠ACB=∠ADB$
（$\overset{\frown}{AB}$ に対する円周角）

② $∠AOB=2∠ACB$
（中心角の大きさは円周角
の 2 倍）

③ **直径に対する円周角は 90°**

④ **C, D が直線 AB について
同じ側にあるとき $∠ACB=∠ADB$ が成
り立つならば 4 点 A, B, C, D は同一円
周上にある**

[解 答]

(1)

$\overset{\frown}{BC}$ に対する円周角は等しいので

$∠BDC=∠BAC=50°$

直径に対する円周角は 90° より

$∠ADC=90°$

よって，$x=∠ADB=∠ADC-∠BDC$

$=90°-50°=$**40°** 答

(2) 直線 PQ に対し，C は A と
同じ側にあり

$∠PAQ=∠PCQ=30°$

円周角の定理の逆より，

4 点 A, P, Q, C は同一円周
上にある。よって **C** 答

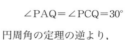

参考
P は △ABC の外接円上の点，
P′ は △ABC の外接円の外部の点，
P″ は △ABC の外接円の内部の点とする。

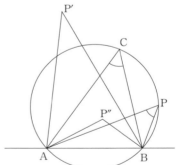

$∠AP′B<∠ACB$, $∠APB=∠ACB$
$∠AP″B>∠ACB$

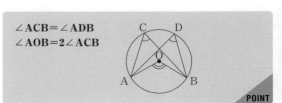

$∠ACB=∠ADB$
$∠AOB=2∠ACB$

POINT

PIECE 909 接弦定理（円の接線の弦の定理）

[レベル ★★★]

例題

O を中心とする円が点 A で直線 ℓ と接している。$\angle ACB = x$,
$\angle ABC = y$ とするとき，x, y の値を求めよ。

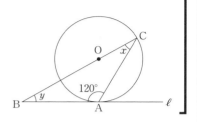

CHECK

円の接線と接点を通る弦について，次のこと
が成り立つ。
弧に対する円周角と
弧に対する弦と接線
のなす角は等しい。
上の図において

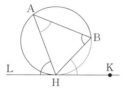

$$\angle BHK = \angle HAB, \quad \angle AHL = \angle HBA$$

[解答]

辺 BC と円の交点を D とすると，
$\angle DAC$ は直径に対する円周角より

$$\angle DAC = 90°$$

よって

$$\angle DAB = 120° - 90° = 30°$$

接弦定理より

$$\angle DAB = \angle DCA = 30°$$

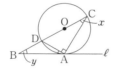

$\angle DCA = \angle ACB$ より，

$$\angle ACB = 30°$$

よって，$x = \mathbf{30°}$ 答

また

$$\angle ABC = 180° - \angle BAC - \angle ACB \quad \leftarrow \text{三角形の内}$$
$$= 180° - 120° - 30° = 30° \qquad \text{角と外角の}$$
$$\text{関係より}$$

よって，$y = \mathbf{30°}$ 答

[別解]

$$\angle OAC = \angle BAC - \angle BAO$$
$$= 120° - 90° = 30°$$
$$\angle OCA = \angle OAC = 30°$$

よって，$x = \mathbf{30°}$ 答

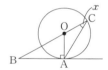

円の接線とその接点で接する弧について，接線と弧
でつくる角度はその弧の円周角と等しい

POINT

PIECE 910 円に内接する四角形

例題

(1) 四角形 ABCD は円に内接している。∠DAB＝x，∠ADC＝y
とするとき，x，y の値を求めよ。

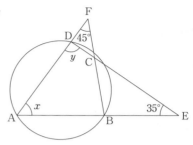

(2) 次の四角形 ABCD のうち，円に内接するものをすべて選べ。

(ア)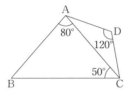

(イ)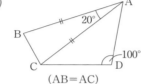
(AB＝AC)

(ウ)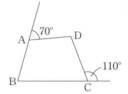

CHECK

円に内接する四角形 ABCD
において

$$\begin{cases} \angle A + \angle C = 180° \\ \angle B + \angle D = 180° \end{cases}$$

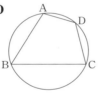

すなわち

　　向かい合う角の和＝180°

が成り立つ。

逆に，向かい合う角の和が 180° になる四角
形は円に内接する。

上の結果より，円に内接する四角形の１つ
の角の大きさは，対角の外角の大きさと等し
い。

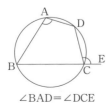

∠BAD＝∠DCE

[解答]

(1) △ADE の内角の和は 180° より

　　$x + y + 35° = 180°$

　　　　$x + y = 145°$　……①

また，三角形の内角と外角の関係より

　　∠FBE＝∠FAB＋∠AFB

　　　　＝$x + 45°$　……②

四角形 ABCD は円に内接するので

　　∠ADC＝∠FBE より

　　　　∠FBE＝y　……③

②，③より，$x + 45° = y$　……④

①，④より，$x = 50°$，$y = 95°$

　　$x = 50°$，$y = 95°$ 答

(2) 四角形の向かい合う角の和が 180° になればよいので

　　(イ)，(ウ) 答

(注) (ア)は ∠BAD＋∠BCD＝80°＋50°＋(180°−120°)＝190°

四角形が円に内接するとき
向かい合う角の和が 180°

POINT

PIECE 911 方べきの定理①

例題

次の図において，次の線分の長さを求めよ。

(1) BP

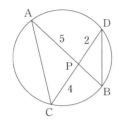

(2) BP

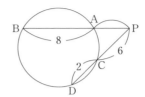

CHECK

下図のように，2直線 **AB** と **CD** の交点 **P**

が円の内部，外部にあるとき，

△**PAC**∽△**PDB** が成り立つので

相似比 **PA：PD＝PC：PB** より

　　　PA・PB＝PC・PD

が成り立つ。これを「方べきの定理」という。

 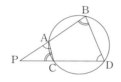

(注)　右図のように直線 PA（PB）が
　　　円の中心 O を通るとき
　　　　PA・PB＝(OP−r)・(OP+r)
　　　　＝OP²−r²＝一定
　　　となり，この値のことを「方べき」
　　　という。

[解 答]

(1) BP＝x とおく。

方べきの定理より

$$PA \cdot PB = PC \cdot PD$$

$$5 \cdot x = 4 \cdot 2$$

$$x = \frac{8}{5}$$

よって，BP＝$\dfrac{8}{5}$ 答

(2)　AP＝x とおく。

方べきの定理より

$$PA \cdot PB = PC \cdot PD$$

$$x(x+8) = 6 \cdot 8$$

$$x^2 + 8x - 48 = 0$$

$$(x-4)(x+12) = 0$$

$x > 0$ より，

$$x = 4$$

よって，

$$BP = 8 + x$$

$$= \textbf{12} \text{答}$$

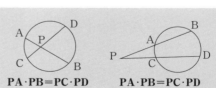

PA・PB＝PC・PD　　　**PA・PB＝PC・PD**

POINT

PIECE 912 方べきの定理②

例題

(1) 図1において，AB の長さを求めよ（ただし，T は接点）。

図1

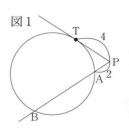

(2) 図2において，PC·PD の値を求めよ（ただし，T は2円の接点）。

図2

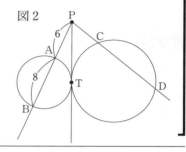

CHECK

円の外の点 P を通る2直線の一方が2点 A，B で交わり，もう一方が点 T で接するとき

$$PA \cdot PB = PT^2$$

が成り立つ。

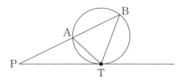

△PAT∽△PTB に注目して，

$$PT : PB = PA : PT$$

より導ける。

〔解答〕

(1) AB=x とおくと，方べきの定理より

$$PA \cdot PB = PT^2$$
$$2(x+2) = 4^2$$
$$2x = 12$$
$$x = 6$$

よって，**AB=6** 答

(2) 左の円において，方べきの定理より

$$PA \cdot PB = PT^2$$
$$6 \cdot 14 = PT^2 \quad \cdots\cdots ①$$

右の円において，方べきの定理より

$$PC \cdot PD = PT^2 \quad \cdots\cdots ②$$

①，②より

$$PC \cdot PD = 6 \cdot 14$$
$$= \textbf{84} \text{答}$$

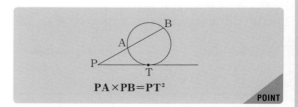

$$\textbf{PA} \times \textbf{PB} = \textbf{PT}^2$$

POINT

PIECE 913 2円の位置関係

[レベル ★ ★ ★]

例 題

半径 r_1 の円 O_1 と半径 r_2 の円 O_2 の中心間の距離が d であるとする。

次のそれぞれの場合について，2つの円の位置関係を述べよ。

また，2つの円に引くことができる共通接線の本数を求めよ。

(1) $r_1=6$, $r_2=3$, $d=5$

(2) $r_1=3$, $r_2=4$, $d=9$

(3) $r_1=5$, $r_2=2$, $d=2$

(4) $r_1=6$, $r_2=1$, $d=5$

CHECK

2つの円 O, O' の半径をそれぞれ r, r' $(r>r')$，中心間の距離 OO' を d とすると，2円の位置関係は次の5通りがある。

(i) 離れている   共通接線

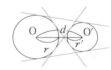

$d>r+r'$ 4本

(ii) 外接する

$d=r+r'$ 3本

(iii) 2点で交わる

$r-r'<d<r+r'$
             2本

(iv) 内接する

$d=r-r'$ 1本

(v) 一方が他方の内部にある

$d<r-r'$ 0本

[解 答]

(1) $r_1+r_2=9$, $r_1-r_2=3$ より

$$r_1-r_2<d<r_1+r_2$$

よって，2円は **2点で交わる**。

共通接線は **2本** 答

(2) $r_1+r_2=7$ より

$$r_1+r_2<d$$

よって，2円は **離れている**。

共通接線は **4本** 答

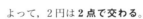

(3) $r_1-r_2=3$ より

$$d<r_1-r_2$$

よって，円 O_2 が円 O_1 の内部にある。

共通接線は **0本** 答

(4) $r_1-r_2=5$ より

$$r_1-r_2=d$$

よって，円 O_2 が円 O_1 に**内接する**。

共通接線は **1本** 答

(注) 左の関係式を暗記するのではなく，必ず図をかいて考えること。

> 2円の位置関係は，中心間の距離と半径の関係から求める
>
> **POINT**

PIECE 914 円と接線

例 題

次の図のように，2つの円 O，O′ にそれぞれ点 A，B で接する共通接線がある。このとき，線分 AB の長さを求めよ。ただし，O，O′ は円の中心とし，O，O′ の半径をそれぞれ r，r' とする。

(1)

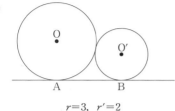

$r=3,\ r'=2$

(2)

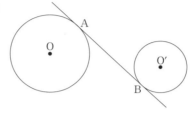

$r=5,\ r'=2,\ OO'=10$

CHECK

円の接線を見たら，次のことを考えよう。

① 中心と接点を結んで
直角を作る

② 共通接線の2円の接点間の距離は三平方の定理を利用する

(i)

(ii)

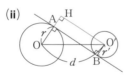

上図において △OO′H で三平方の定理より
$OO'^2=OH^2+O'H^2$ が成り立つ

(i) $AB^2=O'H^2=OO'^2-OH^2$
$=(r+r')^2-(r-r')^2$
$=4rr'$

(ii) $AB^2=O'H^2$
$=OO'^2-OH^2$
$=d^2-(r+r')^2$

(i)，(ii)いずれにおいても，O′ から直線 OA 上に垂線を下ろし，その交点を H としたとき，直角三角形 OO′H で三平方の定理を利用するのがポイント。

[解 答]

(1)

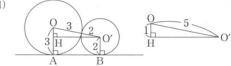

△OO′H で三平方の定理より

$AB=O'H$
$=\sqrt{OO'^2-OH^2}$
$=\sqrt{5^2-(3-2)^2}=\sqrt{25-1}$
$=\sqrt{24}$
$=\boldsymbol{2\sqrt{6}}$ 答

(2)

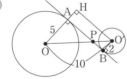

△OO′H で三平方の定理より

$AB=O'H=\sqrt{(OO')^2-(OH)^2}$
$=\sqrt{10^2-(5+2)^2}=\sqrt{100-49}$
$=\boldsymbol{\sqrt{51}}$ 答

円と接線においては
① 中心と接点を結び直角を作る
② 共通接線の長さは三平方の定理を利用する

POINT

915 空間図形と垂直

[レベル ★★★]

例題

正四面体 ABCD について，次のことを証明せよ。ただし，辺 AB の中点を M とする。

(1) 辺 AB は平面 CDM に垂直である

(2) AB⊥CD

CHECK

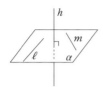

直線 h が平面 α と垂直であるとき，h は平面 α 上のすべての直線と垂直である。

逆に直線 h が平面 α 上のすべての直線に垂直であるとき，直線 ℓ は α に垂直である。

特に，直線 h が α 上の平行でない 2 直線 ℓ，m にともに垂直ならば，直線 h は α に垂直である。

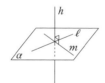

[解 答]

(1)

CM は正三角形 ABC の中線より

$$CM \perp AB \quad \cdots\cdots ①$$

同様に DM は正三角形 ABD の中線より

$$DM \perp AB \quad \cdots\cdots ②$$

①，②より，AB は平面 MCD 上の平行でない 2 本の直線に垂直であるので，

$$AB \perp (平面 CDM)\ （証明終わり）\ 答$$

(2) (1)より

$$AB \perp (平面 CDM)$$

よって，AB⊥CD （証明終わり） 答

直線 h が平面 α 上の平行でない 2 直線 ℓ，m に垂直ならば，
直線 $h \perp$ 平面 α

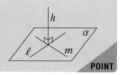

POINT

PIECE 916 正四面体の体積

例題

1辺の長さが a の正四面体 ABCD の体積を求めよ。

CHECK

正四面体の頂点から底面に下ろした垂線と底面の交点は底面の正三角形の外心であり，かつ重心である。

[解答]

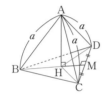

いま，頂点 A から対面 △BCD に垂線を下ろし，その交点を H とする。

$$AB = AC = AD$$
$$\angle AHB = \angle AHC = \angle AHD = 90°$$
$$AH は共通$$

より，

$$\triangle ABH \equiv \triangle ACH \equiv \triangle ADH$$

よって，

$$BH = CH = DH$$

より H は △BCD の外心である。

△BCD は正三角形より，外心と重心は一致するので，H は重心でもある。

CD の中点を M とすると BM は中線で，H は重心より H は BM 上にある。

よって，

$$BH : HM = 2 : 1$$
$$BH = \frac{2}{3} BM = \frac{2}{3} \cdot \frac{\sqrt{3}}{2} a = \frac{\sqrt{3}}{3} a$$

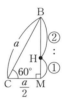

図より

$$AH = \sqrt{AB^2 - BH^2}$$
$$= \sqrt{a^2 - \left(\frac{\sqrt{3}a}{3}\right)^2}$$
$$= \sqrt{\frac{2}{3}a^2}$$
$$= \frac{\sqrt{6}}{3} a$$

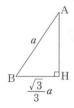

以上より，正四面体 ABCD の体積を V とすると

$$V = \frac{1}{3} \times \triangle BCD \times AH$$
$$= \frac{1}{3} \times \left(\frac{1}{2} a \cdot a \sin 60°\right) \times \frac{\sqrt{6}}{3} a$$
$$= \frac{1}{3} \cdot \frac{a^2}{2} \cdot \frac{\sqrt{3}}{2} \cdot \frac{\sqrt{6}}{3} a$$
$$= \frac{\sqrt{2}}{12} a^3 \ \text{答}$$

> 正四面体の頂点から，底面に下ろした垂線の足は，底面の三角形の外心であり，重心である
>
> **POINT**

PIECE 917 空間図形

[レベル ★★★]

例 題

右の図のように，底面の半径が 5，母線の長さが 13 の円錐に球が内接するとき，
球の半径を求めよ。

CHECK

知りたいものやわかっているものが現れる平面に着目する。今回は球の半径が知りたいものであり，母線の長さが 13，底面の半径が 5 とわかっているので，それらが含まれる平面に着目する。

[解 答]

円錐の頂点を A，球と円錐の底面との接点を H，H を通る直径を BC とする。

このとき，点 A と直線 BC を含む平面に着目する。

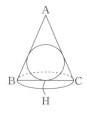 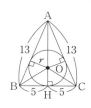

△ABC の内接円の中心を O とする。

母線の長さが 13 より

$$AB=AC=13$$

△ABC は二等辺三角形であり，点 H は線分 BC の中点であるから

$$BH=CH=5$$

三平方の定理より

$$AH=\sqrt{13^2-5^2}=12$$

△ABC に内接する円の半径を r とする。

$$△ABC=△OAB+△OBC+△OCA$$

より

$$\frac{1}{2}\cdot10\cdot12=\frac{1}{2}\cdot13\cdot r+\frac{1}{2}\cdot10\cdot r+\frac{1}{2}\cdot13\cdot r$$

$$60=\frac{1}{2}r(13+10+13)$$

$$60=18r$$

よって

$$r=\frac{60}{18}$$

$$=\frac{10}{3}$$ 答

求めたいものが含まれる平面に着目する **POINT**

PIECE 918 三角錐の内接球の半径

[レベル ★★★]

例 題

1 辺の長さが a の正四面体 ABCD に内接する球の半径を r とするとき，r を a で表せ。

ただし，1 辺の長さが a の正四面体の体積は $\dfrac{\sqrt{2}}{12}a^3$ となることを用いてよい。（**PIECE 916** 参照）

CHECK

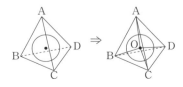

四面体 ABCD に内接する球の中心を O とする。

O と各頂点 A，B，C，D を結ぶと，4 つの四面体（三角錐）に分けられる。このとき，四面体 ABCD の体積を V，四面体 OABC，四面体 OABD，四面体 OACD，四面体 OBCD の体積を，それぞれ V_{OABC}，V_{OABD}，V_{OACD}，V_{OBCD} とし，球の半径を r とすると

$V = V_{\text{OABC}} + V_{\text{OABD}} + V_{\text{OACD}} + V_{\text{OBCD}}$

$\displaystyle = \frac{1}{3}r\triangle\text{ABC} + \frac{1}{3}r\triangle\text{ABD}$

$\displaystyle \qquad + \frac{1}{3}r\triangle\text{ACD} + \frac{1}{3}r\triangle\text{BCD}$

$\displaystyle = \frac{r}{3}(\triangle\text{ABC} + \triangle\text{ABD} + \triangle\text{ACD}$

$\displaystyle \qquad\qquad\qquad\qquad + \triangle\text{BCD})$

となる。

1 例として
(四面体 OBCD)

[解 答]

1 辺が a の正三角形の面積は

$$\frac{1}{2}\times a\times\frac{\sqrt{3}}{2}a = \frac{\sqrt{3}}{4}a^2$$

よって

$$\triangle\text{ABC} = \triangle\text{ABD} = \triangle\text{ACD} = \triangle\text{BCD} = \frac{\sqrt{3}}{4}a^2$$

ここで

$$V = \frac{r}{3}(\triangle\text{ABC} + \triangle\text{ABD} + \triangle\text{ACD} + \triangle\text{BCD})$$

より

$$\frac{\sqrt{2}}{12}a^3 = \frac{r}{3}\left(4\times\frac{\sqrt{3}}{4}a^2\right)$$

$$\frac{\sqrt{2}}{12}a^3 = \frac{r}{\sqrt{3}}a^2$$

$$r = \frac{\sqrt{6}}{12}a \ \text{答}$$

9 章 図形の性質

四面体 ABCD の内接球の半径を r，4 つの面の面積を S_1，S_2，S_3，S_4 とすると，四面体の体積 V は

$$V = \frac{1}{3}r(S_1 + S_2 + S_3 + S_4)$$

POINT

実践問題 **069** │ 角の二等分線

AB＝4，BC＝6，CA＝5 である三角形 ABC において，∠BAC の二等分線と辺 BC との交点を D，∠BCA の二等分線と辺 AB との交点を E，線分 AD と線分 CE との交点を I とするとき，次の問いに答えよ。

(1) cos ∠BAC の値を求めよ。

(2) 三角形 ABC の面積を求めよ。

(3) 線分 BD の長さを求めよ。

(4) 三角形 AEI の面積を求めよ。

（早稲田大）

[▶GOAL ＝ ⬛HOW × ❓WHY] ひらめき

(1) 問題文より，△ABC の 3 辺が与えられているので，余弦定理で求められます。**PIECE** `410` の出番です。

▶ GOAL
3 辺の長さがわかっている △ABC について cos ∠BAC の値を求める
⬛ HOW
余弦定理を用いる
❓ WHY
三角形の 3 辺の長さがわかっているから

(2) (1)で cos ∠BAC を求められているので，$\sin^2 \angle BAC + \cos^2 \angle BAC = 1$ より，sin ∠BAC を求めることができれば，三角形の面積公式が使えます。**PIECE** `402` `411` で解きましょう。

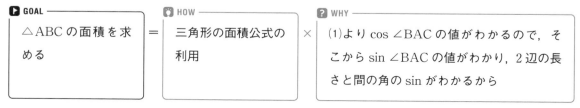

▶ GOAL
△ABC の面積を求める
⬛ HOW
三角形の面積公式の利用
❓ WHY
(1)より cos ∠BAC の値がわかるので，そこから sin ∠BAC の値がわかり，2 辺の長さと間の角の sin がわかるから

(3) AD が ∠BAC の二等分線であることに注目します。BD：DC＝AB：AC が成り立つので，これで求められそうです。**PIECE** `901` を用います。

▶ GOAL
BD の長さを求める
⬛ HOW
BD：DC を求める
❓ WHY
BC の長さがわかっているから

(4) CE は ∠BCA の二等分線より AE：EB＝CA：CB が成り立ちます。さらに AI は ∠EAC の二等分線より，EI：IC＝AE：AC です。この 2 つを組合せれば，△AEI と △ABC の比を求めることができそうです。**PIECE** `901` `902` を活用します。

GOAL		HOW		WHY
△AEI の面積を求める	=	AE：EB，EI：IC を求める	×	△ACE と △ABC の関係と △ACE と △AIE の関係がわかることにより，△AIE と △ABC の面積比がわかるから

[解 答]

(1) 余弦定理より，

$$\cos \angle BAC = \frac{4^2+5^2-6^2}{2\cdot4\cdot5} = \frac{1}{8} \ 答$$

(2) (1)より

$$\sin \angle BAC = \sqrt{1-\cos^2\angle BAC} = \sqrt{1-\left(\frac{1}{8}\right)^2} = \frac{3\sqrt{7}}{8}$$

よって，

$$\triangle ABC = \frac{1}{2}AB\cdot AC \sin \angle BAC$$
$$= \frac{1}{2}\cdot4\cdot5\cdot\frac{3\sqrt{7}}{8} = \frac{15\sqrt{7}}{4} \ 答$$

(3) AD は ∠BAC の二等分線より，BD：DC＝AB：AC＝4：5 であるから

$$BD：(BC-BD)=4：5$$

$$BD=\frac{4}{9}BC=\frac{4}{9}\cdot6=\frac{8}{3} \ 答$$

(4) CE は ∠ACB の二等分線より

$$AE：EB=CA：CB=5：6$$

よって，

$$AE=\frac{5}{11}AB=\frac{5}{11}\cdot4=\frac{20}{11}$$

また，AI は ∠EAC の二等分線より，

$$EI：IC=AE：AC=\frac{20}{11}：5=\frac{20}{11}：\frac{55}{11}=4：11$$

よって，

$$\triangle AEI=\frac{4}{15}\triangle ACE=\frac{4}{15}\cdot\left(\frac{5}{11}\triangle ABC\right)=\frac{4}{33}\triangle ABC=\frac{4}{33}\cdot\frac{15\sqrt{7}}{4}=\frac{5\sqrt{7}}{11} \ 答$$

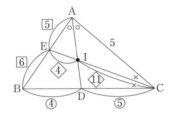

実践問題 **070** │ 重心・外心・内心・垂心

AB＝8，AC＝5，∠BAC＝60°の△ABCがある。

(1) 点Pが△ABCの内心であるとき，∠BPCの大きさを求めよ。

(2) 点Pが△ABCの外心であるとき，線分BPの長さを求めよ。

(3) 点Pが△ABCの重心であるとき，△PBCの面積を求めよ。

(4) 点Pが△ABCの垂心であるとき，∠BPCの大きさを求めよ。

(大分大)

[▶GOAL = ✊HOW × ❓WHY] ひらめき

(1) ∠BPC＝180°−(∠PBC＋∠PCB)より ∠PBC と ∠PCB の和がわかれば，∠BPC はわかります。そこで，内心の性質を用います。**PIECE** 904 です。

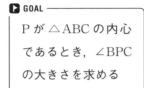

▶GOAL ── Pが△ABCの内心であるとき，∠BPCの大きさを求める

✊HOW ── ∠PBC＋∠PCB を求める

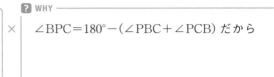

❓WHY ── ∠BPC＝180°−(∠PBC＋∠PCB) だから

(2) Pは外心より，△ABCの外接円の中心です。よって，線分BPは△ABCの外接円の半径となるので，正弦定理で求められそうです。そのために，まずはBCを求めます。**PIECE** 409 410 905 を用います。

▶GOAL ── Pが△ABCの外心であるとき，BPの長さを求める

✊HOW ── △ABCで余弦定理を用いた後，正弦定理を用いる

❓WHY ── ∠BACの対辺BCの長さがわかれば正弦定理を利用してBPを求められるから

(3) Pは△ABCの重心より，APの延長とBCの交点をMとすると，AP：PM＝2：1ですね。**PIECE** 903 が有効です。

▶GOAL ── Pが△ABCの重心であるとき，△PBCの面積を求める

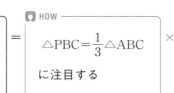

✊HOW ── $\triangle PBC＝\dfrac{1}{3}\triangle ABC$ に注目する

❓WHY ── △ABCの面積を求めることができるから

(4) B から AC に下ろした垂線の足（交点）を H，C から AB に下ろした垂線の足を K とすると P は BH と CK の交点となります。四角形 AKPH に注目しましょう。**PIECE** 906 を用います。

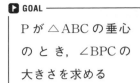

▶ GOAL ───
P が △ABC の垂心のとき，∠BPC の大きさを求める

🖐 HOW ───
四角形 AKPH に注目する

❓ WHY ───
4 つの角のうち，3 つの角の大きさがわかるから

[解 答]

(1) BP は ∠ABC の二等分線であり，CP は ∠ACB の二等分線であるので

$$\angle PBC=x,\quad \angle PCB=y$$

とすると，△ABC の内角の和は

$$60°+2(x+y)=180° \quad より \quad x+y=60°$$

以上より

$$\angle BPC=180°-(\angle PBC+\angle PCB)=180°-(x+y)$$
$$=180°-60°=\mathbf{120°}\ \text{答}$$

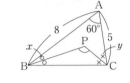

PIECE

409 正弦定理

410 余弦定理

903 重心

904 内心

905 外心

906 垂心

9 章 図形の性質

(2) 余弦定理より

$$BC^2=8^2+5^2-2\cdot8\cdot5\cos60°=49 \quad より \quad BC=7$$

△ABC の外接円の半径を R とすると，正弦定理より

$$\frac{7}{\sin60°}=2R \quad より \quad R=\frac{7}{\sqrt{3}}$$

点 P は △ABC の外心より，

$$BP=R=\frac{7}{\sqrt{3}}=\frac{\mathbf{7\sqrt{3}}}{\mathbf{3}}\ \text{答}$$

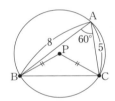

(3) M を BC の中点とする。P は重心より

$$AP:PM=2:1$$

よって

$$\triangle BPC=\frac{1}{3}\triangle ABC$$
$$=\frac{1}{3}\left(\frac{1}{2}\cdot8\cdot5\cdot\sin60°\right)=\frac{\mathbf{10\sqrt{3}}}{\mathbf{3}}\ \text{答}$$

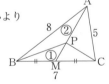

$$\triangle BPM=\frac{1}{3}\triangle ABM$$
$$=\frac{1}{3}\left(\frac{1}{2}\triangle ABC\right)=\frac{1}{6}\triangle ABC$$
同様にして
$$\triangle CPM=\frac{1}{6}\triangle ABC$$
よって $\triangle BPC=\triangle BPM+\triangle CPM$
$$=\frac{1}{6}\triangle ABC+\frac{1}{6}\triangle ABC=\frac{1}{3}\triangle ABC$$

(4) B から直線 AC に下ろした垂線の交点を H，C から直線 AB に下ろした垂線の交点を K とすると，P は BH と CK の交点である。P は垂心より

$$\angle KPH=360°-(60°+90°+90°)=120°$$

∠BPC＝∠KPH より，

$$\angle BPC=\mathbf{120°}\ \text{答}$$

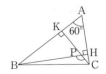

実践問題 **071** │ チェバの定理，メネラウスの定理

△ABC において，辺 AB を 4 : 3 に内分する点を D，辺 AC を 3 : 1 に内分する点を E とする。また，線分 BE と線分 CD の交点を F とし，直線 AF と辺 BC の交点を G とする。

(1) 長さの比 BF : FE を求めよ。

(2) 長さの比 BG : GC を求めよ。

(3) 面積の比 △EFC : △ABC を求めよ。

（徳島大）

[▶GOAL = ⍟HOW × ❓WHY] ひらめき

(1) まず図をかいてみましょう。BF : FE を求めたいので BE を 1 辺とする三角形に注目します。すると △ABE において，CD は BE を BF : FE に内分する線（割線）となります。この図からメネラウスの定理を連想しましょう。**PIECE** 907 の出番です。

(2) △ABC において D，G，E は AB，BC，CA の内分点です。条件より AD : DB，CE : EA がわかるので，チェバの定理を使えば BG : GC は求めることができます。

(3) (1)より BF : FE がわかっているので，△EFC と △BCE の面積比はわかります。一方，AE : EC = 3 : 1 より

$$△BCE = \frac{1}{4}△ABC$$

となり，2 つを合わせると △EFC : △ABC がわかります。**PIECE** 902 を活用して解きましょう。

［解 答］

(1) メネラウスの定理より

$$\frac{BD}{DA}\cdot\frac{AC}{CE}\cdot\frac{EF}{FB}=1$$

$$\frac{3}{4}\cdot\frac{4}{1}\cdot\frac{EF}{FB}=1$$

$$\frac{EF}{FB}=\frac{1}{3}$$

よって，BF：FE＝**3：1** 答

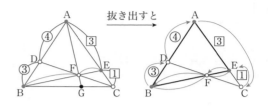

(注) (1)

$$\frac{BF}{FE}\cdot\frac{EC}{CA}\cdot\frac{AD}{DB}=1$$

$$\frac{BF}{FE}\cdot\frac{1}{4}\cdot\frac{4}{3}=1$$

$$\frac{BF}{FE}=\frac{3}{1}$$

ゆえに，BF：FE＝3：1

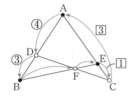

(2) チェバの定理より

$$\frac{AD}{DB}\cdot\frac{BG}{GC}\cdot\frac{CE}{EA}=1$$

$$\frac{4}{3}\cdot\frac{BG}{GC}\cdot\frac{1}{3}=1$$

$$\frac{BG}{GC}=\frac{9}{4}$$

よって，

BG：GC＝**9：4** 答

A からスタート

(3) (1)より　BF：FE＝3：1

△EFC：△BCE＝1：4

よって，

$$\triangle EFC=\frac{1}{4}\triangle BCE \quad\cdots\cdots①$$

また，AE：EC＝3：1 より

△BCE：△ABC＝1：4

よって

$$\triangle BCE=\frac{1}{4}\triangle ABC \quad\cdots\cdots②$$

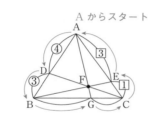

①，②より

$$\triangle EFC=\frac{1}{4}\triangle BCE$$

$$=\frac{1}{4}\left(\frac{1}{4}\triangle ABC\right)$$

$$=\frac{1}{16}\triangle ABC$$

よって，

△EFC：△ABC＝**1：16** 答

PIECE

902 底辺の比と面積比

907 チェバの定理，メネラウスの定理

抜き出すと

9 章

図形の性質

実践問題 072 │ 円周角・接弦定理

(1) 四角形 ABCD において，線分 AC と線分 BD の交点を P とし，∠DAC＝∠CBD，AC＝8，AP＝2，
PD＝4 とする。このとき，BD の長さを求めよ。 (鹿児島大)

(2) (1)において，円 O で $\overset{\frown}{AB}$ の中点 M を通り，2 つの弦 MC，MD を引き，弦 AB との交点をそれぞ
れ E，F とすれば，4 点 C，D，F，E は同一円周上にあることを示せ。

[▶GOAL ＝ 👍HOW × ❓WHY] ひらめき

(1) 条件 ∠DAC＝∠CBD から，円周角の定理の逆で A，B，C，D は同一円周上にあることに気づくこと
がポイントです。そこからは方べきの定理を使いましょう。

▶ GOAL	👍 HOW	❓ WHY
BD の長さを求める	方べきの定理の利用	PB の長さがわかれば BD の長さがわかり，円周角の定理の逆より，4 点 A，B，C，D が同一円周上にあることがわかるから

(2) 4 点が同一円周上にあることを示す問題です。「円に内接する四角形の対角の和＝180°」という定理の
逆を利用しましょう。**PIECE 910** で解いていきます。

▶ GOAL	👍 HOW	❓ WHY
4 点 C，D，F，E が同一円周上にあることを示す	∠ACM＝∠BDM ∠BAC＝∠BDC に注目する	∠FDC＝∠MEA を導くことができるから

▽ [解 答]

(1) ∠DAC＝∠CBD より，4 点 A，B，C，D は同一円周上にある（円周角の定理の逆）。方べきの定理より

$$PA \cdot PC = PB \cdot PD$$
$$2 \cdot 6 = BP \cdot 4$$
$$PB = 3$$

よって，

$$BD = BP + PD$$
$$= 3 + 4$$
$$= \mathbf{7} \text{答}$$

PIECE

908 円周角の定理とその逆

910 円に内接する四角形

911 方べきの定理①

912 方べきの定理②

(2) $\angle\mathrm{MEF}=\alpha$, $\angle\mathrm{FDC}=\beta$ とおく。

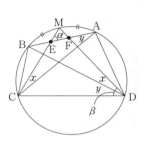

$\overset{\frown}{\mathrm{AM}}=\overset{\frown}{\mathrm{BM}}$ より $\angle\mathrm{ACM}=\angle\mathrm{BDM}=x$ とおく。

また $\overset{\frown}{\mathrm{BC}}$ に対する円周角より $\angle\mathrm{BAC}=\angle\mathrm{BDC}=y$ とおく。

$$\beta=\angle\mathrm{FDC}=x+y \quad\cdots\cdots\text{①}$$

$\triangle\mathrm{ACE}$ において，$\angle\mathrm{MEA}$ は $\angle\mathrm{AEC}$ の外角より

$$\alpha=\angle\mathrm{MEA}=x+y \quad\cdots\cdots\text{②}$$

①，②より

$$\alpha=\beta \quad(=x+y)$$

よって，四角形 CDFE において，1 つの角（$\angle\mathrm{CDF}$）とその対角（$\angle\mathrm{CEF}$）の外角は等しいので

$$\angle\mathrm{CDF}+\angle\mathrm{CEF}=180°$$

よって，四角形 CDEF は円に内接する。（証明終わり）答

参考

4 点 A，B，C，D が同一円周上にある条件

①円周角の定義の逆
  $\angle\mathrm{BAC}=\angle\mathrm{BDC}$

②方べきの定理の逆
  $\mathrm{AP}\cdot\mathrm{CP}=\mathrm{BP}\cdot\mathrm{DP}$

③対角の和$=180°$
  （対角の外角と等しい）
  $\angle\mathrm{BAD}+\angle\mathrm{BCD}=180°$
  （$\angle\mathrm{BAD}=\angle\mathrm{DCE}$）

実践問題 **073** │ 方べきの定理

半径 $2\sqrt{3}$ の円 O の周上に 3 点 A, B, C がある。点 A における円 O の接線と B, C を通る直線との交点を P とし, $\angle BAC = 60°$, $AP = 3\sqrt{3}$, $PB < PC$ であるとする。

(1) BC を求めよ。

(2) PB を求めよ。

(3) $\cos\angle APB$ の値を求めよ。

(名城大)

[▶GOAL = 🖐HOW × ❓WHY] ひらめき

(1) $\angle BAC = 60°$ と $\triangle ABC$ の外接円の半径がわかっているので, BC の長さは正弦定理（**PIECE 409**）で求めることができます。

(2) 円の接線（円に接する線）と割線（円を割る線）が登場してくる場合は, 方べきの定理を利用できないかを考えてみましょう。

右の図において, $PA \cdot PB = PT^2$（**PIECE 912**）が成り立ちます。

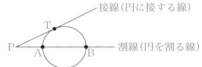

(3) $\cos\angle APB$ を求めるので $\angle APB$ を含む三角形 $\triangle APB$ で余弦定理を用いたいところですが, $\angle APB$ の対辺 AB の長さがわかりません。そこで, まずは $AB = a$ とおき, $\triangle PAB \sim \triangle PCA$ を利用して AC を a で表します。

次に, $\triangle ABC$ に余弦定理を用いると a の値を求めることができます。**PIECE 410 909** を用います。

[解 答]

(1) △ABC で正弦定理より

$$\frac{BC}{\sin \angle BAC}=2\cdot 2\sqrt{3}$$

よって，$BC=4\sqrt{3}\sin 60°=4\sqrt{3}\cdot\frac{\sqrt{3}}{2}=\mathbf{6}$ 答

(2) $PB=x$ とする。方べきの定理より

$$PB\cdot PC=PA^2$$
$$x(x+6)=(3\sqrt{3})^2$$
$$x^2+6x-27=0$$
$$(x-3)(x+9)=0$$

$x>0$ より，$x=3$ であるため，**PB=3** 答

(3) $AB=a$ とおく。△PAB と △PCA で

$$\angle APB=\angle CPA \quad（共通）\quad \cdots\cdots①$$
$$\angle PAB=\angle PCA \quad（接弦定理）\quad \cdots\cdots②$$

①，②より

$$△PAB\infty△PCA$$

相似比は

$$PB:PA=3:3\sqrt{3}=1:\sqrt{3}$$

よって

$$AB:CA=a:CA=1:\sqrt{3}\quad より \quad AC=\sqrt{3}a$$

△ABC で余弦定理より

$$6^2=a^2+(\sqrt{3}a)^2-2\cdot a\cdot\sqrt{3}a\cos 60°$$
$$a^2=\frac{36(4+\sqrt{3})}{13}\quad \cdots\cdots③$$

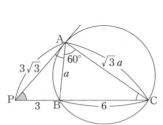

次に，△APB で余弦定理より

$$\cos \angle APB=\frac{3^2+(3\sqrt{3})^2-a^2}{2\cdot 3\cdot 3\sqrt{3}}=\frac{36-a^2}{18\sqrt{3}}$$

ここで分子について計算すると，③より

$$36-a^2=36-\frac{36(4+\sqrt{3})}{13}=36\left(1-\frac{4+\sqrt{3}}{13}\right)$$
$$=36\cdot\frac{9-\sqrt{3}}{13}=\frac{36(9-\sqrt{3})}{13}$$

以上より

$$\cos \angle APB=\frac{36(9-\sqrt{3})}{13}\cdot\frac{1}{18\sqrt{3}}$$
$$=\frac{2(9-\sqrt{3})}{13\sqrt{3}}$$

分母，分子とも $\sqrt{3}$ で割る

$$=\frac{2(3\sqrt{3}-1)}{13}$$
$$=\mathbf{\frac{6\sqrt{3}-2}{13}}$$ 答

実践問題 074 | 2円の位置関係と接線

図のように大中小の円と直線が互いに接している。小円の半径は4寸、中円の半径は9寸であった。このとき、大円の半径は何寸になるか。（注意：図は原寸どおりではない）

（慶應義塾大）

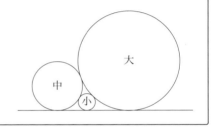

[▶GOAL ＝ ❶HOW × ❷WHY] ひらめき

複数の円が接しており、なおかつ共通接線がある場合は、三平方の定理が利用できないか考えましょう。

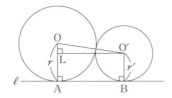

例えば、上の図において2円の中心を O、O′、半径を r, r' ($r > r'$)、共通接線 ℓ と円 O、O′ の接点をそれぞれ A、B とします。O′ から OA に垂線を下ろしたときの交点を L とします。このとき、

$$AB = O'L$$

となります。

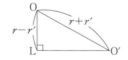

O′L は、△OLO′ で三平方の定理より

$$OO'^2 = O'L^2 + OL^2$$

$(r + r')^2 = O'L^2 + (r - r')^2$ より

$$O'L^2 = 4rr'$$

となり、接点間の距離 AB は

$$AB = O'L = 2\sqrt{rr'}$$

となることがわかります。

大円の半径を x とすれば、大円と小円、大円と中円の接点間の距離を x で表せますね。あとは、以下より x についての方程式を立てます。

　　（大中の接点間の距離）＝（大小の接点間の距離）＋（中小の接点間の距離）

PIECE 914 を参考にしてください。

▶ GOAL

外接する大・中・小の円のうち大円の半径を求める

=

⚙ HOW

2つの円の共通接線の接点間の距離を2つの円の半径を用いて表す

×

❓ WHY

次が成り立つから
（大中の接点間の距離）
＝（大小の接点間の距離）
＋（中小の接点間の距離）

［解答］

右図のように2つの円 O, O′ が外接し，共通接線 ℓ と O, O′ の接点を A, B とする。また，O, O′ の半径をそれぞれ r, r' （$r > r'$），O′ から OA に下ろした垂線の足を H とする。このとき，直角三角形 OO′H で三平方の定理より

$$OO'^2 = O'H^2 + OH^2$$
$$(r+r')^2 = O'H^2 + (r-r')^2$$
$$O'H^2 = 4rr'$$
$$O'H = 2\sqrt{rr'}$$

よって

$$AB = O'H = 2\sqrt{rr'} \quad \cdots\cdots①$$

いま，問題の図で右図のように，中円の中心を O_1，小円の中心を O_2，大円の中心を O_3，共通接線を ℓ とする。ℓ と中円，小円，大円の接点を P, Q, R とする。また，大円の半径を x とすると，①の結果より

$$PQ = 2\sqrt{9 \cdot 4} = 12 \quad \cdots\cdots②$$
$$QR = 2\sqrt{4 \cdot x} = 4\sqrt{x} \quad \cdots\cdots③$$
$$PR = 2\sqrt{9 \cdot x} = 6\sqrt{x} \quad \cdots\cdots④$$

ここで，PR＝PQ＋QR に②，③，④を代入すると

$$6\sqrt{x} = 12 + 4\sqrt{x}$$
$$\sqrt{x} = 6$$
$$x = 36$$

よって，大円の半径は

36（寸）答

参考 この問題と同様の考え方を使うと，下の図で

$$\begin{cases} PQ = 2\sqrt{r_1 r_3} \\ PR = 2\sqrt{r_1 r_2} \\ QR = 2\sqrt{r_2 r_3} \end{cases}$$

PR＝PQ＋QR より

$$2\sqrt{r_1 r_2} = 2\sqrt{r_1 r_3} + 2\sqrt{r_2 r_3}$$

両辺を $2\sqrt{r_1 r_2 r_3}$ で割ると

$$\frac{1}{\sqrt{r_3}} = \frac{1}{\sqrt{r_2}} + \frac{1}{\sqrt{r_1}}$$

が成り立つ。

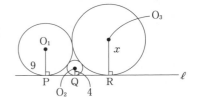

PIECE

914 **円と接線**

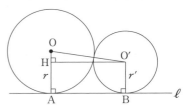

9 章

図形の性質

実践問題 075 | 空間図形

(1) 1辺の長さが1の正八面体に内接する球の体積，および，外接する球の表面積を求めよ。

(2) 四面体 OABC が次の条件を満たすならば，それは正四面体であることを示せ。

　条件：頂点 A，B，C からそれぞれの対面を含む平面へ下ろした垂線は対面の外心を通る。ただし，四面体のある頂点の対面とは，その頂点を除く他の3つの頂点がなす三角形のことをいう。

((1) 産業医科大，(2) 京都大)

[▶ GOAL = 🔧 HOW × ❓ WHY] ひらめき

(1) 題材は正八面体ですが，適切な断面を考えれば平面図形の問題として考えることができます。球の中心と各面と球の接点を結ぶと，その線分は内接球の半径となります。よって，頂点と内接球の中心を含む平面で切るとよいでしょう。外接する球の中心は正八面体の中心と一致し，各頂点は球上にあります。

▶ GOAL		🔧 HOW		❓ WHY
1辺の長さが1の正八面体に内接する球の体積と外接する球の表面積を求める	=	正八面体の中心を O とし，O から △ABC に下ろした垂線の交点を H としたとき，OH の長さを求め，また，OA の長さも求める	×	O から AM に垂線を下ろした足を H とすると，OH が内接球の半径であり，また OA が外接球の半径となるから

(2) 四面体が正四面体であることを示すには，

　　四面体の各面が正三角形

であることを示せばよいですね。頂点 A から対面 △OBC に下ろした垂線の足を H とすると，条件より H は △OBC の外心より，HO＝HB＝HC が成り立ちます。

ここから AO＝AB＝AC を導くことができます。

▶ GOAL		🔧 HOW		❓ WHY
四面体 OABC が正四面体であることを示す	=	A から対面 △OBC に下ろした垂線の足を H とし，△AOH，△ABH，△ACH に注目する	×	3つの三角形は合同であり，AO＝AB＝AC を示すことができるから

[解 答]

(1) 正八面体に対して，右図のように各頂点を A，B, C, D, E, F と定める。正方形 BCDE の対角線の交点を O とし，BC の中点を M とする。O から平面 ABC に下ろした垂線と平面 ABC との交点を H とすると

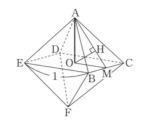

$$（内接球の半径）＝OH$$

であり，（内接球の半径）＝OH＝x とおく。

$$OB＝\frac{1}{2}BD＝\frac{1}{2}\cdot\sqrt{2}＝\frac{1}{\sqrt{2}}$$

より

$$OA＝OB＝OC$$

よって，H は △ABC の外心であり，H は線分 BC の垂直二等分線 AM 上にある。

また　$AO＝\sqrt{AM^2－OM^2}＝\sqrt{\left(\frac{\sqrt{3}}{2}\right)^2－\left(\frac{1}{2}\right)^2}＝\sqrt{\frac{3}{4}－\frac{1}{4}}＝\frac{1}{\sqrt{2}}$

△AOM∽△OHM より，AM：OM＝AO：OH であるから，

$$\frac{\sqrt{3}}{2}:\frac{1}{2}＝\frac{1}{\sqrt{2}}:x　より　x＝OH＝\frac{1}{\sqrt{6}}$$

よって，内接球の体積を V とすると

$$V＝\frac{4}{3}\pi x^3＝\frac{4}{3}\pi\left(\frac{1}{\sqrt{6}}\right)^3＝\frac{4\pi}{18\sqrt{6}}＝\boldsymbol{\frac{\sqrt{6}}{27}\pi}　\text{答}$$

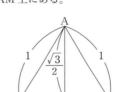

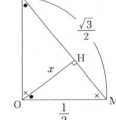

$$OA＝OB＝OC＝OD＝OF＝\frac{1}{\sqrt{2}}$$

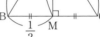

（△ABC は正三角形）

より，OA は外接円の半径である。外接球の表面積を S とすると

$$S＝4\pi\cdot\left(\frac{1}{\sqrt{2}}\right)^2＝\boldsymbol{2\pi}　\text{答}$$

(2) 頂点 A から三角形 OBC に下ろした垂線の交点を H とすると，条件より H は △OBC の外心である。よって

$$OH＝BH＝CH　……①$$

また，AH⊥平面 OBC より，

$$AH⊥OH，AH⊥BH，AH⊥CH　……②$$

AH が共通であることと①，②より，

$$△AHO≡△AHB≡△AHC$$

よって

$$AO＝AB＝AC　……③$$

同様にして，頂点 B, C から対面に下ろした垂線を考えると

$$BO＝BC＝BA　……④$$

$$CO＝CA＝CB　……⑤$$

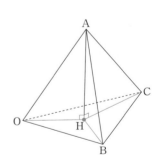

が成り立つ。③，④，⑤より，

$$OA＝OB＝OC＝AB＝BC＝CA$$

四面体 OABC の 6 つの辺の長さはすべて等しいので，四面体 OABC は正四面体である。（証明終わり）答

著者

竹内 英人

名城大学 教職センター教授。

数学教師育成のプロフェッショナル。大学院修了後に県立高校教諭として勤めた後に現職。中学校・高校の数学教員を目指す学生を指導している。

その傍ら、全国の小学校・中学校・高校に赴き、算数や数学の出前講義も行っている。数学本来の楽しさを伝える授業に感銘を受けた生徒は数多い。生徒からは「たけちゃん先生」の愛称で親しまれている。

また、Twitterでは算数・数学のユニークな問題とその解説を紹介しており、ツイートのリプライ欄でフォロワーと交流をしながら数学の楽しさを伝えている。

著書に啓林館中学校・高等学校数学教科書がある他、『Focus Gold』シリーズ（啓林館）、『2024共通テスト対策【実力養成】重要問題演習 数学』（ラーンズ）などがある。

Twitter @takechan1414213

小倉 悠司

N予備校・N高等学校・S高等学校・N中等部数学担当、河合塾講師。

学生時代から授業を研究し、「どのように」だけではなく「なぜ」にもこだわった授業を展開。自力で問題を解く力がつくと絶大な支持を受ける。

また、数学を根本から理解でき、「おもしろい！」と思ってもらえるように工夫し、授業・教材制作を行っている。近年は受験指導だけではなく、「数学の楽しさ」を伝えるコンテンツの制作も行っており、活動の幅を広げている。

著書に『日常学習から入試まで使える 小倉悠司のゼロから始める数学Ⅰ・A』（KADOKAWA）、『試験時間と得点を稼ぐ最速計算 数学Ⅰ・A/数学Ⅱ・B』（旺文社）、『大学入試ここからドリルシリーズ』（Gakken）、『マンガでカンタン！中学数学は7日間でやり直せる。』（Gakken）などがある。

Twitter @yuji_ogura_ ／ Instagram @yuji_ogura14

入試問題を解くための発想力を伸ばす

解法のエウレカ 数学Ⅰ・A

デザイン	二ノ宮 匡（nixinc）
イラスト	中村 ユミ
編集協力	高木 直子
校正	竹田 直、花園 安紀
データ制作	株式会社 四国写研
印刷所	株式会社 リーブルテック
特別協力	小田島 新 先生、小松 弘直 先生、須田 忠寛 先生、タカタ先生、竹蔵 真一 先生、豊田 拓也 先生、中村 克 先生、中山 育郎 先生、行村 康則 先生、吉田 浩一 先生
企画・編集	樋口 亨